洪水实时模拟与风险评估技术研究及应用

珠江水利委员会珠江水利科学研究院

宋利祥　胡晓张 等　著

中国水利水电出版社

www.waterpub.com.cn

·北京·

内 容 提 要

洪水实时模拟与风险评估技术是防洪减灾领域的关键技术之一。本书围绕流域洪灾预报预警需求，分别介绍了河网洪水实时模拟技术、二维洪水演进高速模拟方法、多尺度耦合洪水演进数学模型、洪灾评估与风险区划方法，并以珠江流域西江浔江段防洪保护区为例，构建了洪水实时模拟与洪灾动态评估平台。

本书可供设计院、科研院所、高等院校等模型系统研发及应用人员研究和学习参考。

图书在版编目（CIP）数据

洪水实时模拟与风险评估技术研究及应用 / 宋利祥等著. -- 北京 : 中国水利水电出版社, 2020.7
ISBN 978-7-5170-8673-4

Ⅰ. ①洪… Ⅱ. ①宋… Ⅲ. ①洪水－水文模拟②洪水－风险评价 Ⅳ. ①P331.1

中国版本图书馆CIP数据核字(2020)第119259号

书　名	洪水实时模拟与风险评估技术研究及应用 HONGSHUI SHISHI MONI YU FENGXIAN PINGGU JISHU YANJIU JI YINGYONG
作　者	珠江水利委员会珠江水利科学研究院 宋利祥　胡晓张　等 著
出版发行	中国水利水电出版社 （北京市海淀区玉渊潭南路 1 号 D 座　100038） 网址：www. waterpub. com. cn E - mail：sales@waterpub. com. cn 电话：（010）68367658（营销中心）
经　售	北京科水图书销售中心（零售） 电话：（010）88383994、63202643、68545874 全国各地新华书店和相关出版物销售网点
排　版	中国水利水电出版社微机排版中心
印　刷	天津嘉恒印务有限公司
规　格	184mm×260mm　16 开本　14.25 印张　304 千字
版　次	2020 年 7 月第 1 版　2020 年 7 月第 1 次印刷
印　数	0001—1000 册
定　价	**118.00** 元

前言

洪水灾害是我国分布最广泛、发生最频繁的自然灾害之一，是影响我国社会经济发展的重要因素。准确、稳定、快速地进行洪水实时模拟与风险评估，一直是国内外学术界和工程界的研究热点与难点，也是我国防汛抗旱水利提升工程的重要工作内容。本书围绕流域洪灾预报预警需求，针对不同类型的流域洪水及其引发的灾害，总结了作者近年来在洪水实时模拟与风险评估方面的最新研究成果，可为技术开发及应用人员提供参考，也可为流域防汛应急决策、水工程综合调度等实际工作提供技术支撑，提高我国洪灾风险动态识别和预报预警能力。

围绕新时代水利改革发展总基调，水利部出台了一系列文件，包括《智慧水利总体方案》《水利业务需求分析报告》《水利网信水平提升三年行动方案（2019—2021年）》等。这些文件围绕水旱灾害防御和洪水预警预报提出了很高的要求，多次提到要加强新技术应用，提高洪水预报、调度技术支撑能力和智能化水平，对洪水灾害防御信息化、智慧化、时效性的需求很高。本书介绍的洪水实时模拟与风险评估技术可以对洪水灾害进行快速实时模拟和风险动态识别，提升洪水预警和洪水灾害防御的信息化、智慧化水平。因此，该技术非常契合当前水利改革发展需求，具有广阔的推广应用前景。

本书主要内容包括：洪水风险模拟与评估技术研究背景及现状；复杂河网洪水实时模拟技术；高精度建模下洪水高速模拟方法；多尺度耦合洪水演进数学模型；洪灾评估与风险区划方法；洪水实时模拟与洪灾动态评估平台；珠江流域浔江防洪保护区洪水模拟与风险评估；结语。

本书的研究成果是作者科研团队长期努力的结晶。本书具体撰写分工：

第1、第8章由胡晓张撰写，第2、第3章由宋利祥撰写，第4～第6章由杨聿撰写，第7章由胡晓张、宋利祥共同撰写，全书由宋利祥统稿，胡晓张定稿。

本书的出版得到了国家重点研发计划（2017YFC0405900）和国家自然科学基金（51809297）资助，在撰写过程中参考和引用了国内外多位专家和学者的数据和研究成果，在此对他们表示衷心的感谢。

洪水实时模拟与风险评估是一项涉及多个学科和多个专业的复杂工作，由于作者学识有限、时间仓促，本书难免有疏漏和不当之处，真诚希望各位读者给予批评指正。

作者

2019年10月

目录

前言

第1章

绪　论

1.1　洪灾预警研究的意义

中国地处欧亚大陆东南部，位于东亚季风气候区，暴雨洪水集中、洪水灾害频发。洪水灾害是我国分布最广泛、发生最频繁的自然灾害之一，是历年来影响我国社会经济发展的重要因素。在全球气候变化和城市化进程加快背景下，极端降雨事件频发，我国洪水灾害防治面临严峻的形势。洪水灾害防治对保障国家水安全、支撑社会经济可持续发展具有重要的战略意义。

（1）洪灾预警是自然灾害防治体系的重要内容，党和国家高度重视洪灾预报预警能力建设。长期以来，党和国家高度重视自然灾害预报预警能力建设，强调加强自然灾害防治关系国计民生，要建立高效科学的自然灾害防治体系，提高全社会自然灾害防治能力，为保护人民群众生命财产安全和国家安全提供有力保障。中央财经委员会第三次会议指出，要针对关键领域和薄弱环节，推动建设若干重点工程，其中包括实施防汛抗旱水利提升工程，完善防洪抗旱工程体系；实施自然灾害监测预警信息化工程，提高多灾种和灾害链综合监测、风险早期识别和预报预警能力。

“水利工程补短板、水利行业强监管”是当前和今后一个时期水利改革发展的总基调。其中，防洪工程补短板要求提升水文监测预警能力，全面提升水旱灾害综合防治能力；信息化工程补短板要求增强水利信息感知、分析、处理和智慧应用的能力，以水利信息化驱动水利现代化。

可见，洪灾预报预警能力建设已成为国家水旱灾害防治的重要建设内容，开展洪灾预警技术研究，既可提升水文预警能力和洪灾综合防治能力，又是增强水利信息分析、处理和智慧应用的重要途径，是自然灾害防治体系的重要部分。

（2）洪水实时风险管理是新时期洪水灾害防治的重要方向。洪水风险管理是指为把洪水灾害损失控制在最小程度，分析发生洪水灾害程度的大小，采取相应对策，对受洪水威胁地区的社会经济活动进行全面管理的工作。洪水风险管理从时间上贯穿于洪水灾害的全过程，包括灾前日常管理、灾中应急管理和灾后管理。

在洪水风险管理实践中，洪水风险图可提供淹没水深、洪水历时、淹没损失等信息，在土地利用规划、修订和完善防御洪水方案和洪水调度方案、提高公众洪水风险意识和应变能力等方面具有重要作用，是洪水风险管理的重要技术支撑之一。我国洪水风险图编制工作大致分为 3 个阶段：①20 世纪 80 年代中期至 90 年代中后期的起步探索阶段；②2005 年至 2012 年的试点研究阶段；③2013 年至 2015 年的编制应用阶段。经过第 3 阶段的项目实施，我国编制完成了 227 处重点防洪保护区、78 处国家蓄滞洪区、26 处洪泛区、45 座重点和重要防洪城市、198 处重要中小河流重点河段在设计情景下的静态洪水风险图，为防汛工作提供了一定的参考。但在实际工作中，实际水、雨、工情与设计情景往往差别较大，极大制约了洪水风险图的实际应用效果。

洪水灾害风险具有动态变化的特性。洪水实时模拟和灾害动态风险评估可针对任意水文及溃口条件进行快速、滚动洪水演进计算，并对洪灾实时风险进行动态评估，可为防汛决策等提供动态、实时的洪水淹没及风险信息，是洪水实时风险管理的重要手段。当前，在我国洪水灾害频发的形势下，防汛部门及社会公众对洪水灾害预警愈发重视，对洪水实时风险管理的需求愈发迫切。

1.2　洪水模拟与风险评估技术研究进展

洪灾预警是在水文监测预报的基础上，运用洪水实时模拟和灾害动态评估技术，实现实时水、雨、工情条件下洪水致灾过程的快速分析计算，为防汛应急和防灾减灾决策提供实时洪灾风险信息。洪灾预警主要包括信息监测、洪水预报与模拟、洪水灾害风险评估、信息发布与指挥等环节，其中信息监测是“眼”，洪水预报与模拟、洪水灾害风险评估是“脑”，信息发布与指挥是“手”。“脑”负责信息的处理、分析与预判，是洪灾预警中的核心环节，因此，洪水实时模拟与灾害动态评估技术体系是洪灾预警能力建设的核心。

在流域洪水预警实践中，洪水模拟与洪灾评估具有 3 个主要特点和需求：①流域洪水覆盖范围广、区域大，洪水模拟要素多；②预警要求响应速度快，洪水预报及模拟时效性要求高；③洪灾预警结果要准，洪水模拟与洪灾评估模型精度要求高。为此，亟须研发洪水模拟与洪灾评估关键技术，建立流域洪水全覆盖、时效性强、精度高的洪水模拟与洪灾评估技术体系，提升流域洪灾预警能力。

当前，洪水模拟与洪灾评估还存在以下技术瓶颈：

(1) 适应性好、稳定性强、计算效率高的流域洪水演进模型尚不多见。首先，我国幅员辽阔、地貌特征复杂，而洪水演进模型需满足流域洪水全覆盖模拟需求，流域尺度洪水包括上游山区性河流洪水，下游平原感潮河网洪水，河口沿海风暴潮，以及上、中、下游堤坝溃决（漫溢）洪水，对数学模型稳定性及适应性要求较高。例如，山区河道地形及边界极为复杂，河道极陡、局部区域存在逆坡（即下游断面深泓高程高于上游断面）、河宽变化剧烈，对模型稳定性要求极高；平原感潮河网水系密布、多汊分流、河网拓扑结构复杂。传统河网模型在非特定的水位、流量初始场条件下容易发生计算崩溃，极大限制了河网模型在实时模拟中的实用性；堤坝溃决（漫溢）洪水涉及高水头、大流速、出槽与回归水动力过程，溃决（漫溢）流量计算是否合理对模型稳定性影响较大。其次，高精度建模下流域尺度洪水模拟耗时长，决定了洪灾预警的时效性。以正方形网格为例，$1km^2$ 区域需要 10^6 个 1m×1m 的网格单元，同时为了保证数值稳定性，计算时间步长一般为 0.1s 甚至更小，模拟 1d 内的洪水演进过程，计算量大约为 10^{12} 数量级，导致传统的串行计算模型效率非常低，由此带来的问题是模型计算耗时可能远大于洪水传播时间。因此，围绕不同类型区域特点，突破适用于不同类型洪水的通用性水动力模拟方法、高精度建模下流域尺度洪水高速模拟方法等技术瓶颈，提高洪水模拟效率，是保证洪水灾害预报预警实用性的关键。

（2）精细化、直观化、快速化的洪灾动态评估技术体系尚不成熟。首先，精细化建模是洪灾高精度评估的基础。传统洪灾评估多基于市县或乡镇级行政单元的社会经济统计资料，并结合土地利用数据和 GIS 空间展布进行估算，存在基础数据精度低、统计结果误差大等问题。无人机倾斜摄影测量技术通过获取地物多角度的影像，为三维地物模型的构建提供丰富、真实的纹理以及轮廓信息，可显著提高承载体的精细化建模程度，为洪灾评估提供更为精确的基础数据支撑。其次，洪灾评估结果的直观化展示可将洪水专业化成果进行通俗化表达，提高决策支持能力。由于洪灾评估结果展示涉及海量多源异构数据，洪灾风险区三维实景展示、洪水淹没过程动态渲染等面临数据量大、数据转换耗时长等难题，因此，研发数据高速转换与图层实时渲染技术，实现洪灾动态评估结果的直观化与快速化展示，是提升洪灾预警水平的重要技术保障。

下面分别从基于水动力学的洪水演进模型、洪水灾害评估方法两个方面分述国内外研究进展。

1.2.1 基于水动力学的洪水演进模型

基于水动力学的洪水演进数值模拟是进行洪水风险分析的重要手段。常用的洪水演进模型包括一维模型、二维模型，以及一维-二维耦合模型。以计算手段分类，包括串行计算模型、CPU 并行计算模型、GPU 并行计算模型。

1.2.1.1 洪水演进模型求解方法

1. 一维洪水演进模型

一维洪水演进模型是流域尺度河网数值模拟的主流方法。其中，Preissmann 隐式差分格式与分级解法是最为经典的河网水动力模型求解方法。这类方法计算精度高、计算速度快，在实际工程中得到了广泛、成功的应用。然而，这类传统方法难以适用于跨临界流和间断流态的模拟，应用于山区陡峭河道或干河床的洪水模拟时常遇到计算不稳定、水位及流速异常等问题。此外，由于数值迭代计算的误差累积效应，应用于河网洪水模拟时这类传统方法对初始水位及流量状态要求较高，即需要为不同量级流量边界计算方案配置相应合适的各断面初始水位及流量，否则容易导致计算崩溃。

针对传统 Preissmann 隐式差分格式与分级解法存在的上述问题，亟须研究新的全要素复杂河网计算模型，实现复杂河网中各河段、各断面的数值解耦，消除传统方法的数值迭代误差累计效应，提高一维模型的通用性、适应性和稳定性。

2. 二维洪水演进模型

二维洪水演进模拟主要的难题包括计算域不规则、地形变化剧烈、干湿界面模拟、复杂流态计算等。近十余年来，围绕这些难题，国内外学者开展了大量的研究工作，并取得了一系列研究成果，其中以 Godunov 型有限体积模型为代表性成果：在计算网格方面，包括矩形网格、非结构三角形网格、三角形-四边形混合网格；在复杂地形处理方面，包括基于自适应网格生成技术的复杂地形建模、将底高程定义于网格节点的斜底单元建模等；在摩阻项计算方面，包括显格式、全隐格式及半隐格式；在干湿界面处理方面，提出了不同的干湿单元分类方法。

整体而言，二维洪水演进模型已较为成熟，复杂边界和地形、干湿动边界处理、复杂流态计算、干河床等问题基本得到了有效解决，在洪水演进与淹没模拟等方面取得了较好的应用效果。然而，在计算效率方面仍存在以下几个亟须解决的问题：

(1) 算法时空复杂度高。传统浅水方程求解方法多采用高阶计算格式，如具有时空二阶精度的 MUSCL-Hancock 格式。与一阶精度格式相比，高阶计算格式的时空复杂度更高、计算效率较低。

(2) 无效计算量大。以溃漫堤洪水及城市暴雨内涝为例，受地形影响，淹没区占整个计算范围的比例较小；此外，受淹面积亦随着洪水演进过程逐渐增大。传统方法针对所有网格进行循环计算，未能结合洪水淹没前沿边界进行计算单元动态控制。由于大量非淹没区的网格为无效网格，传统方法的无效计算量大，显著降低了模型计算速度。

(3) 一维-二维耦合模型。近年来，国内外学者提出了不同的一维-二维模型的耦合方法，主要包括重叠计算区域法、边界迭代法、基于堰流公式的水量守恒法。这些方法基本实现了一维-二维模型耦合计算，在溃、漫堤洪水模拟中取得了较好的应用效果。

然而，已有方法大多采用经验公式进行溃口流量估算，这种方法具有无法表达模型间动量交换、堰流公式中流量系数选取存在不确定性等缺点，同时，由于堰流公式中常将溃口概化为矩形、梯形等规则多边形，针对不存在溃口的漫堤洪水以及形状较为复杂的溃口，这种方法的适应性较差。

在时间步长匹配方面，已有方法大多采用统一时间步长，即一维模型与二维模型计算完全同步。当一维模型与二维模型时间步长差异较大时，模型间同步计算将采用最小时间步长，导致耦合计算效率较低。

1.2.1.2 洪水演进模型并行计算方法

随着计算机技术的不断发展，并行计算技术变得越来越普及和易用。当前，并行计算架构主要有两类：①共享内存系统架构，包括 CPU 多核并行计算、CPU - GPU 协同并行计算；②分布式内存系统架构，包括大中型服务器等高性能计算集群。随着个人计算机或小型工作站多核处理器的普及，近年来 CPU 多核并行计算较为流行。

目前，为了实现洪水演进模型并行化计算，多采用 OpenMP 多核并行计算技术或 MPI 技术。其中，OpenMP 技术受限于 CPU 的核心数，对模型计算速度的提升有限；MPI 技术往往需要大中型服务器等硬件设备，存在硬件投入大、运行费用高等不足，对于普通用户或需要赴现场处理数据、同步计算而言，往往不具备大型服务器的软硬件条件，极大限制了模型的易用性和可推广性。同时，由于 MPI 并行模式下，对模拟区域进行分解并将不同的子区域分配给不同的 CPU 计算节点进行计算，因此，并行计算效率受 CPU 的计算性能、内存带宽、各分区数据传递与交互、各计算节点计算荷载是否平衡等多方面因素的影响。此外，基于 MPI 的模型并行化需要对原始串行代码的数据结构、数据传递等方面进行一定程度的修改，过程较为烦琐。

近年来，GPU 加速器的迅猛发展，极大提升了硬件计算能力，使得小型服务器或个人电脑上的高性能计算成为可能。国内外学者在利用 GPU 对洪水演进模型并行化方面开展了一定研究。Liang 等（2009a）采用 GPU 并行计算技术，实现了流域尺度的高精度暴雨洪水精细化模拟。胡晓张等（2018）采用 GPU 并行计算技术，实现了山区小流域暴雨洪水的高效模拟，获得了 15～30 倍的加速效果。但整体而言，在洪水模拟领域，GPU 并行计算处于初步发展阶段，在国内的相关应用研究尚不多见，传统的 CPU 并行计算仍为主流方法。

目前，小型服务器或个人电脑上的 GPU 高性能计算平台即可提供与大型 CPU 计算服务器相当的计算能力，故 GPU 计算平台具有硬件成本小、运行费用低等优势。因此，充分发挥 GPU 加速器的计算能力优势，提出基于 CPU - GPU 异构并行计算平台的洪水高速计算方法，是当前及未来的研究重点与热点，也是流域防洪减灾与数值模拟领域的另一发展趋势。

1.2.2 洪水灾害评估方法

洪水灾害评估方法包括洪灾场景建模、洪灾评估技术、洪水渲染及可视化等。

1.2.2.1 洪灾场景建模

场景建模包括地理建模和地物建模。在地理建模方面，目前常基于数字高程模型（DEM）和数字正射影像（DOM），对流域尺度地表地形和地貌特征进行三维场景搭建。地理模型通常仅提供大尺度场景的背景展示，缺乏建筑群等地物三维特征。因此，为构建精细化洪灾场景，需要在地理建模的基础上叠加地物模型，以提高洪灾场景的直观展示效果。在地物建模方面，传统方法多基于手工拍照与贴图。贴图模型具有单体数据量小、渲染效率高的优点，但手工建模方法效率低，难以实现海量复杂建筑群的快速、精细化建模。无人机倾斜摄影建模技术是近几年来出现的前沿高新技术，它通过在同一飞行平台上搭载多台传感器，同时从一个垂直角度、四个倾斜角度进行影像采集，获取建筑物顶面及侧视的高分辨率纹理。借助于先进的定位、融合、建模等技术，倾斜摄影建模技术实现真实三维地表地物模型的自动化、流程化生产。目前，该项技术已逐步应用于国土安全、城市管理、土木建设等行业，但在水利行业中的应用尚不多见。围绕洪灾场景的真实化、精细化展示需求，无人机倾斜摄影建模技术将成为未来地物建模的主流方法。

1.2.2.2 洪灾评估技术

长期以来，我国洪涝灾害频发，洪灾评估技术一直是防洪减灾领域研究的热点。目前，GIS空间叠加分析技术被广泛用于洪灾评估业务中，其中，土地利用类型数据的精确性与社会经济数据展布的合理性在很大程度上决定了洪灾评估成果精度。在实际评估中，采用县市或乡镇单元社会经济统计资料，并结合土地利用资料进行空间展布。由于国土部门的土地利用资料难以准确反映人口密度、建筑类型等信息，社会经济数据的空间展布精度较低，从而降低了洪灾评估精度。

在高精度土地利用信息采集方面，无人机倾斜摄影测量技术通过获取地物多角度的影像，为三维地物模型构建提供丰富、真实的纹理以及轮廓信息，可显著提高承载体的精细化建模程度，为洪灾评估提供更为精确的基础数据支撑。因此，基于倾斜摄影与地理模型的实景建模技术，可对重点区域的建筑物类型、分布、密度、高度等关键参数进行识别，精确反演重点区域人口、经济空间分布特征，是洪灾评估技术未来的发展趋势之一。

在评估过程方面，目前的洪灾评估大多基于静态洪水风险图中最大淹没水深、最大流速、最大淹没范围等信息，得到整个洪水过程中的最大损失情况，属于静态洪灾评估，缺乏洪灾全过程评估，无法动态地向决策者展示灾害发展过程。因此，洪灾精细化、动态评估技术是防洪减灾领域未来研究的重点方向。

1.2.2.3 洪水渲染及可视化

洪水渲染及可视化方式包括二维及三维场景，通常基于洪水演进计算结果，结合空间插值及着色技术进行动态展示。目前，二维洪水演进过程的渲染及可视化技术已较为成熟，实现了洪水演进模型结果的实时转化渲染，并在实际应用中取得了较好的效果；这类技术多基于二维Web GIS，以栅格或者矢量图层的形式进行洪水演进过程的展示，具有效率高、数据量小的特点，但无法精细化展示建筑物、堤防等复杂地物的三维洪水淹没（漫溢）效果。在三维渲染及可视化方面，海量建筑群的亚分米级模型数据量大、占用GPU渲染资源多，因此对洪水淹没过程渲染效率提出了更高要求。目前，已有方法大多直接对矢量数据进行渲染，该方法简单、易用，但渲染效率较低，难以应用于海量建筑群场景下三维洪水淹没过程动态展示，因此亟须在洪水淹没矢量数据插值、数据格式转换等方面开展深入研究，提高洪水淹没三维渲染及可视化效率。

1.3 研究对象与目标

本书研究对象是流域洪水及洪灾，其中，以珠江流域复杂河网洪水、堤坝溃决（漫溢）洪水及洪灾为重点研究对象，旨在围绕珠江流域洪灾预警需求，针对不同类型流域洪水及其引发的灾害，研发稳定性好、计算速度快的洪水演进水动力模型，构建一套具有普适性的洪水实时模拟与洪灾动态评估技术体系，为流域防汛应急决策、水工程综合调度等实际工作提供技术支撑，进一步提高我国洪灾风险动态识别和预报预警能力。

第2章

复杂河网洪水实时模拟技术

珠江三角洲（以下简称珠三角）是世界上水系结构、动力特性、人类活动最复杂的地区之一，珠江流域复杂河网洪水模拟极为困难。珠江三角洲河网密布，其中西北江三角洲主要水道近百条，总长约1600km，河网密度为0.81km/km^2；东江三角洲主要水道5条，总长约138km，河网密度达到0.88km/km^2。同时，河道多级分汊，形成三角洲如织的河网体系，水系结构十分复杂。此外，珠三角城市河网内河涌与外江之间、内河涌相互之间建有大量闸泵群，闸泵调度对河网水动力过程影响显著。珠三角多汊、感潮、流态复杂河网传统数值模拟方法收敛性差，在非特定的水位、流量初始场条件下容易发生计算崩溃，极大限制了河网模型在实时模拟中的实用性。同时，闸坝群阻隔下的联围内外间断地形加剧了模型收敛性问题。这类洪水模拟的难点在于如何快速消除大规模复杂河网任意初始场误差。

本章将围绕珠江三角洲河网密布、河道多级分汊、闸泵集群等特点，系统介绍经典的河网分级联解法，研究珠三角多汊、感潮、流态复杂河网洪水模拟方法，建立稳定性好、适应性强的全解耦数值方法。应用表明，基于有限体积法的全解耦数值方法可显著提高河网模型的收敛性。

2.1 控制方程

2.1.1 单一河段控制方程

采用圣维南（Saint Venant）方程组作为河道非恒定流控制方程，包括连续方程和运动方程：

水流连续方程：

$$\frac{\partial Z}{\partial t}+\frac{1}{B}\frac{\partial Q}{\partial x}=\frac{q}{B} \tag{2.1-1}$$

水流运动方程：

$$\frac{\partial Q}{\partial t}+gA\frac{\partial Z}{\partial x}+\frac{\partial}{\partial x}(\beta uQ)+g\frac{|Q|Q}{c^2AR}=0 \tag{2.1-2}$$

式中：x为里程，m；t为时间，s；Z为水位，m；B为过水断面水面宽度，m；Q

为流量，m^3/s；q 为侧向单宽流量，m^2/s，正值表示流入，负值表示流出；A 为过水断面面积，m^2；g 为重力加速度，m/s^2；u 为断面平均流速；β 为校正系数；R 为水力半径，m；c 为谢才系数，$c=R^{1/6}/n$，其中 n 为曼宁糙率系数。

2.1.2 汊点连接方程

河网区的汊点是相关支流汇入或流出点。汊点处的水流情况通常较复杂，目前对河网进行非恒定流计算时，通常使用近似处理方法，即汊点处各支流水流要同时满足流量衔接条件和动力衔接条件。

流量衔接条件：

$$\sum_{i=1}^{m} Q_i = 0 \tag{2.1-3}$$

动力衔接条件：

$$Z_1 = Z_2 = \cdots = Z_m \tag{2.1-4}$$

以上式中：Q_i 为汊点第 i 条支流流量，流入为正，流出为负；Z_i 为汊点第 i 条支流的断面平均水位；m 为汊点处的支流数量。

2.2 河网分级联解法

一维河网水流数学模型计算采用分级联解法。分级联解法的本质是利用河段离散方程的递推关系，建立汊点的离散方程并求解。其基本原理为：首先将河段内相邻两断面之间的每一微段上的圣维南方程组离散为断面水位和流量的线性方程组；接着通过河段内相邻断面水位与流量的线性关系和线性方程组的自消元，形成河段首末断面以水位和流量为状态变量的河段方程；再利用汊点相容方程和边界方程，消去河段首、末断面的某一个状态变量，形成节点水位（或流量）的节点方程组；最后对简化后的方程组采用追赶法求解。

2.2.1 Preissmann 差分格式

采用 Preissmann 隐式四点偏心格式差分格点的布置，如图 2.2-1 所示。

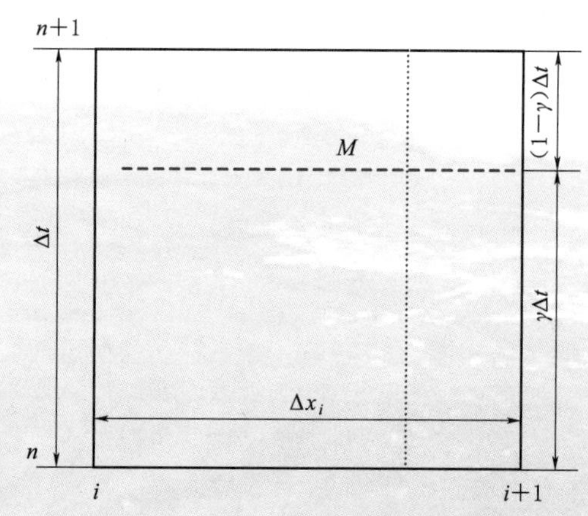

图 2.2-1　Preissmann 隐式四点偏心格式差分格点布置图

针对图 2.2-1 中的 M 点建立差分格式，则任意函数 F 及其偏导数的离散形式为

$$F_M = \frac{1}{2}\left[(1-\gamma)(F_i^n + F_{i+1}^n) + \gamma(F_i^{n+1} + F_{i+1}^{n+1})\right] \tag{2.2-1}$$

$$\frac{\partial F}{\partial t} = \frac{1}{2\Delta t}\left[(F_i^{n+1} + F_{i+1}^{n+1}) - (F_i^n + F_{i+1}^n)\right] \tag{2.2-2}$$

$$\frac{\partial F}{\partial x}=\frac{1}{\Delta x_i}[\gamma(F_{i+1}^{n+1}-F_i^{n+1})+(1-\gamma)(F_{i+1}^n-F_i^n)] \tag{2.2-3}$$

以上式中：i 为断面编号；n 为时间步；Δt 为计算时间步长；Δx_i 为断面间距；γ 为差分系数，$0.5<\gamma<1$。

现考虑由 M 个断面组成的单一河道。采用 Preissmann 隐式四点偏心格式离散控制方程各项，可得

$$\frac{\partial Z}{\partial t}=\frac{1}{2\Delta t}[(Z_i^{n+1}+Z_{i+1}^{n+1})-(Z_i^n+Z_{i+1}^n)] \tag{2.2-4}$$

$$\frac{\partial Q}{\partial x}=\frac{1}{\Delta x_i}[\gamma(Q_{i+1}^{n+1}-Q_i^{n+1})+(1-\gamma)(Q_{i+1}^n-Q_i^n)] \tag{2.2-5}$$

$$\frac{\partial Q}{\partial t}=\frac{1}{2\Delta t}[(Q_i^{n+1}+Q_{i+1}^{n+1})-(Q_i^n+Q_{i+1}^n)] \tag{2.2-6}$$

$$\frac{\partial Z}{\partial x}=\frac{1}{\Delta x_i}[\gamma(Z_{i+1}^{n+1}-Z_i^{n+1})+(1-\gamma)(Z_{i+1}^n-Z_i^n)] \tag{2.2-7}$$

$$\frac{\partial}{\partial x}(\beta uQ)=\frac{1}{\Delta x_i}[\gamma(\beta_{i+1}^n u_{i+1}^n Q_{i+1}^{n+1}-\beta_i^n u_i^n Q_i^{n+1})+(1-\gamma)(\beta_{i+1}^n u_{i+1}^n Q_{i+1}^n-\beta_i^n u_i^n Q_i^n)] \tag{2.2-8}$$

$$g\frac{|Q|Q}{c^2AR}=\left(\frac{g|u|}{2c^2R}\right)_i^n Q_i^{n+1}+\left(\frac{g|u|}{2c^2R}\right)_{i+1}^n Q_{i+1}^{n+1} \tag{2.2-9}$$

因此，可得圣维南方程组［式（2.2-1）和式（2.2-2）］的有限差分离散方程：

$$a_{1i}Z_i^{n+1}-c_{1i}Q_i^{n+1}+a_{1i}Z_{i+1}^{n+1}+c_{1i}Q_{i+1}^{n+1}=E_{1i} \tag{2.2-10}$$

$$a_{2i}Z_i^{n+1}+c_{2i}Q_i^{n+1}-a_{2i}Z_{i+1}^{n+1}+d_{2i}Q_{i+1}^{n+1}=E_{2i} \tag{2.2-11}$$

其中

$$a_{1i}=1$$

$$c_{1i}=2\gamma\frac{\Delta t}{\Delta x_i}\frac{2}{B_i+B_{i+1}}$$

$$E_{1i}=Z_i^n+Z_{i+1}^n+2(1-\gamma)\frac{\Delta t}{\Delta x_i}\frac{2}{B_i+B_{i+1}}(Q_i^n-Q_{i+1}^n)+2\Delta t\frac{2q_M}{B_i+B_{i+1}}$$

$$a_{2i}=2\gamma\frac{\Delta t}{\Delta x_i}\left(-g\frac{A_i+A_{i+1}}{2}\right)$$

$$c_{2i}=1-\gamma\frac{2\Delta t}{\Delta x_i}\beta_i^n u_i^n+2\Delta t\left(\frac{g|u|}{2c^2R}\right)_i^n$$

$$d_{2i}=1+\gamma\frac{2\Delta t}{\Delta x_i}\beta_{i+1}^n u_{i+1}^n+2\Delta t\left(\frac{g|u|}{2c^2R}\right)_{i+1}^n$$

$$E_{2i}=(Q_i^n+Q_{i+1}^n)-(1-\gamma)g\frac{A_i+A_{i+1}}{2}\frac{2\Delta t}{\Delta x_i}(Z_{i+1}^n-Z_i^n)$$
$$-(1-\gamma)\frac{2\Delta t}{\Delta x_i}(\beta_{i+1}^n u_{i+1}^n Q_{i+1}^n-\beta_i^n u_i^n Q_i^n)$$

对任意断面（$i=1, 2, \cdots, M-1$），由式（2.2-10）和式（2.2-11）有

$$Z_{i+1}^{n+1}=G_{1i}Z_i^{n+1}+J_{1i}Q_i^{n+1}+T_{1i} \tag{2.2-12}$$

$$Q_{i+1}^{n+1}=G_{2i}Z_i^{n+1}+J_{2i}Q_i^{n+1}+T_{2i} \tag{2.2-13}$$

其中

$$G_{1i}=\frac{c_{1i}a_{2i}-a_{1i}d_{2i}}{a_{1i}d_{2i}+a_{2i}c_{1i}} \qquad G_{2i}=\frac{-2a_{1i}a_{2i}}{a_{1i}d_{2i}+a_{2i}c_{1i}}$$

$$J_{1i}=\frac{(c_{2i}+d_{2i})c_{1i}}{a_{1i}d_{2i}+a_{2i}c_{1i}} \qquad J_{2i}=\frac{c_{1i}a_{2i}-a_{1i}c_{2i}}{a_{1i}d_{2i}+a_{2i}c_{1i}}$$

$$T_{1i}=\frac{d_{2i}E_{1i}-c_{1i}E_{2i}}{a_{1i}d_{2i}+a_{2i}c_{1i}} \qquad T_{2i}=\frac{a_{1i}E_{2i}+a_{2i}E_{1i}}{a_{1i}d_{2i}+a_{2i}c_{1i}}$$

由式（2.2-12）和式（2.2-13），可得第 i 个断面与首断面之间的水位、流量关系：

$$Z_i^{n+1}=GG_{1,i}Z_1^{n+1}+JJ_{1,i}Q_1^{n+1}+TT_{1,i} \tag{2.2-14}$$

$$Q_i^{n+1}=GG_{2,i}Z_1^{n+1}+JJ_{2,i}Q_1^{n+1}+TT_{2,i} \tag{2.2-15}$$

其中

1）对于首断面（$i=1$）：

$$GG_{1,1}=1 \qquad JJ_{1,1}=0 \qquad TT_{1,1}=0$$

$$GG_{2,1}=0 \qquad JJ_{2,1}=1 \qquad TT_{2,1}=0$$

2）对于其他断面（$i=2$，…，M）：

$$GG_{1,i}=G_{1,i-1}GG_{1,i-1}+J_{1,i-1}GG_{2,i-1} \qquad GG_{2,i}=G_{2,i-1}GG_{1,i-1}+J_{2,i-1}GG_{2,i-1}$$

$$JJ_{1,i}=G_{1,i-1}JJ_{1,i-1}+J_{1,i-1}JJ_{2,i-1} \qquad JJ_{2,i}=G_{2,i-1}JJ_{1,i-1}+J_{2,i-1}JJ_{2,i-1}$$

$$TT_{1,i}=G_{1,i-1}TT_{1,i-1}+J_{1,i-1}TT_{2,i-1}+T_{1,i-1} \qquad TT_{2,i}=G_{2,i-1}TT_{1,i-1}+J_{2,i-1}TT_{2,i-1}+T_{2,i-1}$$

因此，对于末断面（$i=M$），有

$$Z_M^{n+1}=GG_{1,M}Z_1^{n+1}+JJ_{1,M}Q_1^{n+1}+TT_{1,M} \tag{2.2-16}$$

$$Q_M^{n+1}=GG_{2,M}Z_1^{n+1}+JJ_{2,M}Q_1^{n+1}+TT_{2,M} \tag{2.2-17}$$

由式（2.2-16）和式（2.2-17）可得首、末断面流量关于水位的表达式：

$$Q_1^{n+1}=-\frac{GG_{1,M}}{JJ_{1,M}}Z_1^{n+1}+\frac{1}{JJ_{1,M}}Z_M^{n+1}-\frac{TT_{1,M}}{JJ_{1,M}} \tag{2.2-18}$$

$$Q_M^{n+1}=\left(GG_{2,M}-\frac{JJ_{2,M}}{JJ_{1,M}}GG_{1,M}\right)Z_1^{n+1}+\frac{JJ_{2,M}}{JJ_{1,M}}Z_M^{n+1}+TT_{2,M}-\frac{JJ_{2,M}}{JJ_{1,M}}TT_{1,M} \tag{2.2-19}$$

由式（2.2-18）和式（2.2-19）可知，如果首、末断面的水位已知，则可计算得到首、末断面的流量，进而根据式（2.2-14）和式（2.2-15）可计算河道内其他断面的水位、流量。

2.2.2 三级联解法

由 2.2.1 节可知，若单一河道内首、末断面的水位已知，则河道内所有断面的水位、流量均可求取。因此，河网状态的求解可归结为河网内各河道首、末断面水位的求解。

假设河网有 N_0 条河道，N_1 个边界，N_2 个汊点，则汊点处的断面数量为 $2N_0-N_1$。此时，由动力衔接条件式（2.1-4）可得 $2N_0-N_1-N_2$ 个等式；由流量衔接条件式（2.1-3）可得 N_2 个等式。结合 N_1 个边界条件等式，共有 $2N_0$ 个等式。即得到关于河道首、末断面水位的矩阵方程，矩阵维数为 $2N_0 \times 2N_0$。因此，可以求解得到所有河道的首、末断面水位，共计 $2N_0$ 个变量，进而可计算得到河网所有断面的水位、流量。

1. 汊点

为了说明如何设置矩阵方程，假设某汊点有 3 条支流。其中，第 1、第 2 条支流为入流，即支流河道的末断面位于该汊点位置；第 3 条支流为出流，即支流河道的首断面位于该汊点位置。根据汊点连接方程式（2.1-3）和式（2.1-4），有

$$Z_{1,E}-Z_{2,E}=0 \tag{2.2-20}$$

$$Z_{1,E}-Z_{3,S}=0 \tag{2.2-21}$$

$$Q_{1,E}+Q_{2,E}-Q_{3,S}=0 \tag{2.2-22}$$

式中下角 E 和 S 分别表示末断面和首断面。

式（2.2-20）和式（2.2-21）是关于水位的方程，可直接用于矩阵方程设置。将式（2.2-18）和式（2.2-19）代入式（2.2-22），可得

$$\alpha_1 Z_{1,S}+\alpha_2 Z_{1,E}+\alpha_3 Z_{2,S}+\alpha_4 Z_{2,E}+\alpha_5 Z_{3,S}+\alpha_6 Z_{3,E}=\alpha_7 \tag{2.2-23}$$

式中：$\alpha_1 \sim \alpha_7$ 为已知的系数，用于设置矩阵方程。

2. 边界

（1）水位和流量边界。对于水位和流量边界，设置矩阵方程的方法与汊点的设置方法一致。

（2）水位-流量关系型边界。对于水位-流量关系型边界，可以将断面的水位-流量关系通过分段线性化的方式进行表达：

$$Q=AZ+B \tag{2.2-24}$$

式中：A 和 B 为已知的系数。

通过判断边界断面为河道首断面或末断面，将式（2.2-24）代入相应的式（2.2-18）或式（2.2-19）中，即可得到关于河道首、末断面水位的等式，进而根据该等式的系数设置矩阵方程。

2.2.3 四级联解法

由动力衔接条件式（2.1－4）可知，汊点处各断面的水位相等。与三级联解法中以河网各河道首、末断面的水位为求解变量不同，四级联解法选择各汊点水位作为求解变量。对于具有 N_2 个汊点的河网，由流量衔接条件式（2.1－3）可得到 N_2 个方程。因此矩阵方程的维数为 $N_2 \times N_2$，可求解出 N_2 个汊点的水位。与三级联解法相比，四级联解法的矩阵方程维数较少，计算效率较高。

根据河道首、末断面的位置，可以将河道分为 7 种类型。

2.2.3.1 首断面位于汊点，末断面位于汊点

由式（2.2－18）和式（2.2－19）可得

$$Q_1^{n+1} = -\frac{GG_{1,M}}{JJ_{1,M}} Z_{J1}^{n+1} + \frac{1}{JJ_{1,M}} Z_{J2}^{n+1} - \frac{TT_{1,M}}{JJ_{1,M}} \tag{2.2-25}$$

$$Q_M^{n+1} = \left(GG_{2,M} - \frac{JJ_{2,M}}{JJ_{1,M}} GG_{1,M}\right) Z_{J1}^{n+1} + \frac{JJ_{2,M}}{JJ_{1,M}} Z_{J2}^{n+1} + TT_{2,M} - \frac{JJ_{2,M}}{JJ_{1,M}} TT_{1,M} \tag{2.2-26}$$

式中：Z_{J1} 和 Z_{J2} 分别为河道首、末断面位置处汊点的水位，即首、末断面的水位。

2.2.3.2 首断面位于汊点，末断面位于水位边界

由式（2.2－18）可得

$$Q_1^{n+1} = -\frac{GG_{1,M}}{JJ_{1,M}} Z_{J1}^{n+1} + \frac{1}{JJ_{1,M}} Z_{BC}^{n+1} - \frac{TT_{1,M}}{JJ_{1,M}} \tag{2.2-27}$$

式中：Z_{BC} 为已知的水位边界值。

2.2.3.3 首断面位于汊点，末断面位于流量边界

由式（2.2－17）可得

$$Q_1^{n+1} = -\frac{GG_{2,M}}{JJ_{2,M}} Z_{J1}^{n+1} + \frac{1}{JJ_{2,M}} Q_{BC}^{n+1} - \frac{1}{JJ_{2,M}} TT_{2,M} \tag{2.2-28}$$

式中：Q_{BC} 为已知的流量边界值。

2.2.3.4 首断面位于水位边界，末断面位于汊点

由式（2.2－19）可得

$$Q_M^{n+1} = \left(GG_{2,M} - \frac{JJ_{2,M}}{JJ_{1,M}} GG_{1,M}\right) Z_{BC}^{n+1} + \frac{JJ_{2,M}}{JJ_{1,M}} Z_{J2}^{n+1} + TT_{2,M} - \frac{JJ_{2,M}}{JJ_{1,M}} TT_{1,M} \tag{2.2-29}$$

2.2.3.5 首断面位于流量边界，末断面位于汊点

由式（2.2－16）和式（2.2－19）可得

$$Q_M^{n+1} = \frac{GG_{2,M}}{GG_{1,M}} Z_{J2}^{n+1} + TT_{2,M} - \frac{GG_{2,M}}{GG_{1,M}} (TT_{1,M} + JJ_{1,M} Q_{BC}^{n+1}) + JJ_{2,M} Q_{BC}^{n+1} \tag{2.2-30}$$

2.2.3.6 首断面位于汊点，末断面位于水位-流量关系型边界

由式（2.2－18）、式（2.2－19）和式（2.2－24）可得

$$Z_M^{n+1}=\frac{1}{\dfrac{JJ_{2,M}}{JJ_{1,M}}-A}\left[-\left(GG_{2,M}-\frac{JJ_{2,M}}{JJ_{1,M}}GG_{1,M}\right)Z_{J1}^{n+1}-TT_{2,M}+\frac{JJ_{2,M}}{JJ_{1,M}}TT_{1,M}+B\right]$$

(2.2-31)

$$Q_1^{n+1}=\left[-\frac{GG_{1,M}}{JJ_{1,M}}-\frac{1}{JJ_{2,M}-AJJ_{1,M}}\left(GG_{2,M}-\frac{JJ_{2,M}}{JJ_{1,M}}GG_{1,M}\right)\right]Z_{J1}^{n+1}+\frac{1}{JJ_{2,M}-A\cdot JJ_{1,M}}\left(-TT_{2,M}+\frac{JJ_{2,M}}{JJ_{1,M}}TT_{1,M}+B\right)-\frac{TT_{1,M}}{JJ_{1,M}}$$

(2.2-32)

2.2.3.7 首断面位于水位-流量关系型边界，末断面位于汊点

由式（2.2-18）、式（2.2-19）和式（2.2-24）可得

$$Z_1^{n+1}=\frac{1}{GG_{1,M}+A\cdot JJ_{1,M}}[Z_{J2}^{n+1}-TT_{1,M}-B\cdot JJ_{1,M}] \tag{2.2-33}$$

$$Q_M^{n+1}=\left[\frac{\left(GG_{2,M}-\dfrac{JJ_{2,M}}{JJ_{1,M}}GG_{1,M}\right)}{GG_{1,M}+A\cdot JJ_{1,M}}+\frac{JJ_{2,M}}{JJ_{1,M}}\right]Z_{J2}^{n+1}-\frac{\left(GG_{2,M}-\dfrac{JJ_{2,M}}{JJ_{1,M}}GG_{1,M}\right)}{GG_{1,M}+A\cdot JJ_{1,M}}[TT_{1,M}+B\cdot JJ_{1,M}]+TT_{2,M}-\frac{JJ_{2,M}}{JJ_{1,M}}TT_{1,M} \tag{2.2-34}$$

由式（2.2-25）～式（2.2-34）可知，汊点处各支流断面的流量可表达为关于汊点水位及边界条件的函数，即可通过流量衔接条件式（2.1-3）构造维数为 $N_2\times N_2$ 的矩阵方程。

2.3 全解耦数值方法

近十余年来，二维、三维水动力数学模型得到了不断发展和完善，但考虑到计算效率和参数率定的便利性，一维水动力模型在流域尺度河网数值模拟中仍得到了最广泛的应用。其中，Preissmann 隐式差分格式与分级解法是最为经典的河网水动力模型求解方法。陈炼钢等（2014）基于 Preissmann 四点偏心隐式差分的三级河网算法，建立了闸控河网水动力学模型。针对传统 Preissmann 方法不适用于跨临界流和间断流态模拟问题，吴晓玲等（2017）提出了复杂流态自适应模拟模型，实现了急缓流态交替的陡坡河道水动力模拟。朱德军等（2011）提出了汊点水位预测-校正法，实现了河网计算中各河道的数值解耦，避免了分级解法存在初始解不合理容易导致计算崩溃的问题。张大伟等（2015）采用 Godunov 型有限体积离散法，运用特征线理论构造汊点方程组，建立了模拟复杂河网明渠水流运动的高适用性数学模型。向小华等（2013）采用通量差分裂格式离散圣维南方程组，构建了基于隐式 TVD 类方

法的一维河网水流模型。总体来讲，传统的隐格式河网模型求解方法存在数值迭代计算误差累积效应，故对初始水位及流量状态要求较高，即需要为不同量级流量边界计算方案配置相应合适的各断面初始水位及流量，否则容易导致计算崩溃。

在一维河网水动力模型并行计算方面，王船海和曾贤敏（2008）基于多线程技术实现了多 CPU 环境下共享内存的河网水流并行计算。由于朱德军等（2011）采用 Preissmann 格式离散单一河道的圣维南方程组，因此同一河道的不同断面仍未被数值解耦，难以直接用于循环层次的并行化。为解决该数据依赖问题，刘荣华等（2015）采用 MPI 技术，提出了河网拆分与任务组合算法，对河网模拟中的汊点水位预测-校正步骤实现了并行化计算。张国义等（2004）利用区域分解方法，将河网划分成多个子块，并将计算任务分配到不同的处理器进行多级直接数值求解。由于隐式差分格式将单一河道内各断面求解变量以递推系数的形式进行耦合，分级解法以汊点矩阵系数的形式将河网中各河道首、末断面的求解变量进行耦合，因此，在递推系数计算、汊点矩阵求解、追赶法运算等计算密集型过程中，程序循环体具有较强的数据依赖性，求解过程不具备自然的可并行性。在实现并行计算时，需要采用较为烦琐的流程设计与数据通信，以解决数据依赖性问题，避免程序变量读写的冲突与覆盖。

本书采用 MUSCL - Hancock 有限体积格式离散圣维南方程组，运用朱德军等（2011）提出的汊点水位预测-校正法处理河网汊点连接条件，建立了具有不规则断面及非棱柱形河段的复杂河网水动力模型，实现了河网中各断面、各河道的完全数值解耦。

2.3.1 有限体积离散

采用单元中心型有限体积法，将式（2.1-1）、式（2.1-2）在控制体上进行积分并利用高斯（Gauss）定理离散后得

$$\boldsymbol{U}_i^{n+1} = \boldsymbol{U}_i^n - \frac{\Delta t}{\Delta x_i}\boldsymbol{D}_i^n(\boldsymbol{F}_{i+1/2}^* - \boldsymbol{F}_{i-1/2}^*) + \Delta t \boldsymbol{D}_i^n \boldsymbol{S}_i^n \tag{2.3-1}$$

式中：$\boldsymbol{U}=[Z, Q]^{\mathrm{T}}$ 为状态向量；$\boldsymbol{D}=[(1/B, 0), (0, 1)]^{\mathrm{T}}$ 为系数矩阵；Δt 为计算时间步长；Δx 为控制体长度；$\boldsymbol{F}_{i-1/2}^*$、$\boldsymbol{F}_{i+1/2}^*$ 分别为控制体 i 左、右两侧界面的数值通量，$\boldsymbol{F}=(Q, Q^2/A)^{\mathrm{T}}$；$\boldsymbol{S}$ 为源项近似。

采用 MUSCL-Hancock 算法实现单一河道的有限体积求解，主要计算过程包括基于 HLL（Harten，Lax，van Leer）近似 Riemann 求解器的数值通量计算、基于 MUSCL 方法和 Minmod 限制器的界面两侧变量二阶精度重构、水面梯度项处理、基于 CFL 条件的自适应时间步长计算等。需要说明的是，界面左、右侧进行线性重构的原变量为 Z、Q，在界面数值通量计算过程中，界面两侧的 A、B 等变量重构值，必须基于水位重构值与界面处的断面地形计算得到。由于断面地形定义于控制体中心，因此，在程序初始化时，需要利用已有断面地形，基于均匀过渡假设，计算控制

体界面的水位与过水面积、水面宽度的关系。此外，与二维模型类似，采用半隐式格式处理摩阻项，以解决极浅水深时摩阻项可能引起的刚性问题：

$$Q=\frac{1}{1+\Delta t\hat{\tau}}\hat{Q} \tag{2.3-2}$$

式中：$\hat{Q}$、Q 分别为摩阻项处理前、后的控制体流速；$\hat{\tau}=gn^2|\hat{Q}|/(AR^{4/3})$。式（2.3-2）能保证减小流量绝对值且不改变流量的方向，因而有利于计算的稳定性。

采用 HLL 格式计算界面数值通量，考虑了正向急流、缓流、逆向急流等不同情况的通量计算方式：

$$\boldsymbol{F}^*=\begin{cases}\boldsymbol{F}(\boldsymbol{U}_{\mathrm{L}}) & S_{\mathrm{L}}\geqslant 0\\ \boldsymbol{F}_{\mathrm{LR}} & S_{\mathrm{L}}<0<S_{\mathrm{R}}\\ \boldsymbol{F}(\boldsymbol{U}_{\mathrm{R}}) & S_{\mathrm{R}}\leqslant 0\end{cases} \tag{2.3-3}$$

式中：下标 L、R 代表界面左、右侧。

$\boldsymbol{F}(\boldsymbol{U}_{\mathrm{L}})$、$\boldsymbol{F}(\boldsymbol{U}_{\mathrm{R}})$ 为基于界面右、左侧重构变量的数值通量，计算公式为

$$\boldsymbol{F}(\boldsymbol{U})=\begin{pmatrix}f_1\\ f_2\end{pmatrix}=\begin{pmatrix}Q\\ Q^2/A\end{pmatrix} \tag{2.3-4}$$

$\boldsymbol{F}_{\mathrm{LR}}$ 计算公式为

$$\boldsymbol{F}_{\mathrm{LR}}=\begin{pmatrix}\dfrac{B_{\mathrm{R}}S_{\mathrm{R}}f_1^L-B_{\mathrm{L}}S_{\mathrm{L}}f_1^R+B_{\mathrm{L}}B_{\mathrm{R}}S_{\mathrm{L}}S_{\mathrm{R}}(Z_{\mathrm{R}}-Z_{\mathrm{L}})}{B_{\mathrm{R}}S_{\mathrm{R}}-B_{\mathrm{L}}S_{\mathrm{L}}}\\ \dfrac{S_{\mathrm{R}}f_2^L-S_{\mathrm{L}}f_2^R+S_{\mathrm{L}}S_{\mathrm{R}}(Q_{\mathrm{R}}-Q_{\mathrm{L}})}{S_{\mathrm{R}}-S_{\mathrm{L}}}\end{pmatrix} \tag{2.3-5}$$

波速计算公式为

$$S_{\mathrm{L}}=\begin{cases}\min(u_{\mathrm{L}}-\sqrt{g(A/B)_{\mathrm{L}}},u_*-c_*), & B_{\mathrm{L}}>0,B_{\mathrm{R}}>0\\ u_{\mathrm{R}}-2\sqrt{g(A/B)_{\mathrm{R}}}, & B_{\mathrm{L}}=0,B_{\mathrm{R}}>0\\ u_{\mathrm{L}}-\sqrt{g(A/B)_{\mathrm{L}}}, & B_{\mathrm{L}}>0,B_{\mathrm{R}}=0\end{cases} \tag{2.3-6}$$

$$S_{\mathrm{R}}=\begin{cases}\max(u_{\mathrm{R}}+\sqrt{g(A/B)_{\mathrm{R}}},u_*+c_*), & B_{\mathrm{L}}>0,B_{\mathrm{R}}>0\\ u_{\mathrm{R}}+\sqrt{g(A/B)_{\mathrm{R}}}, & B_{\mathrm{L}}=0,B_{\mathrm{R}}>0\\ u_{\mathrm{L}}+2\sqrt{g(A/B)_{\mathrm{L}}}, & B_{\mathrm{L}}>0,B_{\mathrm{R}}=0\end{cases} \tag{2.3-7}$$

$$u_*=\frac{1}{2}(u_{\mathrm{L}}+u_{\mathrm{R}})+\sqrt{g(A/B)_{\mathrm{L}}}-\sqrt{g(A/B)_{\mathrm{R}}} \tag{2.3-8}$$

$$c_*=\frac{1}{2}\left[\sqrt{g(A/B)_{\mathrm{L}}}+\sqrt{g(A/B)_{\mathrm{R}}}\right]+\frac{1}{4}(u_{\mathrm{L}}-u_{\mathrm{R}}) \tag{2.3-9}$$

2.3.2 河网解耦计算

运用朱德军等（2011）提出的汊点水位预测-校正法处理河网汊点连接条件，其表达式为

$$Z_i^2 - Z_i^1 = \Delta Z_i = \left(\sum_{j=1}^{k_{in}} Q_{i,j} - \sum_{j=1}^{k_{out}} Q_{i,j}\right) \Big/ 2\beta B_i \sqrt{gR_i} \qquad (2.3-10)$$

式中：下标 i 为汊点编号；Z^1 为预测的汊点水位值，Z^2 为校正后的汊点水位值；ΔZ 为汊点水位校正量；Q 为汊点位置断面的流量；B、R 分别为汊点位置所有断面的水面宽、水力半径平均值，均为基于汊点水位预测值的计算结果；β 为系数，取 5.0。

由式（2.3-10）可知，当预测的汊点水位偏低，导致流入汊点水量大于流出汊点的水量时，汊点水位校正量 $\Delta Z>0$，使校正后的汊点水位升高，进而减小流入汊点的水量、增大流出汊点的水量；反之亦然。因此，上述汊点水位预测-校正法的迭代计算是收敛的。此外，本方法采用显式有限体积方法，同一河道的不同断面被数值解耦，在汊点水位预测、校正的迭代计算时只需汊点位置的断面参与计算，可显著减小计算量，提高计算效率。

综上，通过运用复杂流态适应性通量求解方法，可解决干河床、逆坡、复杂流态模拟等问题：

（1）干河床模拟。由于采用有限体积离散，运用 Riemann 求解器计算控制体之间的数值通量时，考虑了干河床上洪水波特征，因此本方法可适用于干河床模拟。

（2）逆坡模拟。逆坡模拟的困难往往来源于干河床模拟，即小流量条件下逆坡可能导致下游干河床。由于本方法适用于干河床模拟，因此解决了逆坡模拟难题。

（3）复杂流态模拟。运用 Riemann 求解器计算控制体之间的数值通量时，根据洪水波特征，考虑了缓流、急流、临界流等不同条件下的通量计算公式，因此本方法适用于复杂流态模拟。

由上述求解过程可知，通过显式有限体积离散，实现了河段内各断面间的数值解耦，即：当前断面计算仅与其相邻两侧断面有关；通过汊点水位预测-校正法，实现了河网中不同河段的数值解耦，即确定汊点水位后，河网中不同河段的计算是独立的。因此，上述方法通过将断面、河段间数值解耦，消除了数值迭代计算误差累积效应，可实现大规模复杂河网任意初始场误差的快速消除。

2.4 闸泵工程调度模型

闸泵工程调度模型即针对闸泵工程特性进行概化，模拟其在调度方案下的启闭过程，合理反映闸泵调度对河网水流运动的影响。

与普通河道基于圣维南方程离散得到数值通量求解不同，水闸断面的通量由水闸过流公式确定。闸门关闭情况下，过闸流量 $Q=0$。闸门开启情况下，过闸流量按宽顶堰公式计算：

自由出流 $$Q = mB\sqrt{2g}H_0^{1.5} \qquad (2.4-1)$$

淹没出流 $$Q = \varphi B\sqrt{2g}H_s\sqrt{Z_u - Z_d} \qquad (2.4-2)$$

式中：Q 为过闸流量；m 为自由出流系数；φ 为淹没出流系数；B 为闸门开启总宽

度；Z_u 为闸上游水位；Z_d 为闸下游水位；H_0 为闸上游水深；H_s 为闸下游水深。

模型根据水闸调度规则确定闸门启闭状态及孔数、开度等参数，进而计算过闸流量，从而合理概化水闸工程调度过程。

对于泵站，河网模型中将其概化为旁侧入流/出流项，从而反映泵站抽排水对河道水量的影响。模型通过起排水位、止排水位、泵站抽排流量等参数对泵站调度规则进行概化。

2.5 标准化建模数据

河网标准化建模数据包括河流文件、断面文件、断面高程点文件、汊点文件、边界文件。

2.5.1 河流文件

在前处理文件中使用河系中心线表示河流。河流文件存储每条河流的数据，其属性表包含自然河道名称、自然河道流向（表 2.5-1）。

表 2.5-1 河流文件属性字段说明

属性字段序号	字段名称	字段含义	字段类型	备注
1	FID	GIS 对象序号		GIS 自动生成该字段
2	Shape	GIS 对象类型		GIS 自动生成该字段
3	River_Name	自然河道名称	字符串	需手动添加该字段
4	Dir_Flag	自然河道流向	短整型	需手动添加该字段

（1）此文件中的河道均指自然河道，在 GIS 中以一条完整的折线段（中间不允许打断）表示。

（2）河流图层文件属性表中河道名称必须唯一。

（3）河流流向定义："1"表示点绘的表示河道的折线段的方向与自然河道的实际流向（上游→下游）相同；反之，"−1"表示与实际流向相反。基于该流向信息，自动化建模工具将按自然河道的实际流向（上游→下游）进行断面依次递增编号。

（4）在模型文件中，同一条自然河道的河系中心线本身不能相交，不同的自然河道的河系中心线可以相交。在现实中，同一自然河道存在相交情况即分汊河道同名，若某自然河道在江心洲处分汊，则需要将同名支汊打断定义为新的自然河道。

2.5.2 断面文件

断面是进行河道概化的重要元素。在前处理文件中，断面可以在 GIS 中用两点折线表示。断面文件属性包含所属自然河道名称、断面位置信息（表 2.5-2）。

表 2.5-2　断面文件属性字段说明

属性字段序号	字段名称	字段含义	字段类型	备　注
1	FID	GIS 对象序号	--	GIS 自动生成该字段
2	Shape	GIS 对象类型	--	GIS 自动生成该字段
3	River_Name	所属自然河道名称	字符串	需手动添加该字段
4	Lpx	断面起点 x 坐标	Double	需手动添加该字段
5	Lpy	断面起点 y 坐标	Double	需手动添加该字段
6	Rpx	断面终点 x 坐标	Double	需手动添加该字段
7	Rpy	断面终点 y 坐标	Double	需手动添加该字段
8	Mpx	断面中点 x 坐标	Double	需手动添加该字段
9	Mpy	断面中点 y 坐标	Double	需手动添加该字段

（1）断面图层文件属性表中的 River_Name 应与河流图层文件保持一致。

（2）断面起点指自然河道左岸点，断面终点指自然河道右岸点（左右岸区分：顺着自然河道流向左侧即左岸，右侧即右岸）。

（3）Lpx、Lpy 等坐标必须为投影坐标（非经纬度）。

2.5.3　断面高程点文件

断面高程点散落在断面线上，是进行河道断面地形概化的重要元素。断面高程点文件属性仅记录位置及高程信息（表 2.5-3）。

表 2.5-3　断面高程点文件属性字段说明

属性字段序号	字段名称	字段含义	字段类型	备　注
1	FID	GIS 对象序号	--	GIS 自动生成该字段
2	Shape	GIS 对象类型	--	GIS 自动生成该字段
3	Px	断面高程点 x 坐标	Double	需手动添加该字段
4	Py	断面高程点 y 坐标	Double	需手动添加该字段
5	Pz	断面高程点 z 坐标	Double	需手动添加该字段

（1）断面高程点属于与之最近的断面线，故高程点与断面线之间的距离偏差不宜过大，最好小于 1m。

（2）Px、Py 必须为投影坐标。

（3）Pz 为高程值，单位为 m。

2.5.4　汊点文件

汊点是表示河网拓扑的重要组成部分。汊点文件属性包含汊点位置、汊点处连接的自然河道名称、汊点处连接的自然河道数量（表 2.5-4）。

表 2.5-4　　汊点文件属性字段说明

属性字段序号	字段名称	字段含义	字段类型	备　注
1	FID	GIS 对象序号	--	GIS 自动生成该字段
2	Shape	GIS 对象类型	--	GIS 自动生成该字段
3	River _ Name	连接的自然河道名称	字符串	需手动添加该字段
4	Px	汊点位置 x 坐标	Double	需手动添加该字段
5	Py	汊点位置 y 坐标	Double	需手动添加该字段
6	River _ Num	连接的自然河道数量	短整型	需手动添加该字段

(1) 汊点图层文件属性表中的 River _ Name 需与河流图层文件保持一致，且使用"&&"连接不同的自然河道名称。

(2) Px、Py 必须为投影坐标（非经纬度）。

(3) River _ Num 与对应的 River _ Name 中的连接的自然河道总数应保持一致。

(4) 在同一自然河道的相邻两个汊点、边界点与相邻汊点形成一个计算河段，任意计算河段至少保证有两个断面 Line，所以汊点前后也至少有两个断面。

(5) 汊点与河道中心线的距离小于允许值，则认为汊点位于该河段中心线上（一个汊点至少属于两个河段）。建模自动化工具中，可以设置汊点与河道中心线的距离误差允许值。一般情况下，建议该误差允许值不大于 50m。在实际操作过程中，可以先设置一个较小的误差允许值，如果建模自动化工具提示错误则逐步增加该值。

2.5.5　边界文件

边界决定了模型的计算范围，边界文件属性包含边界点的位置、边界类型、边界名称（表 2.5-5）。

表 2.5-5　　边界文件属性字段说明

属性字段序号	字段名称	字段含义	字段类型	备　注
1	FID	GIS 对象序号	--	GIS 自动生成该字段
2	Shape	GIS 对象类型	--	GIS 自动生成该字段
3	BC _ Name	边界名称	字符串	需手动添加该字段
4	BC _ x	边界位置 x 坐标	Double	需手动添加该字段
5	BC _ y	边界位置 y 坐标	Double	需手动添加该字段
6	BC _ Type	边界类型	短整型	需手动添加该字段

(1) BC _ Name 应取名为该位置的水文站点名称，或该自然河道名称，以便后续模型计算时容易理解断面位置。

(2) 边界类型中 BC _ Type 字段，流量边界定义为 2，水位边界定义为 1。

（3）BC _ x、BC _ y 必须为投影坐标。

（4）若某断面 Line 的中心点（Mpx，Mpy）与（BC _ x，BC _ y）距离最近，则视该断面为此边界点指定的边界断面。

2.6 典型算例

2.6.1 一维溃坝模拟

考虑断面形状为三角形的一维河道溃坝问题。平底河道总长 1000m，边坡为 1∶1，不考虑摩阻力。在河道中部位置有一大坝。上游水位为 1m，下游水位分别为 0m（干河床溃坝问题）和 0.1m（湿河床溃坝问题）。采用等距断面对河道进行均匀化离散，断面间距为 1m。

$t=0$ 时大坝溃决，下游初始水位为 0.1m 时，$t=80$s 的水位、流量计算结果如图 2.6-1 所示。由结果对比可知，数值解与准确解基本一致。

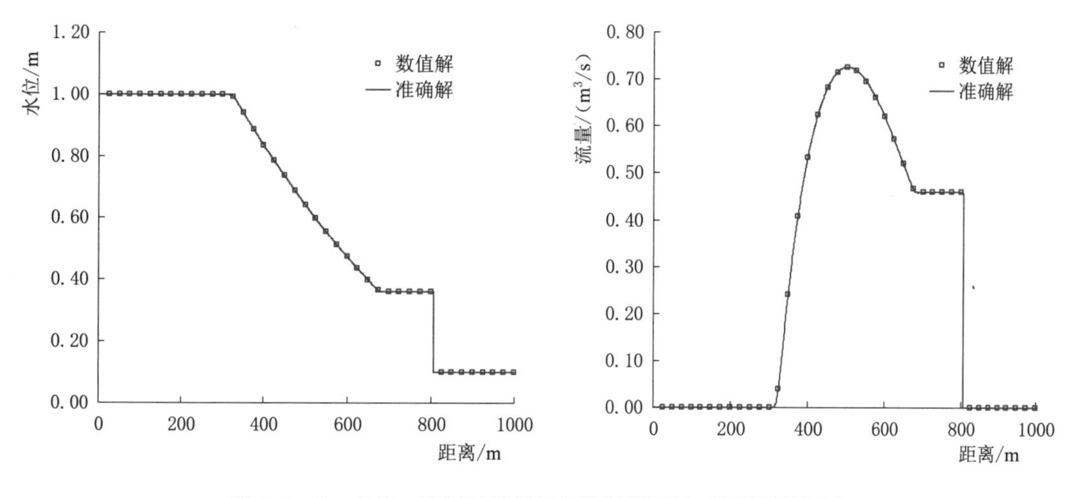

图 2.6-1 水位、流量计算结果与准确解对比（下游湿河床）

$t=0$ 时大坝溃决，下游初始水位为 0m 时，$t=45$s 的水位、流量计算结果如图 2.6-2 所示。由结果对比可知，水位、流量数值解与准确解基本一致。

本算例验证结果表明，所建立的有限体积模型可有效计算一维河道的溃坝洪水演进问题，且可有效处理干河床问题。

2.6.2 急缓流态交替的陡坡河道水面线计算

本算例为急缓流态交替的陡坡河道水面线计算问题。河道断面为矩形，河道长 1000m，宽 10m，上游固定流量 20m^3/s，下游边界固定水深 1.35m，曼宁糙率 $n=0.02$，河道入流和出流均为缓流。本河段流态属于渐变过渡流态，先从缓流过渡到急流，然后又从急流过渡到缓流，前一个过渡形成水跌，后一个过渡形成水跃。水跌时

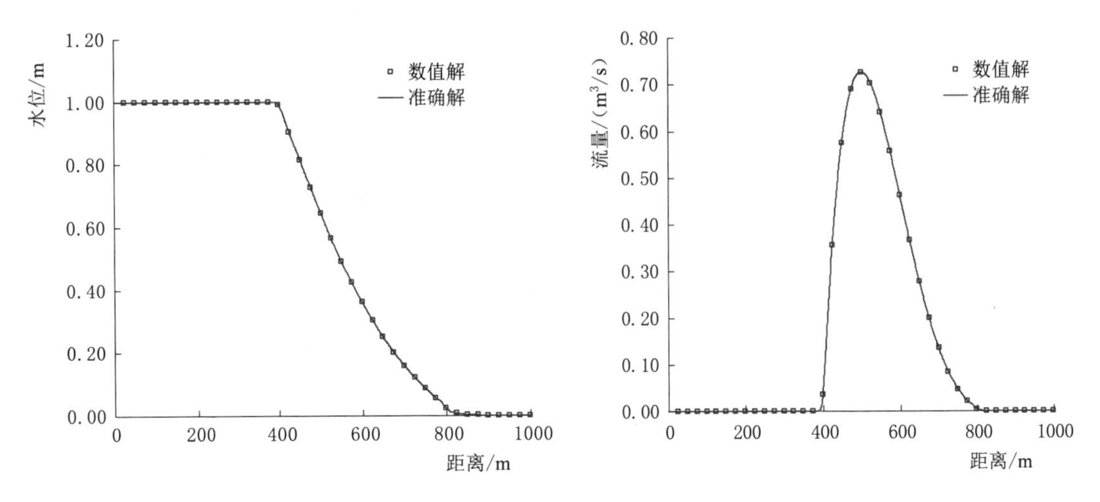

图 2.6-2 水位、流量计算结果与准确解对比（下游干河床）

水位表现为光滑过渡，而水跃存在明显的间断点。

河底地形由下式给出：

$$S_0(x)=\left\{1-\frac{400[10+2h(x)]}{g[10+h(x)]^3h(x)^3}\right\}h'(x)+0.16\frac{[10+2h(x)\sqrt{2}]^{4/3}}{[10+h(x)]^{10/3}h(x)^{10/3}}$$

其中

$$h(x)=\begin{cases}0.723449\left[1-\tanh\left(\dfrac{x}{1000}-\dfrac{3}{10}\right)\right], & 0\leqslant x\leqslant 300\\ 0.723449\left\{1-\dfrac{1}{6}\tanh\left[6\left(\dfrac{x}{1000}-\dfrac{3}{10}\right)\right]\right\}, & 300<x\leqslant 600\\ \dfrac{3}{4}+\sum\limits_{k=1}^{3}a_k\exp\left[-20k\left(\dfrac{x}{1000}-\dfrac{3}{5}\right)\right]+\dfrac{3}{5}\exp\left(\dfrac{x}{1000}-1\right), & 600<x\leqslant 1000\end{cases}$$

$$h'(x)=\begin{cases}-0.723449\times10^{-3}\text{sech}^2\left(\dfrac{x}{1000}-\dfrac{3}{10}\right), & 0\leqslant x\leqslant 300\\ -0.723449\times10^{-3}\text{sech}^2\left[6\left(\dfrac{x}{1000}-\dfrac{3}{10}\right)\right], & 300<x\leqslant 600\\ -\dfrac{1}{50}\sum\limits_{k=1}^{3}ka_k\exp\left[-20k\left(\dfrac{x}{1000}-\dfrac{3}{5}\right)\right]+\dfrac{3}{5000}\exp\left(\dfrac{x}{1000}-1\right), & 600<x\leqslant 1000\end{cases}$$

式中：x 为沿程距离；$S_0(x)$ 为河道底坡；$h(x)$ 为水深。

采用等距断面对河道进行均匀化离散，断面间距为 10m。恒定流计算收敛的目标为所有断面前后两个时刻的水位差小于 0.1mm。图 2.6-3 为本模型计算结果与文献结果对比。

由图 2.6-3 可知，本模型计算结果与已有文献结果基本一致，合理模拟了水跃及水跃形态，表明模型可用于具有急缓流态交替的山区陡坡河道水流模拟。需要说

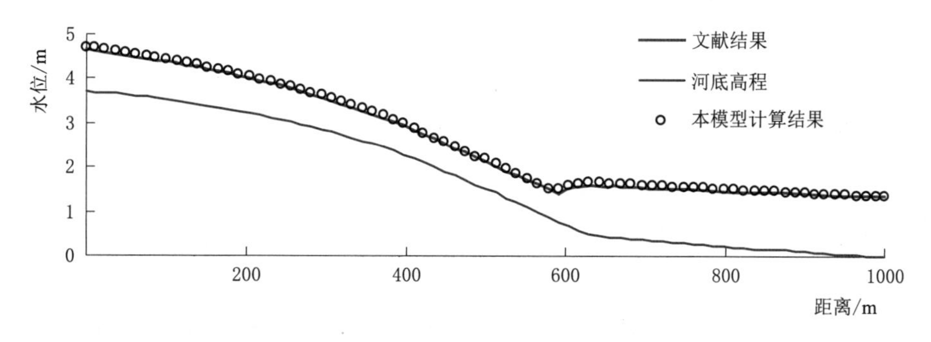

图 2.6-3 沿程水位计算结果对比

明的是，采用无针对急流及过渡区特殊处理的 Preissmann 有限差分格式和分级求解方法无法得到合理结果。

2.6.3 逆坡河道洪水模拟

假设一个矩形断面河道，河宽 200m，河长 8km，上游入口断面河底高程为 0m，下游出口断面河底高程为 80m，河道坡降为－1%。上游断面恒定入流，流量为 $100m^3/s$；下游断面假设与一初始水位为－10m 的湖泊连接。由于河道下游出口断面的河底高程为 80m，当河道水位低于出口断面河底高程时，下游出口断面流量为 0。

时间 t 为 1h、10h、20h、30h、40h、50h 的水面线计算结果如图 2.6-4 所示。

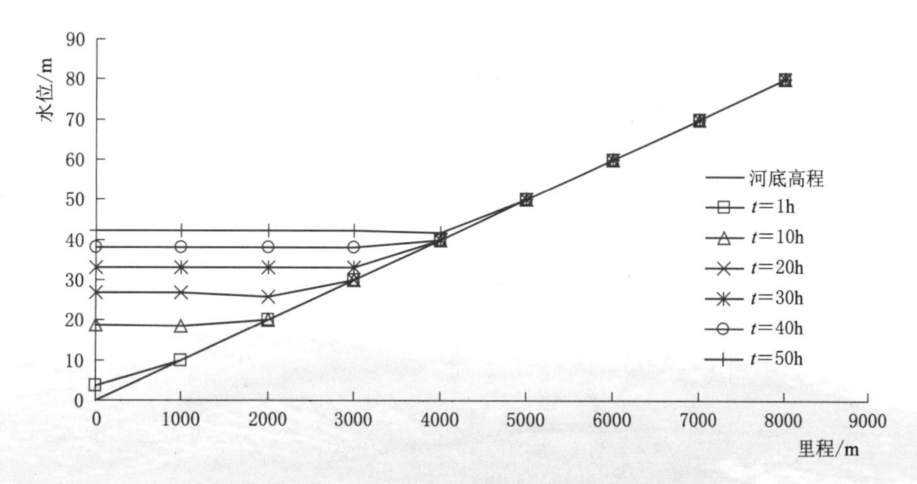

图 2.6-4 逆坡河道不同时刻水面线计算结果（上游入口断面里程等于 0）

由计算结果可知：

（1）t=10～50h 的水面线，在淹没河段内水面基本为平面，表明模型可有效反映河道逆坡对上游入口洪水传播的阻碍效应，即合理再现了逆坡河道的“填洼”过程。

（2）在淹没河段外，水面与河底高程相等，即水深为 0，表明模型可计算干河床情况。

（3）整个模拟过程中，下游出口断面流量均保持为0，表明模型可有效计算具有大幅度地形落差的河道-湖泊耦合问题。

2.6.4 珠江三角洲复杂河网洪水模拟

珠江三角洲河网区范围包括西、北江思贤滘以下和东江石龙以下的河网区以及入注三角洲的潭江、增江、流溪河等中小河流。珠江三角洲流域面积约为26820km²。珠江三角洲河网密布，河道多级分汊，水系结构十分复杂。珠三角地区有联围30余个，围内河涌12000余条，可调度闸泵1000余座。珠江三角洲河网区及八大口门区地理位置见图2.6－5。

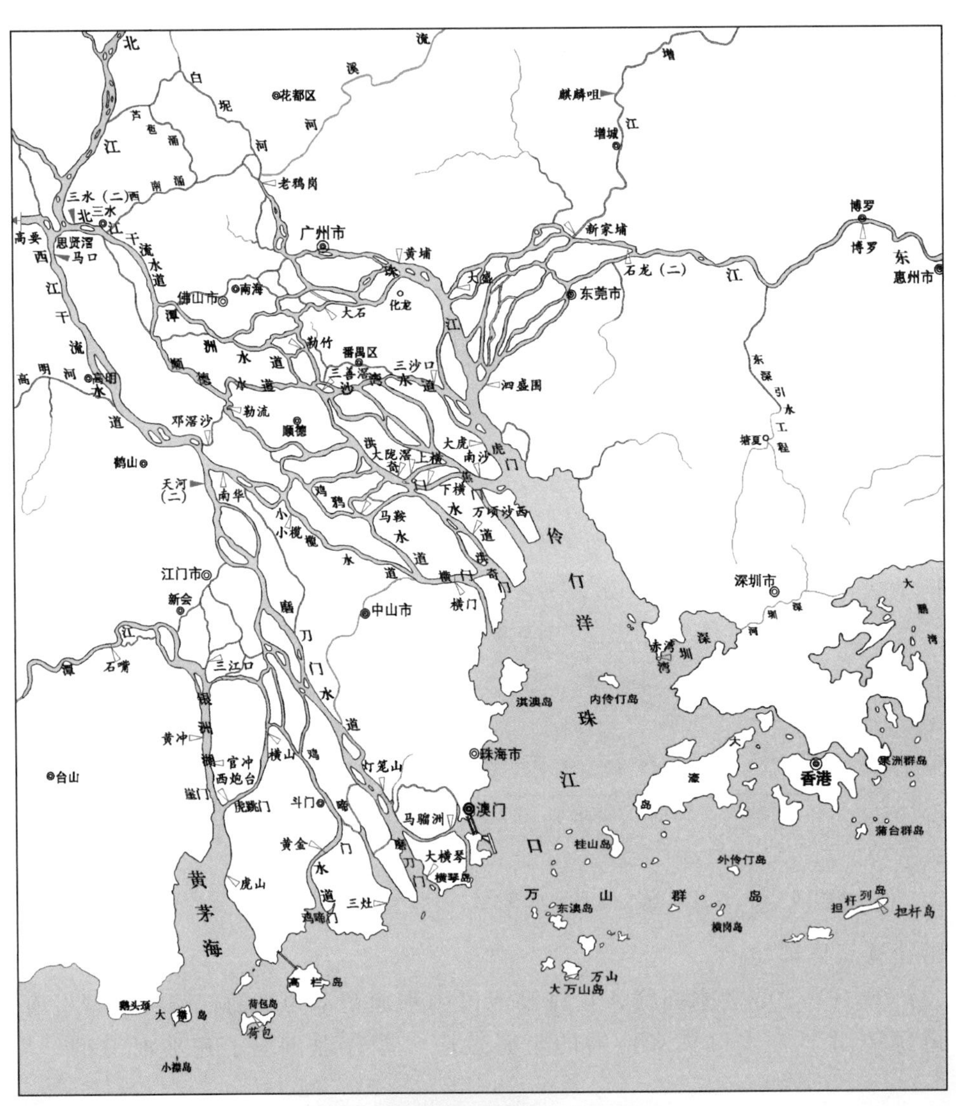

图2.6－5 珠江三角洲河网区及八大口门区地理位置

珠三角河网是世界上最复杂的感潮河网之一，河网中同时存在树状、环状结构。受潮汐与径流的双重影响，珠三角河网水动力条件极为复杂。建立了珠三角一维河网模型，河网范围如图 2.6-6 所示，上游边界为三水、马口、博罗、麒麟咀、老鸦岗等水文站的流量过程；下游边界为大虎、南沙、冯马庙等珠江八大口门控制站的潮位过程。模型包括 347 条河道、215 个汊点和 3866 个断面，断面间距为 40～2000m。采用“2005.6”大洪水（2005 年 6 月 23 日 18：00 至 7 月 1 日 6：00）对模型进行了验证。部分站点的实测水位与计算结果对比如图 2.6-7 所示。由结果对比可知，计算水位与实测值吻合较好，表明模型参数合理。

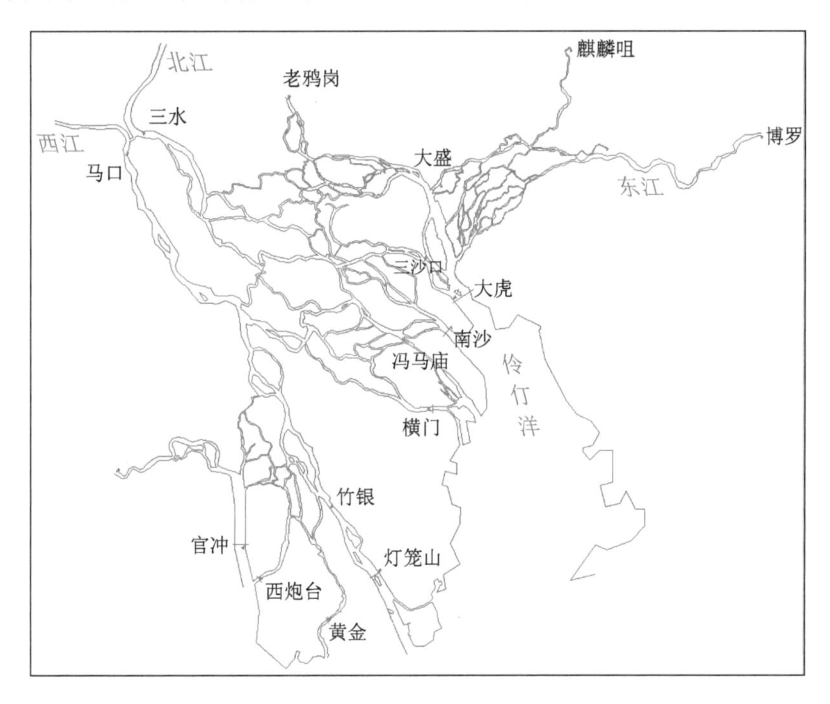

图 2.6-6 珠三角河网范围示意图

为了说明初始场对模拟结果的影响，分别假设全局初始水位为 5m 或－5m，运用本方法的三沙口水位计算结果如图 2.6-8 所示。

由图 2.6-8 可知，无论是全局初始水位为 5m 还是－5m，本方法均可在 1 个潮周期内快速消除初始场误差，表明本方法适应任意初始条件，提高了河网模型计算稳定性。

2.6.5 具有间断地形的闸泵工程调度模拟

以某城市河湖水系（图 2.6-9）为例，说明典型河网工程调度模拟效果。该湖的北、东、西三向均为山地及丘陵地貌，南部为盆地，滞洪区水域面积 $19hm^2$。湖体承接上游山溪暴雨洪水，汇水面积 $43.0km^2$；湖水可通过闸泵排至城区内河。

该湖总库容 111 万 m^3，最高水位 7.8m，死水位－0.25m，有效库容 105 万 m^3，

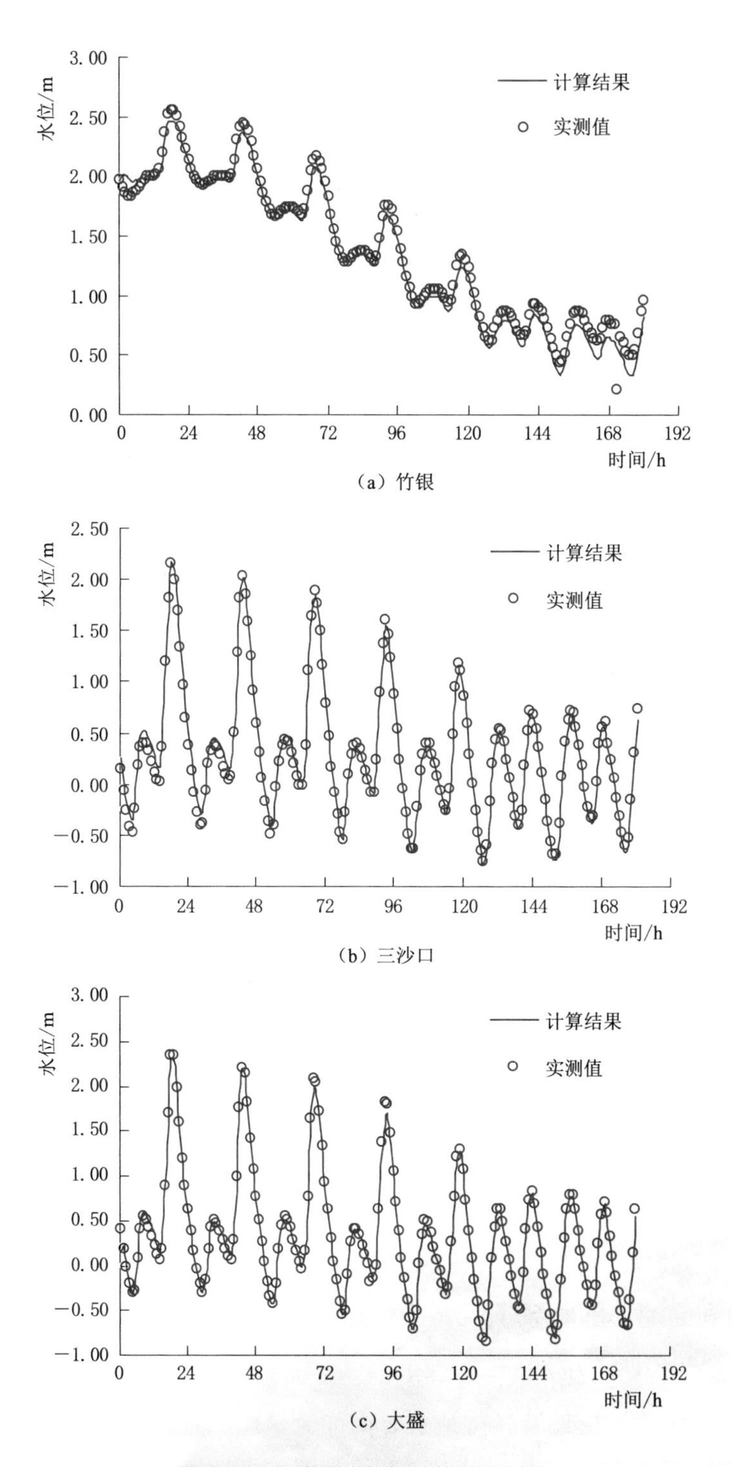

图 2.6-7 实测水位与计算结果对比

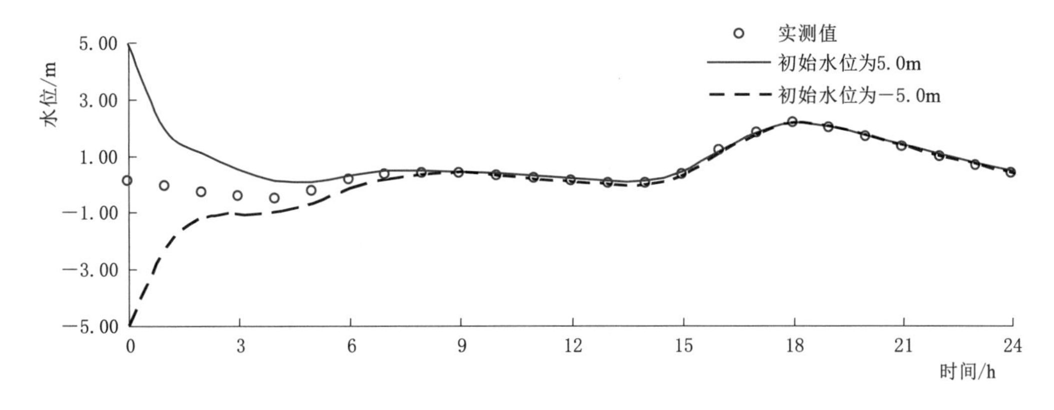

图 2.6－8　不同初始场条件下三沙口水位计算结果

湖底高程－0.75m，常水位 5m，日常可调节库容 48.3 万 m^3。该湖由闸泵向城区内河控制排泄洪水。湖泊排水闸总净宽 40.00m，闸底板高程为 3.50m。该湖有排水泵 5 台，单泵额定流量为 $5m^3/s$。泵站布置在湖正南侧的出口水闸左岸，主要用于抽排闸底板以下湖水。汛期来临前，排水闸门底板以上部分自流排至下游河道，排水闸门底板以下部分积水通过泵站抽排，经泵站排水涵管排至下游河道。

2 号山溪的入湖口处突变地形如图 2.6－10 所示，入湖口处河底高程为 5.2m，而湖底高程为－0.75m，地形高差约为 6m。当湖泊水位小于 5.2m 时，湖泊对山溪无水位顶托作用。

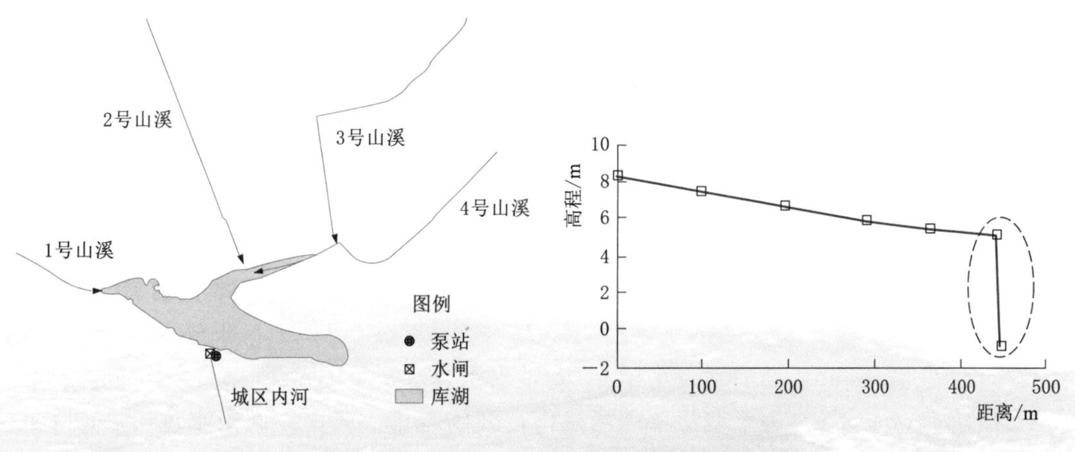

图 2.6－9　某城市河湖水系示意图

图 2.6－10　2 号山溪入湖口处突变地形示意图

假设预报未来有连续大暴雨，湖泊初始水位－0.25m（即假设为死水位状态），对本次暴雨进行蓄洪。在本次调蓄结束后，通过泵站将湖水抽排至城区内河，为后续的大暴雨腾库蓄洪。

考虑湖泊出水口水闸调蓄控制规则，即：

（1）调蓄期：若湖泊水位低于 6.0m，则水闸关闭、湖泊蓄水；若湖泊水位超过 6.0m，则开闸泄洪。

(2) 腾库期：若湖泊水位高于3.5m，则开闸自排；若湖泊水位低于3.5m，则关闸、启泵抽排。

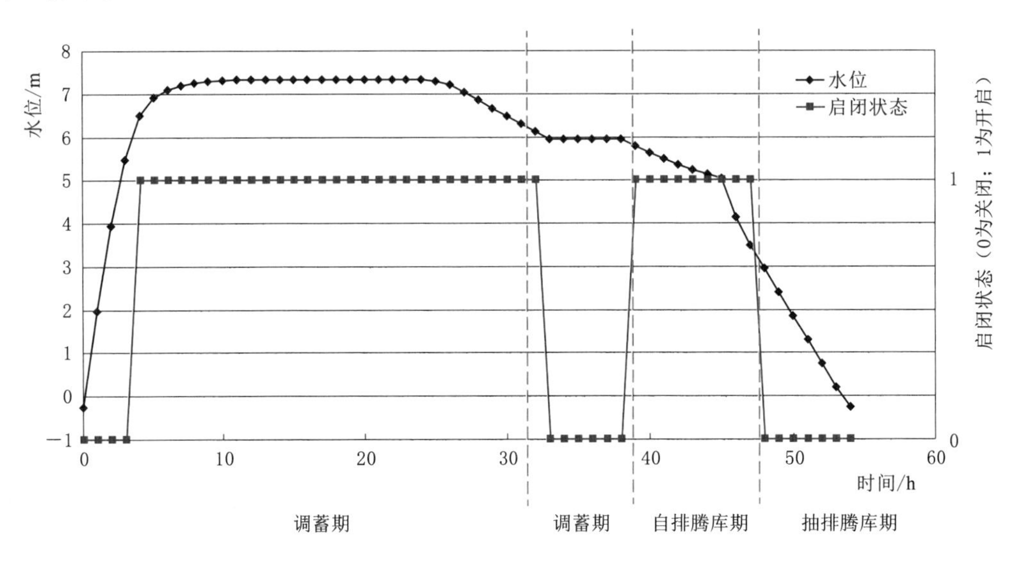

图2.6-11 某湖泊水位及出水口水闸启闭状态计算结果

某典型水文条件下，湖泊水位及出水口水闸的启闭状态计算结果如图2.6-11所示。由计算结果可知：

(1) t=0～3h，受暴雨产汇流影响，上游河道洪水下泄，湖水位上涨，但湖水位始终低于6.0m，因此，出水口水闸关闭、湖泊蓄水。

(2) t=3～12h，湖水位上涨超过6.0m，出水口水闸开启泄洪，但此时由于上游河道洪水入湖流量大于出水口水闸下泄流量，因此，湖水位仍持续上涨。

(3) t=12～24h，随着湖水位持续上涨，出水口水闸下泄流量增加，且与上游河道洪水入湖流量基本相当，湖水位保持稳定。

(4) t=24～32h，暴雨停止，上游入湖流量逐渐减小至0。此时，出水口水闸下泄流量大于入湖流量，湖泊水位持续下降，但水位仍然大于6.0m，出水口水闸仍然开启泄洪。

(5) t=32～38h，湖泊水位小于6.0m，出水口水闸关闭蓄洪。

(6) t=38～47h，为了迎接下一场暴雨，开闸自排、腾库。湖泊水位由6m降低至闸底板高程3.5m。

(7) t=47～54h，启泵抽排、腾库。湖泊水位由3.5m降低至死水位−0.25m。

综上，湖泊水位及闸泵状态计算结果均合理反映了调度规则及调蓄、腾库过程，验证了闸泵工程调度模型的合理性。

第3章

高精度建模下洪水高速模拟方法

在洪水实时模拟中，二维洪水演进计算耗时最长，难以兼顾建模精度与计算效率。为了保证预报预警的准确性与时效性，需要在保证计算精度的前提下，重点提高二维洪水演进计算速度。在高速计算方面，传统的洪水演进模型存在以下问题：

（1）算法时空复杂度高。淹没区地形变化大、洪水淹没边界不规则性强，对计算网格的地形表达精度和边界拟合能力要求较高。传统方法将底高程定义于单元中心，地形概化仅具有一阶精度，而较低的模型地形精度将显著降低洪水模拟结果的精度。为了保证预报精度，传统方法往往采用高阶计算格式，如具有时空二阶精度的MUSCL－Hancock格式。与一阶精度格式相比，高阶计算格式的时空复杂度更高、计算效率较低。

（2）无效计算量大。以溃漫堤洪水及城市暴雨内涝为例，受地形影响，淹没区占整个计算范围的比例较小；此外，受淹面积也随着洪水演进过程而逐渐增大。传统方法针对所有网格进行循环计算，未能结合洪水淹没前沿边界进行计算单元动态控制。由于大量非淹没区的网格为无效网格，传统方法的无效计算量大，显著降低了模型计算速度。

（3）难以实现单机高性能计算。在对串行计算模型进行改进、优化后，并行计算是进一步提高模型计算速度的必然手段。传统方法多为CPU并行计算，包括单CPU的多核并行，以及多CPU的分布式并行。受单一CPU的核心数量限制，单CPU多核并行的加速效果有限，而多CPU的分布式并行往往需要大型计算服务器，存在建设投资大、运行及维护成本高、使用不便等问题。近年来，随着GPU硬件的快速发展，单块GPU卡即可提供强大的运算能力，使得在台式机或小型工作站上进行高性能计算成为可能。传统的可运行在CPU上的模型程序不能直接调用GPU计算资源，需要针对GPU硬件架构特性对模型的数据管理和循环的并行化进行改进。

针对上述问题，本章通过以下三个方面建立二维洪水演进高速计算模型，以显著提高计算效率：

（1）建立基于高精度地形建模的有限体积快速计算格式，降低算法时空复杂度。将底高程定义于单元节点，建立具有地形二阶概化精度的三角形－四边形斜底单元模型；在提高地形表达精度的基础上，提出浅水方程高效求解的一阶精度格式，降低算法时空复杂度。

(2) 提出有效计算单元自适应动态调整方法，避免大量无效计算，显著减小计算规模。根据洪水淹没前沿边界，动态调整有效计算单元，从而使模型仅针对有效计算单元进行循环计算，极大减少了计算量。

(3) 建立GPU并行计算模型，实现台式机或小型工作站上洪水演进高速计算。针对GPU硬件架构特性，对模型的数据管理和循环并行化进行改进，使模型可以利用GPU卡中数以千计的核心进行多线程并行计算，从而显著提高计算速度。

3.1 浅水方程高效求解算法

3.1.1 二维浅水方程

采用守恒形式的二维浅水方程：

$$\frac{\partial \boldsymbol{U}}{\partial t}+\frac{\partial \boldsymbol{E}^{\mathrm{adv}}}{\partial x}+\frac{\partial \boldsymbol{G}^{\mathrm{adv}}}{\partial y}=\frac{\partial \boldsymbol{E}^{\mathrm{diff}}}{\partial x}+\frac{\partial \boldsymbol{G}^{\mathrm{diff}}}{\partial y}+\frac{\partial \boldsymbol{E}^{\mathrm{dis}}}{\partial x}+\frac{\partial \boldsymbol{G}^{\mathrm{dis}}}{\partial y}+\boldsymbol{S} \tag{3.1-1}$$

式中：$\boldsymbol{U}$ 为守恒向量；$\boldsymbol{E}^{\mathrm{adv}}$、$\boldsymbol{G}^{\mathrm{adv}}$分别为 x、y 方向的对流通量向量；$\boldsymbol{E}^{\mathrm{diff}}$、$\boldsymbol{G}^{\mathrm{diff}}$分别为 x、y 方向雷诺应力引起的扩散通量向量；$\boldsymbol{E}^{\mathrm{dis}}$、$\boldsymbol{G}^{\mathrm{dis}}$分别为 x、y 方向二次流引起的扩散通量向量；$\boldsymbol{S}$ 为源项向量：

其中 $\boldsymbol{U}=\begin{bmatrix} h \\ hu \\ hv \end{bmatrix}$ $\boldsymbol{E}^{\mathrm{adv}}=\begin{bmatrix} hu \\ hu^2+\frac{1}{2}g(h^2-b^2) \\ huv \end{bmatrix}$ $\boldsymbol{G}^{\mathrm{adv}}=\begin{bmatrix} hv \\ huv \\ hv^2+\frac{1}{2}g(h^2-b^2) \end{bmatrix}$

$$\boldsymbol{E}^{\mathrm{diff}}=\begin{bmatrix} 0 \\ 2h\nu_t\dfrac{\partial u}{\partial x} \\ h\nu_t\left(\dfrac{\partial u}{\partial y}+\dfrac{\partial v}{\partial x}\right) \end{bmatrix} \quad \boldsymbol{G}^{\mathrm{diff}}=\begin{bmatrix} 0 \\ h\nu_t\left(\dfrac{\partial u}{\partial y}+\dfrac{\partial v}{\partial x}\right) \\ 2h\nu_t\dfrac{\partial v}{\partial y} \end{bmatrix}$$

$$\boldsymbol{E}^{\mathrm{dis}}=\begin{bmatrix} 0 \\ hD_{xx} \\ hD_{yx} \end{bmatrix} \quad \boldsymbol{G}^{\mathrm{dis}}=\begin{bmatrix} 0 \\ hD_{xy} \\ hD_{yy} \end{bmatrix}$$

$$\boldsymbol{S}=\boldsymbol{S}_0+\boldsymbol{S}_f=\begin{bmatrix} r-i \\ g(h+b)S_{0x}-ghS_{fx} \\ g(h+b)S_{0y}-ghS_{fy} \end{bmatrix} \tag{3.1-2}$$

式中：h 为水深；u、v 分别为垂直方向平均流速在 x、y 方向的分量；b 为底高程；r 为降雨强度；i 为入渗强度；ν_t 为水平方向的紊动黏性系数；g 为重力加速度；S_{fx}、S_{fy}分别为 x、y 方向的摩阻斜率；S_{0x}、S_{0y}分别为 x、y 方向的底坡斜率：

$$\left.\begin{aligned} S_{0x} &= -\frac{\partial b(x,y)}{\partial x} \\ S_{0y} &= -\frac{\partial b(x,y)}{\partial y} \end{aligned}\right\} \tag{3.1-3}$$

采用曼宁公式计算摩阻斜率：

$$\left.\begin{aligned} S_{fx} &= \frac{n^2 u\sqrt{u^2+v^2}}{h^{4/3}} \\ S_{fy} &= \frac{n^2 v\sqrt{u^2+v^2}}{h^{4/3}} \end{aligned}\right\} \tag{3.1-4}$$

式中：n 为曼宁糙率系数，与地形地貌、地表粗糙程度、植被覆盖等下垫面情况有关，一般结合经验给定曼宁糙率系数值。

其中紊动黏性系数 ν_t 为

$$\nu_t = \alpha\kappa u_* h \tag{3.1-5}$$

式中：α 为比例系数，一般取 0.2；κ 为卡门系数，取 0.4；u_* 为床面剪切流速。

3.1.2 有限体积法求解

3.1.2.1 数值离散

在网格单元上对式（3.1-1）进行有限体积离散得

$$\Omega_i \frac{\boldsymbol{U}_i^{n+1} - \boldsymbol{U}_i^n}{\Delta t} = -\sum_{k=1}^{M} \boldsymbol{F}_{i,k}^{\mathrm{adv}} \cdot \boldsymbol{n}_{i,k} L_{i,k} + \sum_{k=1}^{M} \boldsymbol{F}_{i,k}^{\mathrm{diff}} \cdot \boldsymbol{n}_{i,k} L_{i,k} + \boldsymbol{S}_i \tag{3.1-6}$$

式中：下标 i 为单元序号；Ω_i 为第 i 个单元的面积；$\boldsymbol{F}_{i,k}^{\mathrm{adv}}$、$\boldsymbol{F}_{i,k}^{\mathrm{diff}}$、$\boldsymbol{n}_{i,k}$、$\boldsymbol{L}_{i,k}$ 分别代表第 i 个单元第 k 条边的对流数值通量、扩散数值通量、外法向单位向量和长度；M 为单元的边数，三角形单元时 $M=3$，四边形单元时 $M=4$；$\boldsymbol{S}_i$ 为源项近似；Δt 为计算时间步长；上标 n 为计算步数。

3.1.2.2 数值通量计算

通过 Riemann 问题的求解可得到界面处的对流数值通量，即

$$\boldsymbol{F}^{\mathrm{adv}}(\boldsymbol{U}) \cdot \boldsymbol{n} = \boldsymbol{T}^{-1}(\boldsymbol{n}) \cdot \boldsymbol{E}^{\mathrm{adv}}(\hat{\boldsymbol{U}}) = \begin{bmatrix} hu_{\perp} \\ huu_{\perp} + \frac{1}{2}g(h^2 - b^2)n_x \\ hvu_{\perp} + \frac{1}{2}g(h^2 - b^2)n_y \end{bmatrix} \tag{3.1-7}$$

式中：$\boldsymbol{T}$、$\boldsymbol{T}^{-1}$ 分别为旋转矩阵及其逆矩阵；$u_{\perp}$ 为与界面垂直的流速分量；n_x 和 n_y 为界面的外法向单位向量的 x 方向和 y 方向分量。

采用 HLLC 格式计算对流数值通量：

$$\boldsymbol{F}^{\mathrm{adv}}(\boldsymbol{U}_{\mathrm{L}}, \boldsymbol{U}_{\mathrm{R}}) \cdot \boldsymbol{n} = \begin{cases} \boldsymbol{F}_{\mathrm{L}}^{\mathrm{adv}}, & s_1 \geqslant 0 \\ \boldsymbol{F}_{*,L}^{\mathrm{adv}}, & s_1 < 0 \leqslant s_2 \\ \boldsymbol{F}_{*,R}^{\mathrm{adv}}, & s_2 < 0 < s_3 \\ \boldsymbol{F}_{R}^{\mathrm{adv}}, & s_3 \leqslant 0 \end{cases} \tag{3.1-8}$$

式中：$\boldsymbol{F}_L^{\text{adv}}=\boldsymbol{F}^{\text{adv}}(\boldsymbol{U}_L)\cdot\boldsymbol{n}$，$\boldsymbol{F}_R^{\text{adv}}=\boldsymbol{F}^{\text{adv}}(\boldsymbol{U}_R)\cdot\boldsymbol{n}$；$\boldsymbol{U}_L$、$\boldsymbol{U}_R$ 分别为局部 Riemann 问题所在界面左侧和右侧的守恒向量；$\boldsymbol{F}_{*,\text{L}}^{\text{adv}}$、$\boldsymbol{F}_{*,\text{R}}^{\text{adv}}$分别为 Riemann 解中间区域接触波左、右侧的数值通量；s_1、s_2、s_3 分别为左波、接触波和右波的波速。

接触波左、右侧的数值通量 $\boldsymbol{F}_{*,\text{L}}^{\text{adv}}$、$\boldsymbol{F}_{*,\text{R}}^{\text{adv}}$ 分别由式（3.1-9）和式（3.1-10）计算：

$$\boldsymbol{F}_{*,\text{L}}^{\text{adv}}=\begin{bmatrix}(\boldsymbol{E}_{\text{HLL}}^{\text{adv}})^1\\(\boldsymbol{E}_{\text{HLL}}^{\text{adv}})^2 n_x-u_{/\!/,\text{L}}(\boldsymbol{E}_{\text{HLL}}^{\text{adv}})^1 n_y\\(\boldsymbol{E}_{\text{HLL}}^{\text{adv}})^2 n_y+u_{/\!/,\text{L}}(\boldsymbol{E}_{\text{HLL}}^{\text{adv}})^1 n_x\end{bmatrix}\tag{3.1-9}$$

$$\boldsymbol{F}_{*,\text{R}}^{\text{adv}}=\begin{bmatrix}(\boldsymbol{E}_{\text{HLL}}^{\text{adv}})^1\\(\boldsymbol{E}_{\text{HLL}}^{\text{adv}})^2 n_x-u_{/\!/,\text{R}}(\boldsymbol{E}_{\text{HLL}}^{\text{adv}})^1 n_y\\(\boldsymbol{E}_{\text{HLL}}^{\text{adv}})^2 n_y+u_{/\!/,\text{R}}(\boldsymbol{E}_{\text{HLL}}^{\text{adv}})^1 n_x\end{bmatrix}\tag{3.1-10}$$

式中的 $(\boldsymbol{E}_{\text{HLL}}^{\text{adv}})^1$、$(\boldsymbol{E}_{\text{HLL}}^{\text{adv}})^2$ 分别为运用 HLLC 格式计算得到的法向数值通量的第一、第二个分量，其计算式为

$$\boldsymbol{E}_{\text{HLL}}^{\text{adv}}=\frac{s_3\boldsymbol{E}^{\text{adv}}(\hat{\boldsymbol{U}}_\text{L})-s_1\boldsymbol{E}^{\text{adv}}(\hat{\boldsymbol{U}}_\text{R})+s_1 s_3(\hat{\boldsymbol{U}}_\text{R}-\hat{\boldsymbol{U}}_\text{L})}{s_3-s_1}\tag{3.1-11}$$

运用 HLLC 求解器计算数值通量的关键在于波速近似。HydroMPM2D _ Flow 采用 Einfeldt 波速计算式：

$$s_1=\begin{cases}\min(u_{\perp,\text{L}}-\sqrt{gh_\text{L}},u_{\perp,*}-\sqrt{gh_*}), & h_\text{L}>0\\u_{\perp,\text{R}}-2\sqrt{gh_\text{R}}, & h_\text{L}=0\end{cases}\tag{3.1-12}$$

$$s_3=\begin{cases}\max(u_{\perp,\text{R}}+\sqrt{gh_\text{R}},u_{\perp,*}+\sqrt{gh_*}), & h_\text{R}>0\\u_{\perp,\text{L}}+2\sqrt{gh_\text{L}}, & h_\text{R}=0\end{cases}\tag{3.1-13}$$

式中 h_* 和 $u_{\perp,*}$ 为 Roe 平均：

$$h_*=\frac{1}{2}(h_\text{L}+h_\text{R})\tag{3.1-14}$$

$$u_{\perp,*}=\frac{\sqrt{h_\text{L}}u_{\perp,\text{L}}+\sqrt{h_\text{R}}u_{\perp,\text{R}}}{\sqrt{h_\text{L}}+\sqrt{h_\text{R}}}\tag{3.1-15}$$

接触波的波速由式（3.1-16）计算：

$$s_2=\frac{s_1 h_\text{R}(u_{\perp,\text{R}}-s_3)-s_3 h_\text{L}(u_{\perp,\text{L}}-s_1)}{h_\text{R}(u_{\perp,\text{R}}-s_3)-h_\text{L}(u_{\perp,\text{L}}-s_1)}\tag{3.1-16}$$

在计算扩散数值通量时，界面处的水深值取界面两侧单元水深重构值的平均，即

$$h_{i,k}=\frac{h_{i,k}^{\text{Rec},\text{L}}+h_{i,k}^{\text{Rec},\text{R}}}{2}\tag{3.1-17}$$

式中：$h_{i,k}^{\text{Rec},\text{L}}$、$h_{i,k}^{\text{Rec},\text{R}}$分别为单元 C_i 第 k 条边所在界面左、右侧的水深重构值。

界面处的流速梯度取界面两侧单元流速梯度的面积加权平均：

$$\left.\frac{\partial u}{\partial x}\right|_{i,k}=\frac{\Omega_{i,k}^{\mathrm{L}}u_x\left|_{i,k}^{\mathrm{L}}+\Omega_{i,k}^{\mathrm{R}}u_x\right|_{i,k}^{\mathrm{R}}}{Q_{i,k}^{\mathrm{L}}+Q_{i,k}^{\mathrm{R}}}\quad\left.\frac{\partial u}{\partial y}\right|_{i,k}=\frac{\Omega_{i,k}^{\mathrm{L}}u_y\left|_{i,k}^{\mathrm{L}}+\Omega_{i,k}^{\mathrm{R}}u_y\right|_{i,k}^{\mathrm{R}}}{Q_{i,k}^{\mathrm{L}}+Q_{i,k}^{\mathrm{R}}}\tag{3.1-18a}$$

$$\left.\frac{\partial v}{\partial x}\right|_{i,k}=\frac{\Omega_{i,k}^{\mathrm{L}}v_x\left|_{i,k}^{\mathrm{L}}+\Omega_{i,k}^{\mathrm{R}}v_x\right|_{i,k}^{\mathrm{R}}}{Q_{i,k}^{\mathrm{L}}+Q_{i,k}^{\mathrm{R}}}\quad\left.\frac{\partial v}{\partial y}\right|_{i,k}=\frac{\Omega_{i,k}^{\mathrm{L}}v_y\left|_{i,k}^{\mathrm{L}}+\Omega_{i,k}^{\mathrm{R}}v_y\right|_{i,k}^{\mathrm{R}}}{Q_{i,k}^{\mathrm{L}}+Q_{i,k}^{\mathrm{R}}}\tag{3.1-18b}$$

式中：$\Omega_{i,k}^{\mathrm{L}}$、$\Omega_{i,k}^{\mathrm{R}}$分别为单元$C_i$第$k$条边所在界面左、右侧单元的面积；$u_x|_{i,k}^{\mathrm{L}}$、$u_y|_{i,k}^{\mathrm{L}}$、$v_x|_{i,k}^{\mathrm{L}}$、$v_y|_{i,k}^{\mathrm{L}}$为界面左侧单元的流速分量斜率；$u_x|_{i,k}^{\mathrm{R}}$、$u_y|_{i,k}^{\mathrm{R}}$、$v_x|_{i,k}^{\mathrm{R}}$、$v_y|_{i,k}^{\mathrm{R}}$为界面右侧单元的流速分量斜率。

3.1.2.3 变量重构

网格地形概化精度对洪水模拟成果可靠性至关重要。目前，常用的网格地形概化方法为平底单元法，即单元水位与水深满足如下关系：

$$\eta=h+b\tag{3.1-19}$$

式中：η为单元水位；h为单元水深；b为单元底高程。

由式（3.1-19）可知，在模型计算中，单元底高程为单一值，即所谓的平底单元。该方法对地形概化仅具有一阶精度，无法描述单元内地形的线性变化（即坡面），导致相邻网格界面存在地形突变，形成了阶梯状地形概化效果，故平底单元的地形概化精度较低，在一定程度上降低了模型精度。

针对上述问题，本章将底高程定义于单元节点，实现了单元内部地形线性变化（即坡面）的准确概化。此外，在水动力数值模拟的实际工程中，往往包含由堤防和公路等线状建筑物组成的奇异地形。该类奇异地形具有低水位干出、高水位淹没的性质，必须在模型中予以准确表达。然而，如果采取平底单元定义方式，由于此类奇异地形的空间尺度要远小于满足计算效率要求的网格尺度，因此需要采用局部网格加密方法以表达此类奇异地形，此时不仅网格数量剧增，而且由于稳定条件的限制，小尺度网格将导致模型的计算时间步长大幅度减小，严重影响模拟效率。另外，如果采取斜底单元定义方式，在网格划分之前，将一系列节点预先布置在堤防和公路等线状建筑物上，使该类奇异地形在网格系统中以“边”的形式得以表达。高水位时，奇异地形所在网格边被淹没过水；低水位时，奇异地形所在网格边的物质通量为零，起到阻水作用，故斜底单元的高程定义方式可以实现该类奇异地形的准确模拟。

在斜底三角单元模型中，守恒变量h代表单元平均水深，单元的水量为hQ，其中Q为单元面积；水位η代表单元内含水部分的水面高程，且假设单元内含水部分的水面为一个平面，如图3.1-1所示。图中斜线阴影面为水面，△123为单元底面，图3.1-1（a）中三个顶点的水深均大于零，图3.1-1（b）和图3.1-1（c）存在水深为零的顶点。

结合水量守恒关系，提出了斜底单元模型的水位与水深关系：

$$h(\eta)=\begin{cases}\dfrac{\eta-z_1}{z_2-z_1}\hat{h}_2, & z_1\leqslant\eta<z_2\\ \hat{h}_2+\dfrac{\eta-z_2}{z_3-z_2}(\hat{h}_3-\hat{h}_2), & z_2\leqslant\eta<z_3\\ \eta-\dfrac{z_1+z_2+z_3}{3}, & z_3\leqslant\eta\end{cases} \tag{3.1-20}$$

式中：η 为单元水位；z_1、z_2、z_3 分别为单元3个节点底高程，且满足关系 $z_1\leqslant z_2\leqslant z_3$；$\hat{h}_2$ 和 $\hat{h}_3$ 代表水位分别为 z_2 和 z_3、且根据线性化前的单元水位与水深关系计算得到的常数值。

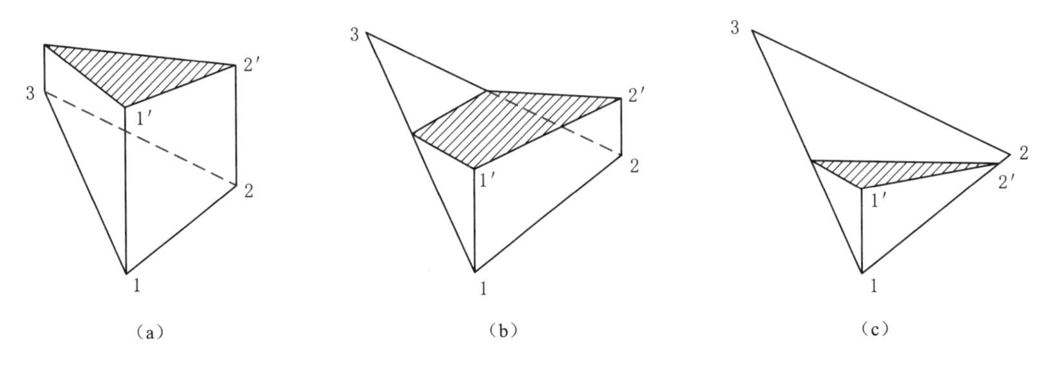

图3.1-1 三种不同水位条件下的斜底单元示意图

由上述斜底单元模型水位-水深关系式可知：

(1) 当水位高于单元最高顶点高程时，斜底单元的水深与水位满足平底单元假设，即

$$\left.\begin{aligned}\eta&=h+b\\ b&=(z_1+z_2+z_3)/3\end{aligned}\right\} \tag{3.1-21}$$

(2) 当水位高于单元最低顶点高程、小于单元最高顶点高程时，此时单元为半干半湿状态，而平底单元仅有全干、全湿状态，因此，斜底单元模型在提高地形概化精度的基础上，还可以提高洪水干湿边界模拟效果。

界面流速重构值取单元中心流速，界面水深重构按式(3.1-22)计算：

$$h_e^{\mathrm{Rec}}=\begin{cases}0, & \eta\leqslant b_1\\ \dfrac{(\eta-b_1)^2}{2(b_2-b_1)}, & b_1<\eta\leqslant b_2\\ \eta-\dfrac{b_1+b_2}{2}, & b_2<\eta\end{cases} \tag{3.1-22}$$

式中：b_1、b_2 为单元边的两个节点底高程，且 $b_1\leqslant b_2$。

由式(3.1-6)和式(3.1-22)可知，与传统的二阶精度格式相比，本方法的一阶精度有限体积格式避免了梯度计算及预测步计算，降低了算法的时空复杂度。一阶精度有限体积格式的计算流程如图3.1-2所示。

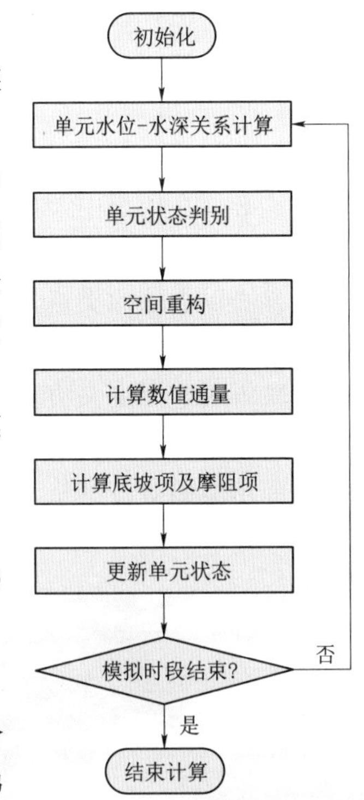

图3.1-2 一阶精度有限体积格式的计算流程图

3.2 网格自适应调整方法

一般而言，防洪保护区面积为 200～2000km²。假设初始时刻防洪保护区水深为 0，堤防单一溃口溃决后，洪水由溃口进入防洪保护区，淹没范围由溃口周围逐渐扩散，洪水传播方向和速度主要由保护区局部地形决定。当防洪保护区淹没水位与外江水位齐平或外江开始退洪后，防洪保护区淹没范围基本达到最大。对于防洪保护区地势较为平坦的情况，最大淹没范围可能与防洪保护区总范围相差不大；对于防洪保护区地形较为复杂的情况，例如保护区内有众多山丘等局部地形将保护区分割为多个相对独立的区域，则单一溃口条件下防洪保护区淹没范围可能远小于保护区总面积。假设某防洪保护区面积为 2000km²，总网格数量为 10 万个；对于地势平坦的情况，随着洪水淹没过程的发展，淹没区内网格数量（个）可能由 1000→5000→1 万→…→9 万，最大淹没范围可能为 1800km²；对于分割成多个相对独立区域的情况，随着洪水淹没过程的发展，淹没区内网格数量（个）可能由 1000→2000→5000，最大淹没范围可能仅为 100km²。

由上述分析可知，对于防洪保护区溃堤洪水淹没模拟问题，在部分模拟时段或整个模拟时段，有效计算单元数量要远小于总网格数量。因此，若对有效计算单元进行自适应动态调整，则可显著减小计算量、提高计算效率。

在整个数值求解过程中，参与循环计算的包括网格边和网格单元。首先，根据网格边两侧单元的水深确定网格边是否需要计算，即若网格边为边界边或任意一侧单元的水深大于 0，则该边为有效计算边，否则该边不参与计算。其次，根据边的计算状态确定单元状态，即若单元的任意一条边为有效计算边，则该单元为有效计算单元，否则该单元不参与计算。

3.3 GPU 并行计算

目前，并行计算设备主要包括 CPU 和 GPU。CPU 并行计算技术提出得比较早，已经比较成熟，所以也是目前绝大多数计算软件采用的一种方法。该方法主要是依靠 CPU 多核并行计算。一般计算机 CPU 为 8 核或 16 核，计算核心数量较少，加速比较低。为提高并行计算速度，一般需要采用大型服务器或多个计算机协同计算。该模式在实际应用中会受到计算机场地的限制，投资及运行维护成本也较高。GPU 并行计算模式主要是依靠计算显卡。一般情况下，普通个人计算机上配备一块显卡就可拥有 5000 个以上的计算核心，可以实现密集型并行计算，单机加速性能要远远超过一般 CPU。因此，GPU 并行计算模式最大的优势就是可以在普通个人电脑上广泛应用，大大提高了并行计算的应用便捷性。

CPU 和 GPU 的硬件架构特性差异明显。CPU 需要很强的通用性来处理各种不同的数据类型，需要处理大量的逻辑判断、分支跳转和中断，CPU 大量空间被高速缓存单元占据，而且还有复杂的控制逻辑和诸多优化电路，相比之下计算核心只占用 CPU 很小的一部分资源。GPU 面对的是类型高度统一、相互无依赖的大规模数据和密集型计算任务，故 GPU 采用了数量众多的计算核心单元和超长流水线，但只有非常简单的逻辑控制单元，因此，GPU 卡上集成了数以千计的计算核心单元。

OpenACC 是实现 GPU 并行编程的一种标准。基于 OpenACC 的并行不需要重写源代码，而是在已有串行代码上添加一些编译标记，支持 OpenACC 的编译器根据这些标记代表的含义，将串行代码编译为并行程序。对于本章所采用的英伟达 GPU 来讲，PGI 编译器将 Fortran 代码翻译为 CUDA C 代码，然后编译链接成可执行的并行程序。二维水动力模型计算过程中，最为耗时的是循环运算，模型并行化的目标即是将循环迭代步分配到数量巨大的多个不同线程上执行，这些线程运行在设备的多个 CUDA 核心上，从而将计算密集型任务由 CPU 转移到 GPU，以充分利用 GPU 硬件资源来提高程序运行速度。

结合 OpenACC 计算执行模型和存储模型特点，将二维水动力模型进行 GPU 并行化需要重点考虑以下两个方面：

（1）分析二维水动力模型的计算密集型区域，并针对该区域的计算过程，设计适合并行计算的算法流程，以充分利用 GPU 数以千计的线程进行大尺度流域的二维洪水演进计算。

（2）最大限度减少 CPU 与 GPU 之间的数据交换，即在 CPU 初始化完成后，在 GPU 中同样开辟全局变量空间，并将 CPU 全局变量值拷贝至 GPU；在 kernel 循环启动计算时，不再涉及 CPU 与 GPU 的数据传递，仅在需要输出计算结果的时候将 GPU 的水深、流速等计算结果拷贝回 CPU 主存空间。

OpenACC 通过设备数据环境来暴露相互分离的内存，因此需要采用一定的方法对 GPU 端数据进行组织管理。由于 CPU 与 GPU 之间通过 PCIe 接口进行数据传输，数据传递耗时、低效，因此需要最大限度减少 CPU 与 GPU 之间的数据交换，即在 CPU 初始化完成后，在 GPU 中开辟全局变量空间，并将 CPU 全局变量值拷贝至 GPU；在 kernel 循环启动计算时，不再涉及 CPU 与 GPU 数据传递，仅在需要输出计算结果的时候将 GPU 的水深、流速等计算结果拷贝回 CPU 主存空间。

本章采用 declare 导语声明设备全局变量。使用 declare 导语，即“！ $ acc declare create（data array）”，程序在声明变量后的第一时间创建设备副本，只要主机副本存在，则设备副本就一直存在，直到与主机副本同时释放。采用 declare 导语声明设备全局变量后，任何通过使用 module 的程序，若循环指定为 kernel 或 parallel 并行，则相当于使用设备变量；若循环在 CPU 上运行，则相当于使用主机变量。主机变量与设备变量的值可能不一样，需要通过使用 update 导语实现主机副本或设备副本数据更新。

基于 GPU 并行的二维水动力模型计算流程如图 3.3－1 所示。由图 3.3－1 可知，二维模型的计算密集型区域包括单元干湿状态判别、斜率计算、预测步计算、空间重构计算、数值通量计算、校正步计算等，均转移至 GPU 上运行。在整个计算过程中，GPU 上的核函数针对 GPU 显存空间的全局变量进行计算，除了模型初始化外，其他时候不再需要由 CPU 传递数据给 GPU。当到达结果输出时刻时，将 GPU 的水深、流速等计算结果拷贝回 CPU 主存空间进行文件输出，继而接着启动设备运算。

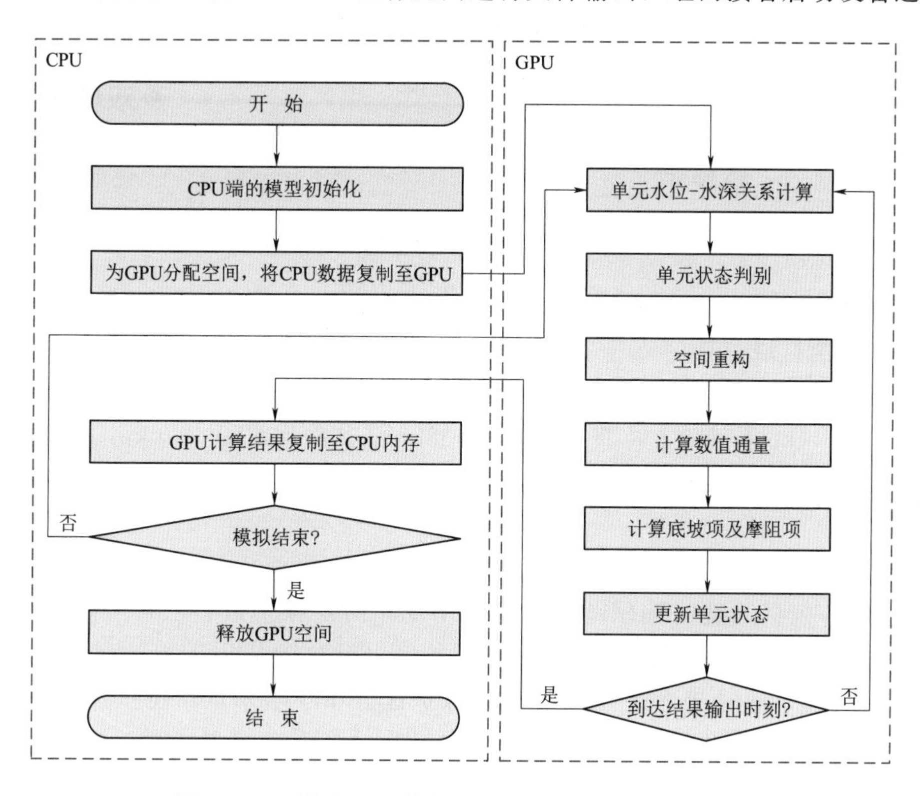

图 3.3-1 基于 GPU 并行的二维水动力模型计算流程图

3.4 典型算例

3.4.1 松干防洪保护区洪水模拟

3.4.1.1 研究范围

基于一维-二维耦合的水动力学模型，建立松花江干流（松干）左岸二肇大堤和松干右岸拉林河口至哈尔滨大堤防洪保护区洪水风险实时分析模型。一维模型范围为嫩江大赉站以下、第二松花江扶余站以下、松花江干流哈尔滨站以上。二维模型范围为松干左岸二肇大堤和松干右岸拉林河口至哈尔滨大堤防洪保护区。本算例涉及的主要水文站包括大赉站、扶余站、下岱吉站、哈尔滨站，水文站位置及研究范围如图 3.4-1 所示。

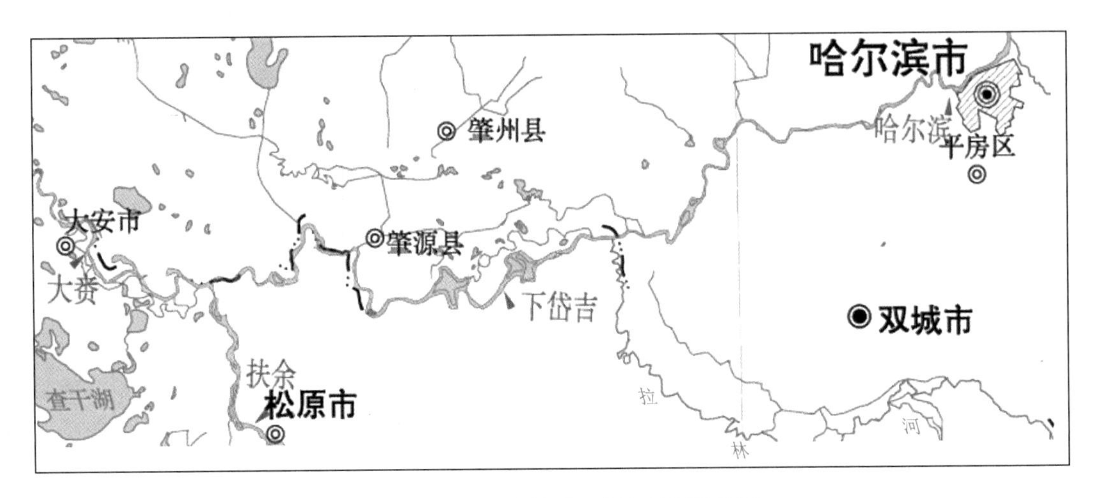

图 3.4-1 水文站位置及研究范围示意图

3.4.1.2 研究区域简介

(1) 松干右岸拉林河口至哈尔滨大堤防洪保护区。松花江干流拉林河口至哈尔滨段河道长 114km，河道右岸现有堤防 61.68km，其中回水堤 12.6km。该堤防西起双城市下多口，沿河蜿蜒向东，其间多有高地相隔，间断分布，至哈郊双口与哈尔滨群力堤相接。

松干右岸拉林河—哈尔滨大堤防洪保护区由于区内两岸地势较高，大部分堤防为间断分布，依据地势将编制范围分为韩阳堤段防洪保护区、三腰段防洪保护区、张纸房堤段防洪保护区、胡家屯堤段防洪保护区、新发新农堤段防洪保护区，共计 5 个防洪保护区。其中，新发新农堤段防洪保护区分布于哈尔滨市道里区境内，保护区内人口密集，其余四个防洪保护区均分布于哈尔滨市双城市境内，保护区内多为耕地。

(2) 松干左岸二肇大堤防洪保护区。松花江干流三岔河—哈尔滨段河道长 229km，河道左岸现有堤防 189.54km，该堤段西起肇源榆树垛子高岗，横穿肇源、肇东、哈郊 3 县（市），东至哈郊双口与哈尔滨城区堤防前进堤相接，统称二肇大堤，包括肇源堤、肇东隔堤、肇东堤和万宝堤 4 段，其中肇源堤长 109.43km，肇东堤长 68.03km，肇东堤与肇源堤交界处的肇东隔堤长 4.83km，哈郊万宝堤长 7.25km。

松干左岸三岔河—哈尔滨区间为二肇防洪保护区，由于区内的二站山、肇东隔堤和复兴干渠的阻隔，防洪保护区被分成肇源（上）防洪保护区、肇源（下）防洪保护区、肇东（上）防洪保护区及肇东（下）防洪保护区 4 个独立的部分。肇源（上）与肇源（下）防洪保护区主要分布在肇源县和肇州县境内，保护区内多为耕地和油田；肇东（上）与肇东（下）防洪保护区主要分布在肇东市境内，保护区内多为耕地。

3.4.1.3 断面与计算网格

嫩江大赉站至三岔口河段布置了8个断面，断面间距为840～14610m；第二松花江扶余站—三岔口河段布置了16个断面，断面间距为500～2800m；松花江干流三岔口—哈尔滨站河段布置了40个断面，断面间距为1650～13850m。

结合防洪保护区的地形条件，确定了二维淹没区的边界，并对淹没区进行了三角网格剖分。其中，松干左岸防洪保护区的网格边长控制在300～700m，松干右岸防洪保护区的网格边长控制在150～200m。防洪保护区网格剖分如图3.4-2所示，网格地形如图3.4-3所示。

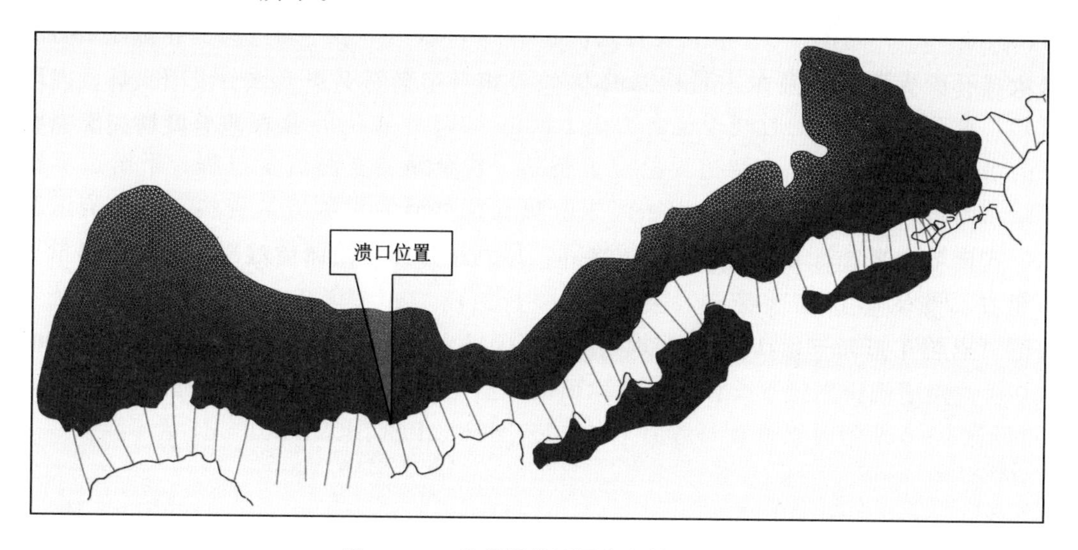

图3.4-2 防洪保护区网格剖分示意图

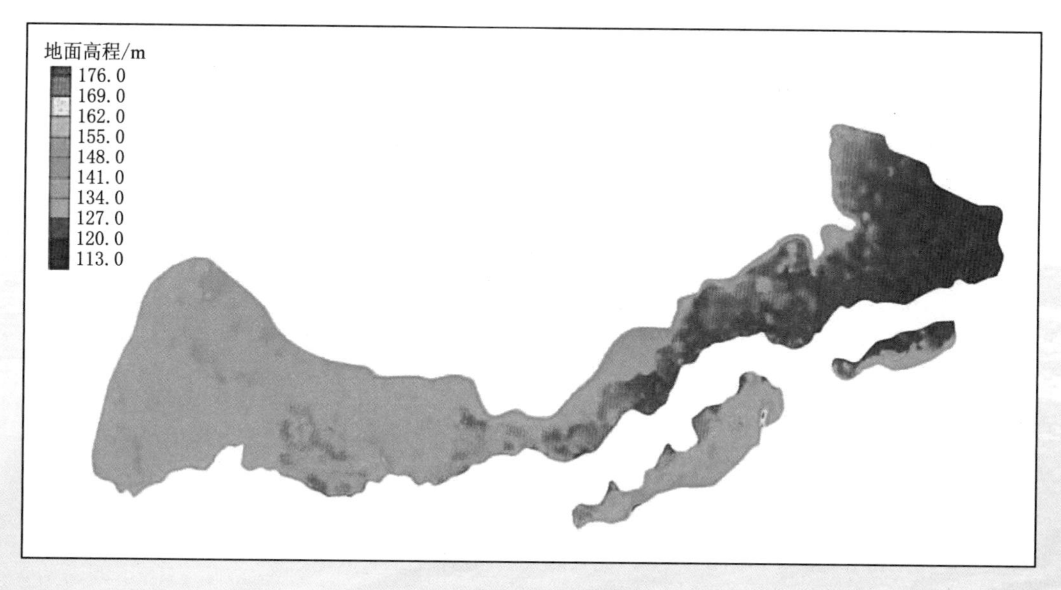

图3.4-3 防洪保护区网格地形示意图

3.4.1.4 模型率定及验证

一维非恒定流模型最主要的参数为河道糙率，河道糙率的选用参照松花江流域防洪规划河道糙率成果和各河段主槽与滩地的组成情况，并在其基础上根据实测与调查的水面线成果进行适当调整。

采用 20 年一遇、50 年一遇、100 年一遇的松花江流域防洪规划设计水面线对一维模型进行了率定，计算水面线与设计水面线对比结果如图3.4－4所示。

此外，采用 2013 年 7 月 19 日至 9 月 22 日的实测洪水过程进行了模型验证。根据实测资料，哈尔滨站的 2013 年最大日均流量为 10300m^3/s，发生于 2013 年 8 月 26 日；大赉（二）站的 2013 年最大日均流量为 8070m^3/s，发生于 2013 年 8 月 23 日；扶余（三）站的 2013 年最大日均流量为 2550m^3/s，发生于 2013 年 8 月 24 日。由此可知，本次验证采用的时间段包含了松干河道 2013 年发生的最大洪水过程。模型验证的水文边界条件为：上游边界给定大赉站、扶余站的实测流量过程；下游边界给定哈尔滨站的实测水位过程。由于尚未收集到拉林河的实测流量资料，通过哈尔滨站、大赉站、扶余站的洪水流量进行推算，得到拉林河口的流量过程，并将该流量过程作为区间入流。

下岱吉站、哈尔滨站的流量验证结果如图 3.4－5 所示，水位验证结果如图 3.4－6 所示。

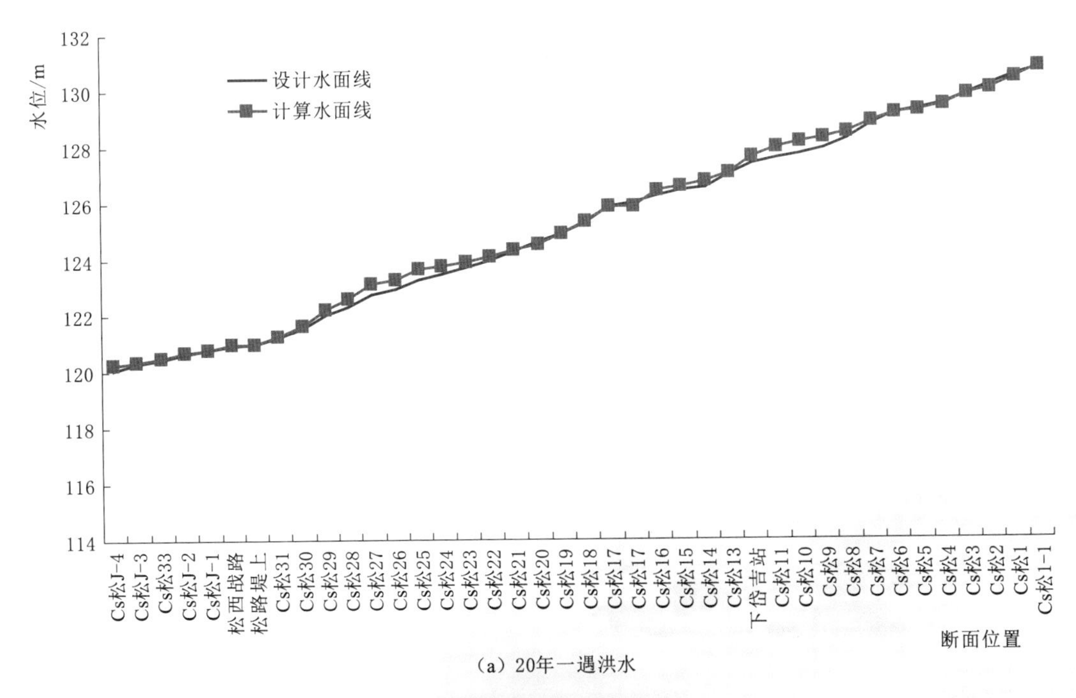

(a) 20年一遇洪水

图 3.4－4（一） 计算水面线与设计水面线对比结果

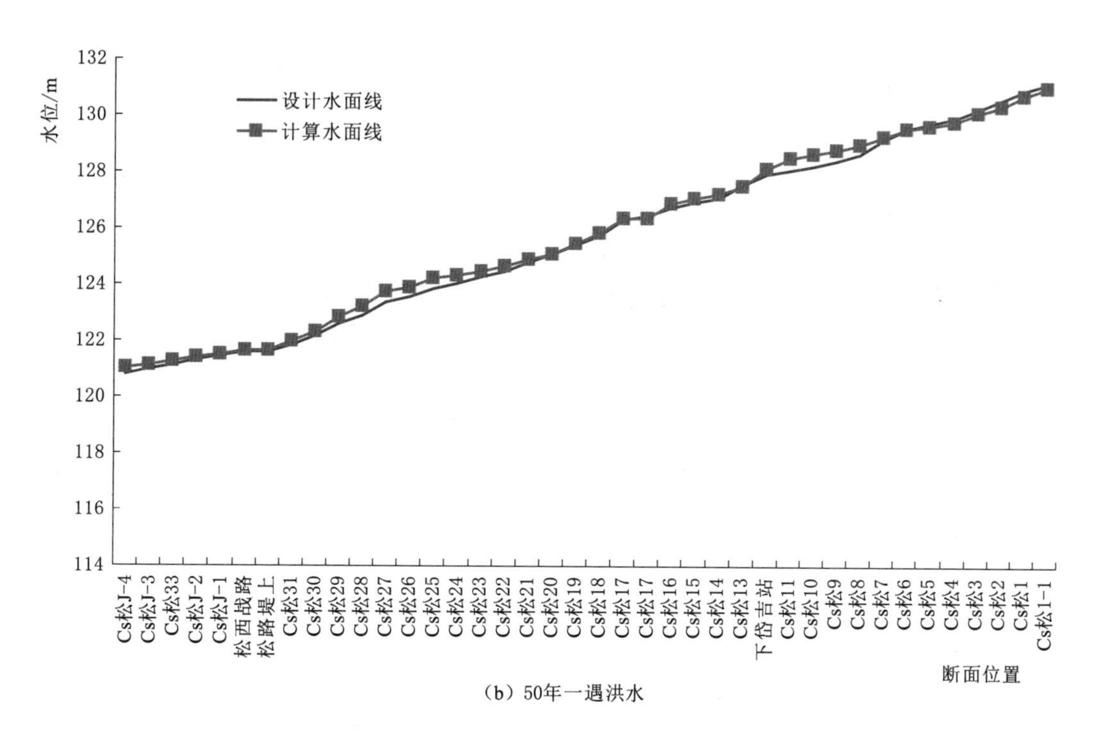

（b）50年一遇洪水

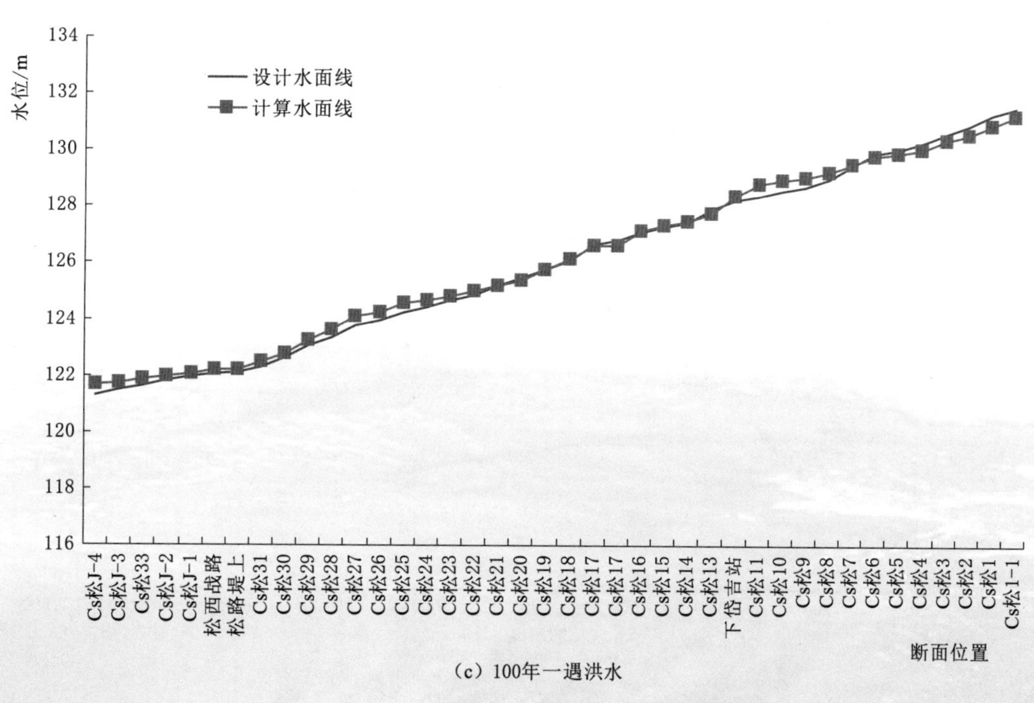

（c）100年一遇洪水

图 3.4-4（二） 计算水面线与设计水面线对比结果

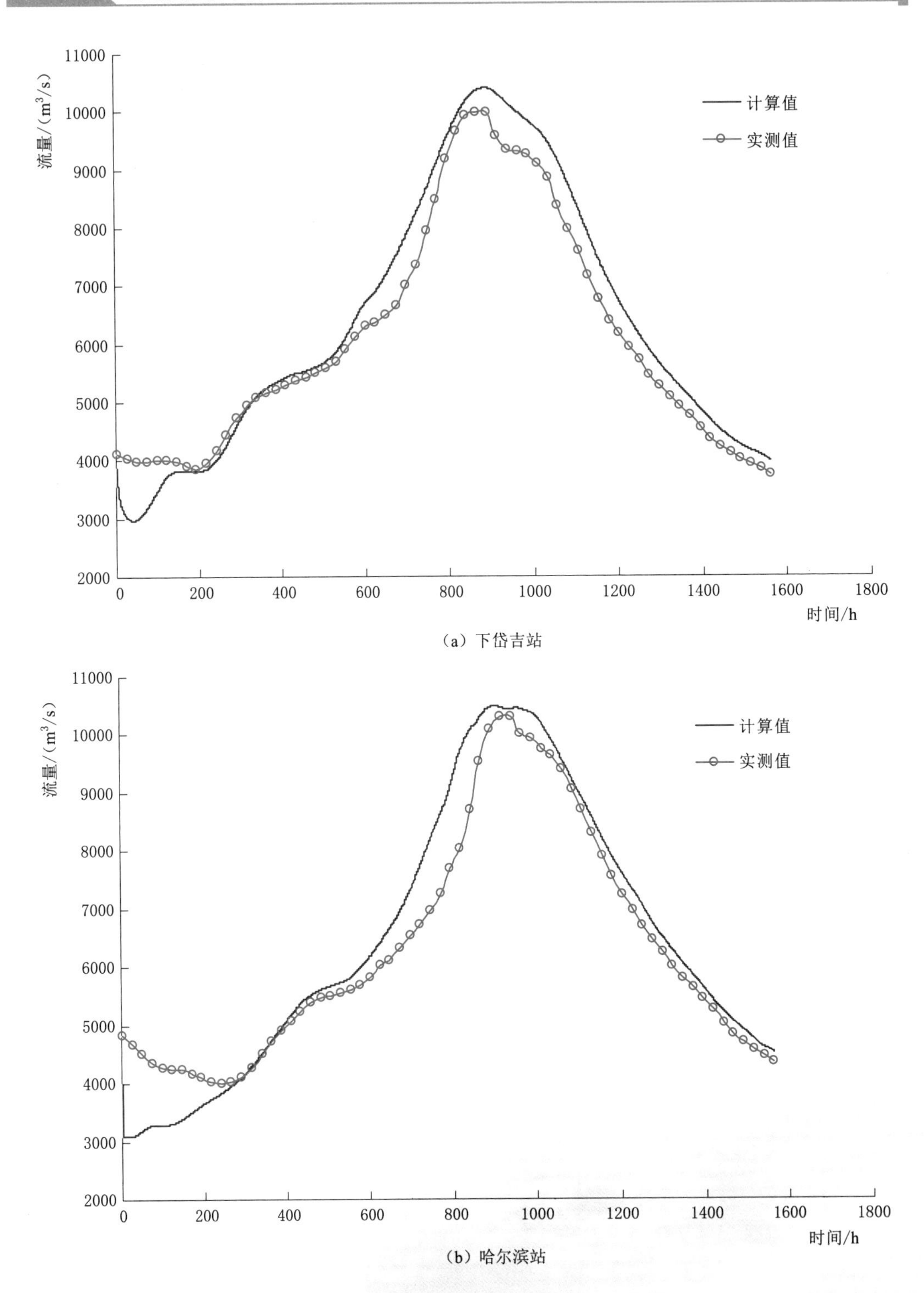

(a) 下岱吉站

(b) 哈尔滨站

图 3.4-5 2013 年 7 月洪水的模型流量验证结果

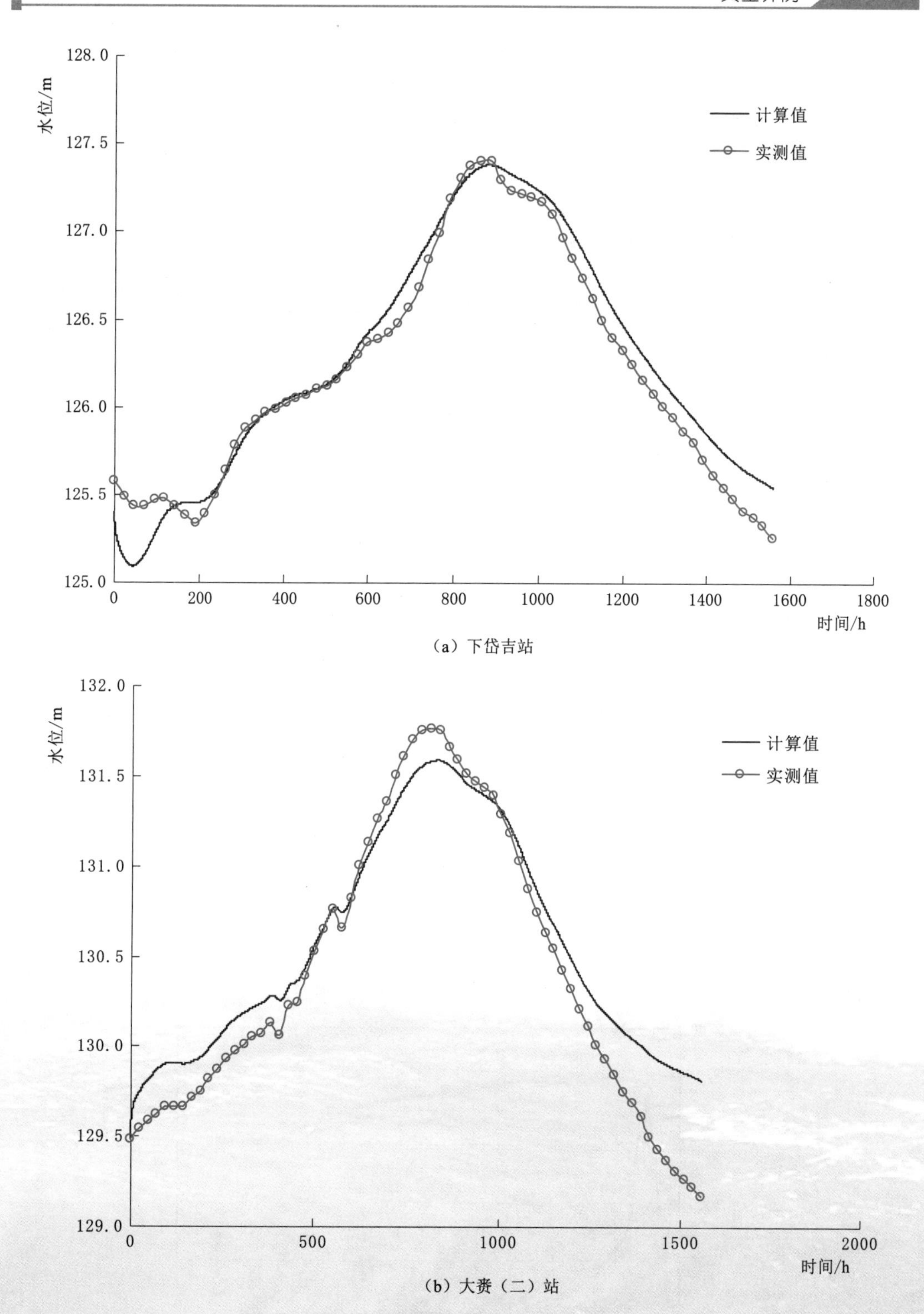

图 3.4-6　2013 年 7 月洪水的模型水位验证结果

下岱吉站、哈尔滨站的流量特征数据统计结果见表3.4-1。下岱吉站、大赉（二）站的水位特征数据统计结果见表3.4-2。其中，水位基面采用黄海基面，下岱吉站的水文站基面与黄海基面转换关系为 $H_{黄海}=H_{假定}+27.12$，大赉站的水文站基面与黄海基面转换关系为 $H_{黄海}=H_{大连}+1.92$。

表3.4-1　流量特征数据统计结果

水文站	最大流量			时间/h		
	实测值/(m^3/h)	计算值/(m^3/h)	误差	实测值	计算值	误差
下岱吉站	9990	10407	4.17%	886	864	-22
哈尔滨站	10300	10491	1.85%	908	912	4

由表3.4-1可知，下岱吉站最大流量的误差为4.17%，哈尔滨站最大流量的误差为1.85%，满足相关技术规范要求。由于实测流量为日均流量，所以最大流量发生的时间误差较大，但误差均在1d内，即相位误差主要是由实测流量日均处理引起的。

表3.4-2　水位特征数据统计结果

水文站	最高水位/m			时间/h		
	实测值	计算值	误差	实测值	计算值	误差
下岱吉站	127.40	127.38	-0.02	864	883	19
大赉（二）站	131.76	131.59	-0.17	816	834	18

由表3.4-2可知，下岱吉站最高水位的误差为0.02m，大赉（二）站最高水位的误差为0.17m，满足相关技术规范要求。由于实测流量为日均流量，所以最高水位发生的时间误差较大，但误差均在1d内，即相位误差主要是由实测流量日均处理引起的。

3.4.1.5　溃堤洪水模拟效率分析

假设溃口宽度为1200m（溃口位置如图3.4-2所示），根据一维-二维耦合计算得到的溃口流量过程如图3.4-7所示。

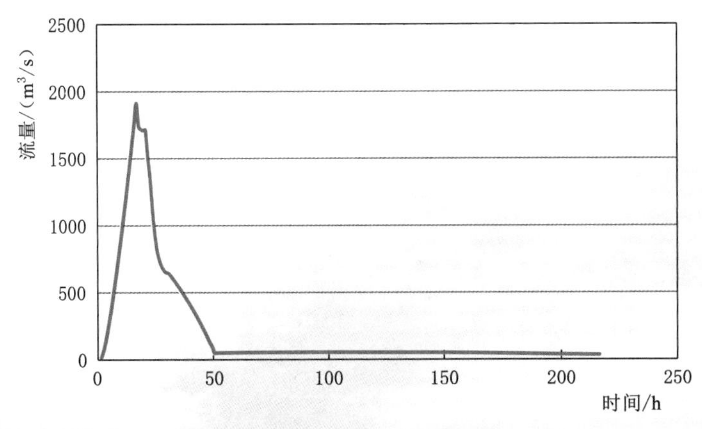

图3.4-7　溃口流量过程

一阶、二阶精度计算格式的最大淹没范围结果对比如图 3.4-8 所示，不同时刻的淹没水深计算结果对比如图 3.4-9 所示。

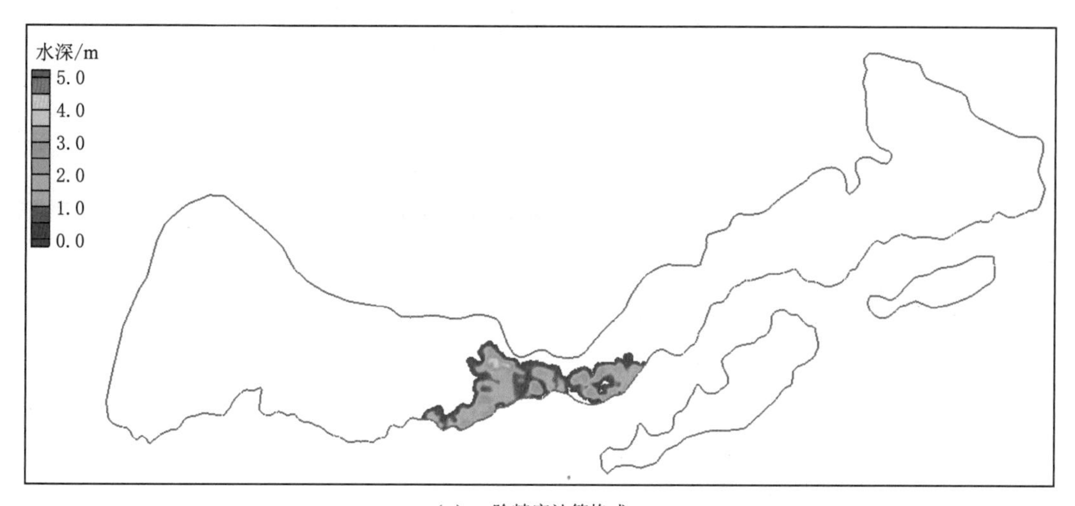

(a) 一阶精度计算格式

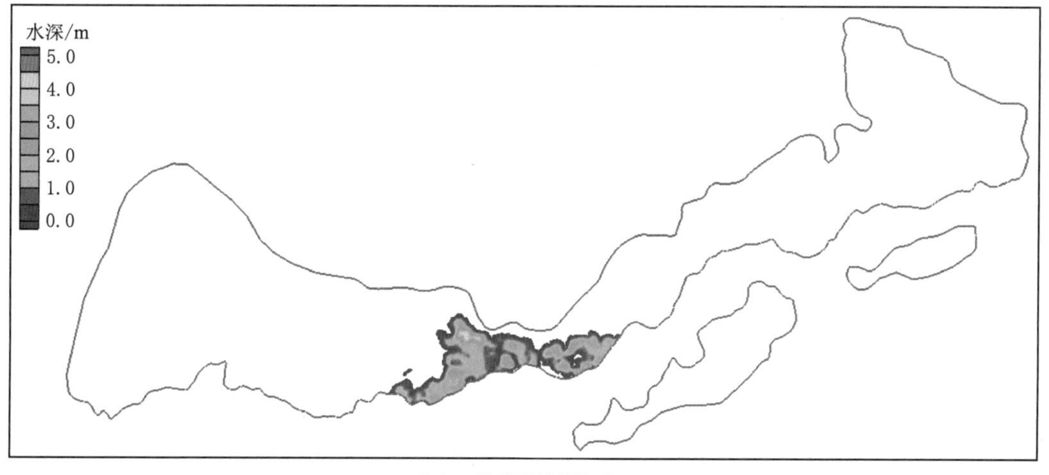

(b) 二阶精度计算格式

图 3.4-8 最大淹没范围结果对比

由计算结果可知：

(1) 堤防溃决后，防洪保护区内淹没范围由溃口向周围逐渐扩散，淹没区内网格数量逐渐增多。溃堤洪水淹没过程符合水流运动规律，结果基本合理。

(2) 一阶、二阶精度格式洪水演进过程及最大淹没范围计算结果均较为接近。

为对比分析模型的计算效率，采用不同的方法组合来统计本算例的计算耗时。计算采用 CPU 单核串行模式，处理器型号为 Intel Xeon (R) CPU E5-2609 v2 @ 2.50GHz。模拟方案时段长度为 216h，计算耗时统计结果见表 3.4-3。

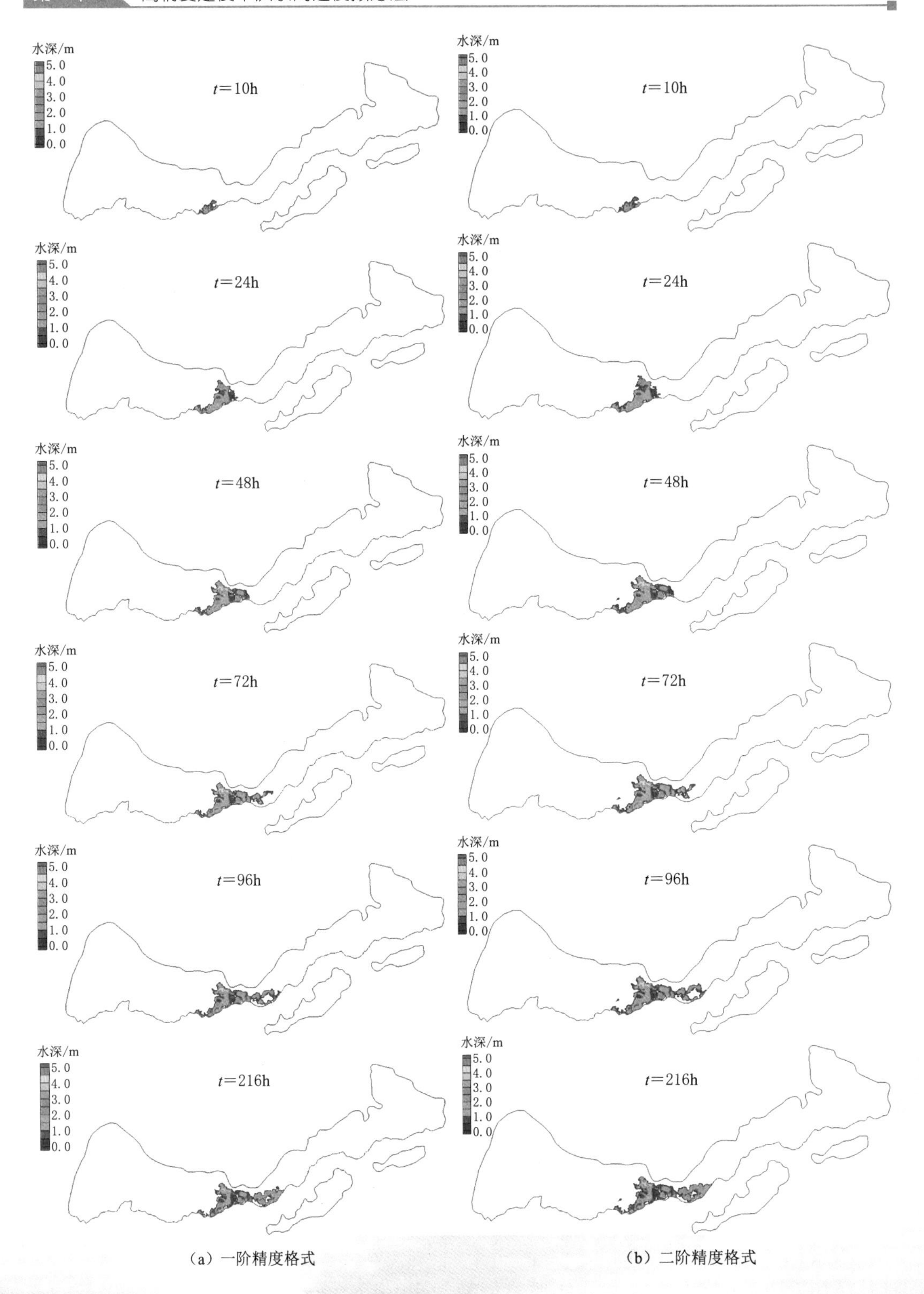

图 3.4-9 不同时刻的淹没水深计算结果对比

表 3.4－3　不同方法的计算耗时统计结果　单位：h

计算方法	不考虑计算单元自适应动态调整		考虑计算单元自适应动态调整	
	一阶精度格式	二阶精度格式	一阶精度格式	二阶精度格式
计算耗时	2.74	4.35	0.21	0.32

由统计结果可知：

（1）二阶精度格式计算耗时约为一阶精度格式的 1.6 倍。与一阶精度格式相比，二阶精度格式需要计算单元水位、水深、流速的梯度和限制梯度，并对界面两侧水深、流速进行重构计算，还需要进行预测步计算，因此，二阶精度格式计算量较大，计算效率较低。

（2）无论一阶精度格式还是二阶精度格式，考虑计算单元自适应动态调整后，计算效率可提高约 13 倍。本算例防洪保护区总面积约 3500km²，最大淹没面积为 122.5km²。若不考虑计算单元自适应动态调整，则计算单元数量为 77502、计算边数量为 117350；考虑计算单元自适应动态调整后，有效计算单元数量由 10 逐渐增大至 2900，有效计算边数量最大值约为 4400，即计算单元数量减少至大约 1/27。因此，虽然考虑计算单元自适应动态调整需要增加相应算法耗时，但该耗时增量远小于计算单元高度冗余造成的计算耗时，使模型计算效率提高约 13 倍。

综上，本模型基于斜底单元，通过运用一阶精度格式和计算单元自适应动态调整方法，既实现了洪水演进精确模拟，又降低了算法复杂度、提高计算效率。与传统方法（二阶精度格式＋无自适应动态调整）相比，本模型效率提高约 21 倍。

3.4.2　山区小流域暴雨洪水模拟

研究区域为某山丘区小流域，该流域地处贵州高原向广西丘陵过渡的斜坡地带，地势北高南低，地形起伏大。流域内沟壑纵横、群山高耸、山谷相间、河溪交错的地貌景观十分分明。

采用三角形网格剖分计算域，河道局部区域进行网格加密。研究区域总面积为 198.6km²。为分析 GPU 计算在不同尺度网格下的加速性能，采用了 3 套计算网格，网格总数分别为 85504（网格 A）、342016（网格 B）及 1368064（网格 C）。山区小流域地形如图 3.4－10 所示。

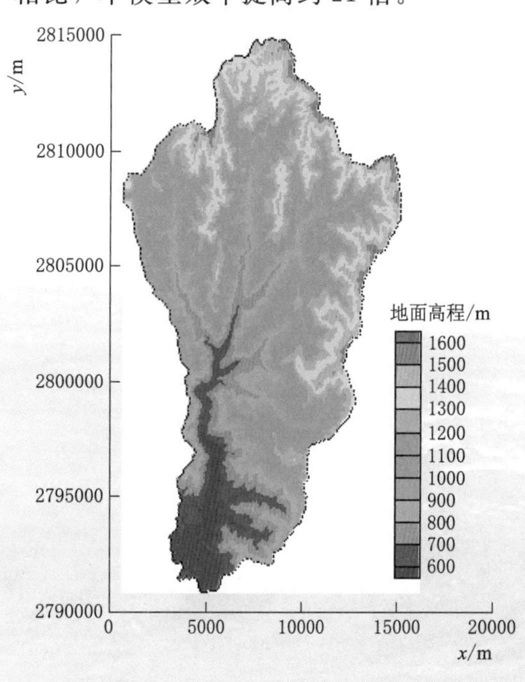

图 3.4－10　山区小流域地形

为了验证模型的水量守恒性和处理陡峭地形上坡面流的能力，假设流域内均匀恒定降雨，净雨强度为100mm/h。由经验可知，当降雨历时足够长时，流域出口断面流量将保持为恒定状态，流量值为198.6km^2×100mm/h=5517m^3/s。

出口断面的流量过程计算结果见图3.4-11（a）。由计算结果可知，出口断面流量在t=1.4h至t=3.9h之间急剧上涨，在t=6h后基本保持恒定，流量值为

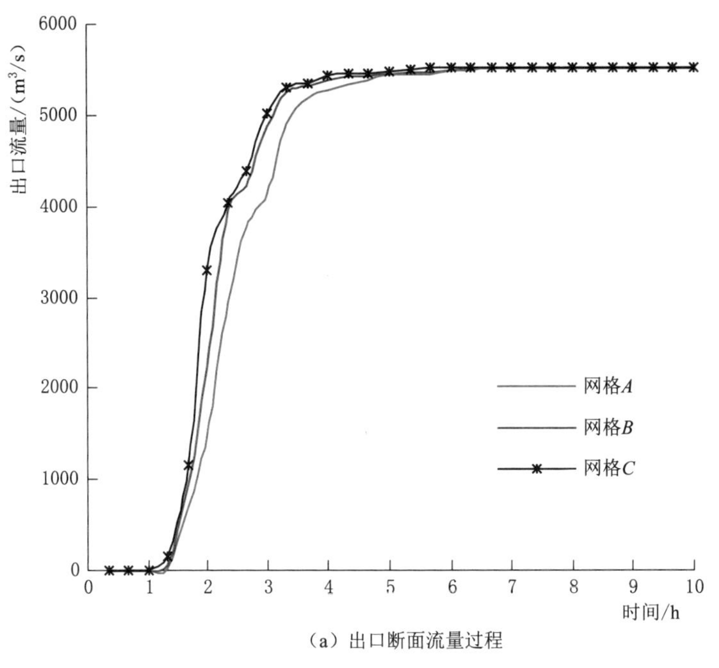

（a）出口断面流量过程

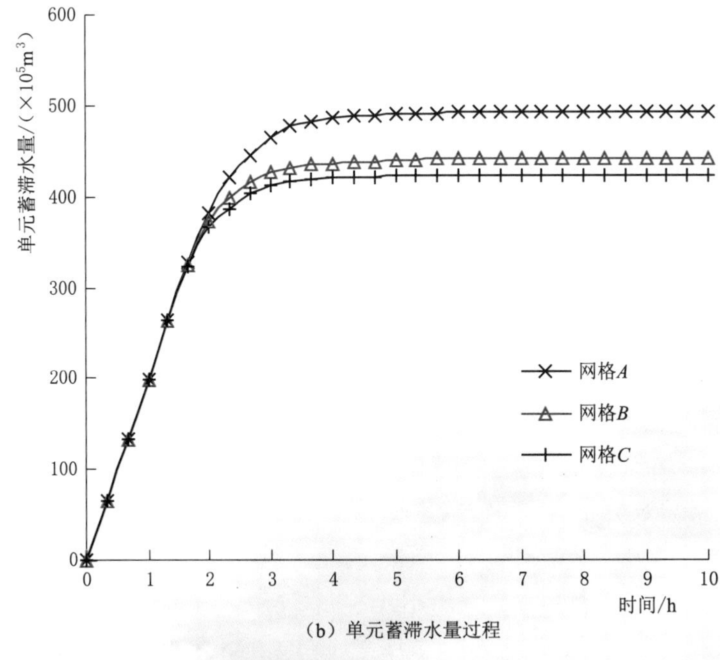

（b）单元蓄滞水量过程

图3.4-11 恒定净雨条件计算结果

5515m^3/s，与理论值基本一致。表明模型能有效处理陡峭地形的干湿边界问题，可合理计算具有复杂地形的山区小流域暴雨洪水汇流过程。模拟过程中水量误差保持在 $10^{-5}m^3$ 数量级，严格保证了水量守恒性。

单元上蓄滞水量过程计算结果见图 3.4-11（b）。由计算结果可知，网格尺度越小，对地形概化越精细，虚假洼地蓄水效应越小，故单元蓄滞水量越小。计算结果表明，网格尺度对山区中小河流洪水预报精度的影响较大。

为说明模型并行计算的加速效果，采用 2011 年 6 月 5 日 23 时至 6 日 8 时的降雨过程，分别使用 Intel Xeon（R）CPU E5-2609 v2@2.50GHz 单核计算和专业计算显卡 Tesla K20（2496 个 CUDA 核心，时钟频率 706MHz）并行计算，对比本模型串行版本、并行版本的计算耗时，结果详见表 3.4-4。

表 3.4-4　　模型加速性能分析表

网格编号	网格数量/个	网格平均面积/m^2	计算耗时/h		加速比
			CPU 串行计算	GPU 并行计算	
A	85504	2323	4.45	0.31	14.4
B	342016	581	24.37	1.03	23.7
C	1368064	145	103.24	3.37	30.6

由表 3.4-4 可知，网格数量越多，GPU 并行计算的加速性能越高。当网格数量为 1368064 个时，加速比可达 30.6 倍。当网格数量为 85504 个时，模拟 9h 的暴雨山洪过程，GPU 计算耗时约 19min，可基本满足中小河流洪水实时预报预警需求。

第4章

多尺度耦合洪水演进数学模型

堤坝溃决（漫溢）洪水传播过程可描述为多尺度水动力过程，包括零维湖库闸泵调度、一维河网、二维地表的水动力过程及其多尺度耦合过程。在数学模型选择方面，可分别采用全二维模型、零维-二维耦合模型、或者零维-一维-二维耦合模型进行堤坝溃决（漫溢）洪水演进模型构建。若采用全二维模型，则溃口流量过程通过二维模型通量计算得到，本章不再赘述。本章主要针对耦合模式下的流量计算问题进行阐述。

传统的河网及淹没区水动力耦合计算常采用宽顶堰流公式。这类传统方法具有无法表达模型间动量交换、堰流公式中流量系数选取存在不确定性等缺点，同时，由于堰流公式中常将溃口概化为矩形、梯形等规则多边形，针对不存在溃口的漫堤洪水以及形状较为复杂的溃口，该方法的适应性较差。此外，当堤防或溃口两侧水位差较大时，基于宽顶堰流公式计算的溃口流量偏大，极易导致河段水位波动大、计算失稳。为解决河段水位波动大的问题，往往需要设置更小的计算时间步长，从而极大降低模型计算效率。

针对堤坝溃决（漫溢）洪水高水头、大流速、出槽与回归条件下溃口流量过程计算失稳问题，本章研究了基于 Riemann（黎曼）问题求解的溃口（漫溢）流量侧向耦合计算方法，建立了堤坝溃决（漫溢）洪水演进数学模型，有效克服了基于堰流公式的传统方法难以处理模型间动量交换的缺点，显著提高了耦合计算的稳定性和计算效率；针对河网-河口-外海整体水域，研究适应感潮往复流的纵向耦合计算方法。针对不同尺度水动力模型的计算时间步长不一致的问题，提出了时间步长自适应匹配方法，实现了多尺度水动力耦合高稳计算。

4.1　侧向耦合计算方法

一维河网与二维地表通过侧向方式进行耦合，其中，将一维河网的水位作为二维地表模型的水位边界值，并通过二维计算得到一维模型的旁侧出/入流量，一维模型根据旁侧流量及上下游边界进行更新计算。

一维、二维模型通过耦合边界的水力连接条件来实现模型联解。对于溃堤洪水，溃口处的流态可近似为堰流。若堤防规模较大，溃口处洪水的流态与宽顶堰流较为接近，因此传统方法采用宽顶堰流公式计算溃口流量：

$$\left.\begin{array}{ll} Q=C_{\mathrm{d}}L(z_1-z_{\mathrm{w}})^{1.5}, & \dfrac{2}{3}(z_1-z_{\mathrm{w}})\geqslant(z_2-z_{\mathrm{w}}) \\ Q=\dfrac{3^{1.5}}{2}C_{\mathrm{d}}L(z_2-z_{\mathrm{w}})(z_1-z_2)^{0.5}, & \dfrac{2}{3}(z_1-z_{\mathrm{w}})<(z_2-z_{\mathrm{w}}) \end{array}\right\} \tag{4.1-1}$$

式中：Q 为耦合界面的流量绝对值；$z_1=\max(z_{1\mathrm{d}},\ z_{2\mathrm{d}})$，$z_2=\min(z_{1\mathrm{d}},\ z_{2\mathrm{d}})$，$z_{1\mathrm{d}}$ 和 $z_{2\mathrm{d}}$ 分别为一维、二维模型在耦合界面处的水位；z_{w} 为耦合界面的底高程；C_{d} 为流量系数；L 为矩形溃口的宽度。

然而，上述传统方法具有无法表达模型间动量交换、堰流公式中流量系数选取存在不确定性等缺点，同时，由于堰流公式中常将溃口概化为矩形、梯形等规则多边形，针对不存在溃口的漫堤洪水以及形状较为复杂的溃口，该方法的适应性较差。此外，当堤防或溃口两侧水位差较大时，基于宽顶堰流公式计算的溃口流量偏大，极易导致河段水位波动大、计算失稳。为解决河段水位波动大的问题，往往需要设置更小的计算时间步长，从而极大降低模型计算效率。

针对上述问题，本章通过侧向联解的方式实现一维河网模型与二维浅水模型的耦合，即通过河道边界进行水力因子传递。模型耦合方式如图 4.1-1 所示，每相邻两个断面间的河道边界将作为一个耦合边界。在二维模型中，各耦合边界被定义为独立的水位边界，其边界节点的水位值由相邻两个断面的水位按照反距离插值得到。与此类似，可通过插值得到边界节点的流速，流速方向可默认为与耦合边界平行，也可设置流速与耦合边界的夹角。不同于常规的基于 Riemann 不变量的水位边界通量计算方法，耦合边界处通过构造 Riemann 问题计算数值通量，即将插值得到的边界水位与流速、耦合边界处二维网格单元状态分别作为 Riemann 问题的左侧、右侧初始值，进而利用 HLLC 算子进行求解。对耦合边界包括的二维模型水位边界边的物质通量进行求和，即得到该耦合边界的流量。其中，耦合边界流量小于 0 表示水流由二维淹没区流向河道；大于 0 则表示水流由河道流向二维淹没区。由于基于 Riemann 问题求解的通量包括动量通量，因此本方法反映了一维-二维模型的动量交换。

一维-二维模型耦合求解时，首先进行一维模型计算，并将耦合边界的上、下游断面水位传递给二维模型；然后通过二维模型计算，将得到的耦合边界流量以旁侧入流的方式传递给一维模型。

在溃口形状概化方面，通过二维模型网格节点高程实现任意溃口形状概化，如图 4.1-2 所示。假设网格节点间距为 10m，则通过溃口处各相邻网格的高程修正，即可概化规则形状（如梯形、复式断面），也可概化任意非规则形状。此外，通过定义宽度有效系数（0～1），可实现亚网格尺度级的溃口尺寸概化。模型中，基于宽度有效系数对该边的数值通量进行修正。当宽度有效系数等于 1 时，修正前的数值通量即为修正后的数值通量；当宽度有效系数等于 0 时，修正后的水流通量（即流量）等于 0。

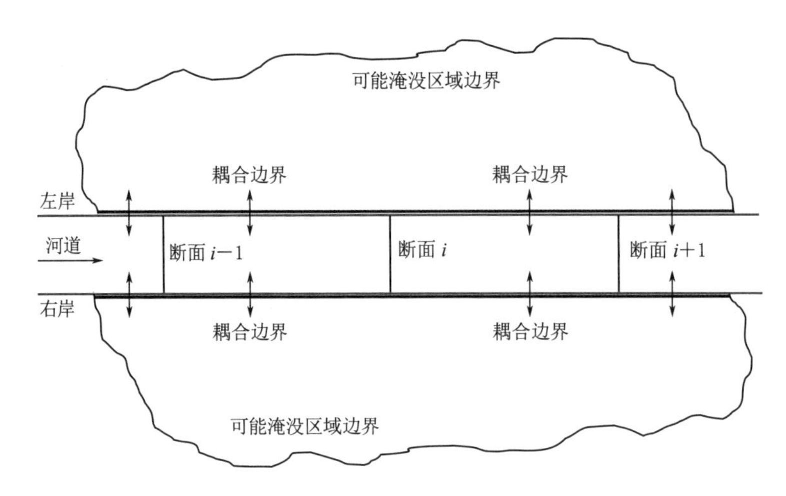

图 4.1-1 一维-二维模型耦合方式示意图

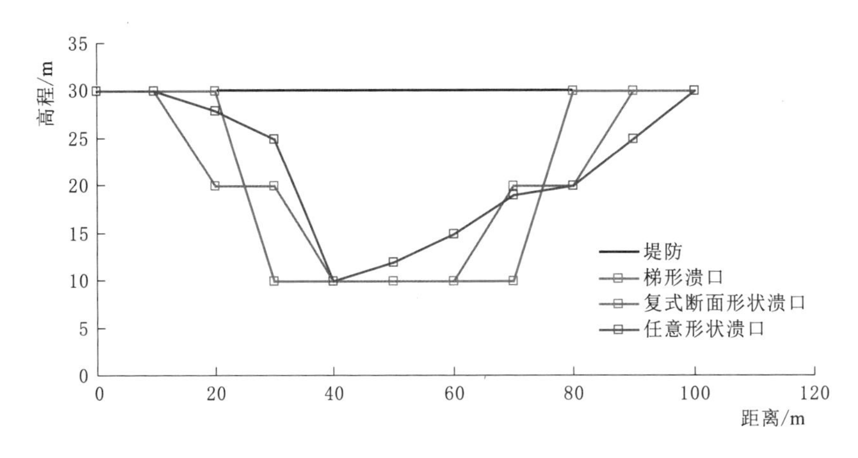

图 4.1-2 溃口形状概化示意图

由上述可知，基于 Riemann 问题构造的侧向耦合计算方法不仅适用于具有任意形状溃口的溃堤洪水模拟，也适用于无溃口的漫堤洪水模拟，为防洪保护区溃堤及漫堤洪水演进的统一计算提供了一条有效途径。同时，该方法有效克服了基于堰流公式的传统方法难以处理模型间动量交换的缺点，也避免了堰流公式中流量系数选取的不确定性。

不同尺度水动力模型的计算时间步长差异较大。为提高计算效率，二维模型应选择基于 CFL（Courant - Friedrichs - Lewy）条件的自适应时间步长模式。考虑到一维模型时间步长往往要远大于二维模型时间步长，故以一维模型的固定时间步长为基准，二维模型时间步长进行自适应匹配。一维模型运行一步，将河网状态由当前时刻 t 更新至下一时刻 $t+\Delta t_{1d}$；相应的，二维模型运行 m 步，其中，前 $m-1$ 步的时间步长 Δt_{2d}^{i}（$i=1,2,\cdots,m-1$）由 CFL 条件控制，第 m 步的时间步长为

$$\Delta t_{2d}^{m}=\Delta t_{1d}-\sum_{i=1}^{m-1}\Delta t_{2d}^{i} \tag{4.1-2}$$

式中：Δt_{1d}为一维模型的固定时间步长；Δt_{2d}为二维模型的自适应时间步长；m为运行步数，其应满足条件$0\leqslant\Delta t_{2d}^{m}<\Delta t_{CFL}$，$\Delta t_{CFL}$为由CFL条件动态控制的二维模型最大时间步长。

本章提出的时间步长自适应匹配方法，可有效解决一维模型和二维模型时间步长不一致的问题。

4.2 纵向耦合计算方法

如图4.2-1所示，一维河道与二维区域通过上下游型的纵向耦合方式实现一维-二维水流模型联解。

上下游型联解界面处需要满足水位、流量约束条件，即一维断面水位与二维边界网格平均水位相等，一维断面流量与二维边界网格总流量相等。

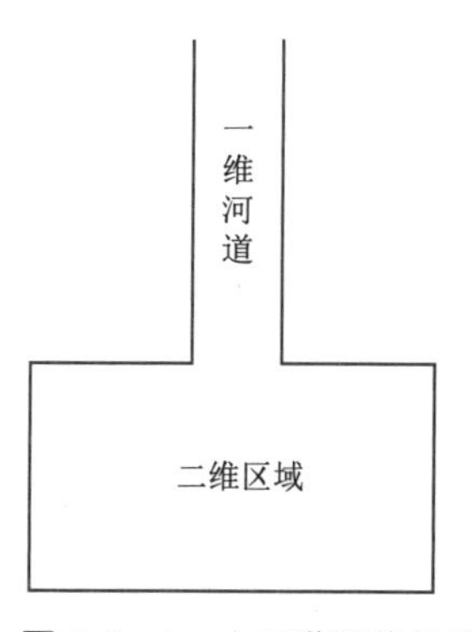

图4.2-1 上下游型的纵向耦合示意图

采用国内学者提出的水位预测校正法实现一维、二维纵向耦合计算。一维模型中，耦合界面定义为水位边界；二维模型中，耦合界面也定义为水位边界。假设耦合界面有一个初始水位（根据上一时刻已知解预估出耦合边界处的水位值），则以该水位分别作为一维模型和二维模型的边界值，可分别得到相应的一维边界断面流量值以及二维边界网格总流量值，继而得到耦合边界净流量Q_c。根据汉点水位预测校正法，利用Q_c对水位边界条件进行校正，直至Q_c满足规定的计算容差后终止迭代计算。迭代计算过程中，水位校正增量由式（4.2-1）给定：

$$\eta^{n+1}-\eta^{n}=\Delta\eta=\frac{Q_c}{2\alpha B_c\sqrt{gh_c}} \tag{4.2-1}$$

式中：B_c和h_c分别为耦合边界处的河宽和水深；α为模型参数，取$\alpha=5$；η^{n}和η^{n+1}分别为预测校正法迭代计算的第n步和第$n+1$步的耦合界面水位值。

4.3 典型算例

4.3.1 侧向耦合计算方法精度验证

本算例被广泛用于一维-二维耦合模型精度验证。计算区域平面布置如图4.3-1所示。河道宽4m，长360m，河底高程为0m；河道中间与淹没区相连，淹没区为200m×200m的矩形区域，底高程为1.80m，溃口宽度为8m，溃口位置的堤顶高程

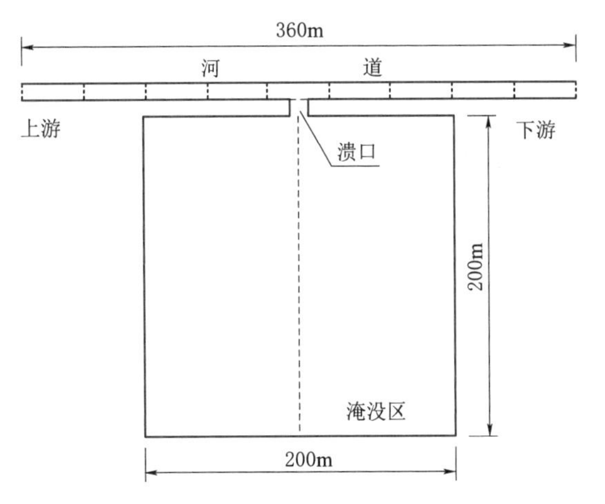

图4.3-1 计算区域平面布置图

为2.0m。河道的糙率取0.02，上游边界为固定流量4.0m^3/s，下游边界为恒定水位2.2m，以该边界条件下的恒定流状态作为河道水流初始场；淹没区糙率为0.05，初始水深为0m。一维河道断面空间步长取40m；淹没区采用三角网格剖分计算域，单元平均面积为1.74m^2。此外，建立了河道与淹没区的全二维模型，其中，淹没区的网格保持不变，河道网格的尺寸与淹没区网格基本保持一致。本算例模拟了30min内的洪水演进过程。

溃口及河道下游断面的流量过程计算结果对比如图4.3-2所示。图中“2D”为全二维模型计算结果；“A1、A2、A3、A4”为基于Riemann问题的耦合模型计算结果（分别假设边界流速与耦合界面的夹角为0°、5°、10°、15°）；“B1、B2、B3”为基于传统堰流公式的耦合模型计算结果（分别假设流量系数为1.6、1.8、2.0）。由图4.3-2可知，溃口及河道下游断面的流量在t=15min之前变化较为剧烈，并于t=20min后趋于稳定。由结果对比可知，边界流速与耦合界面的夹角越大，或流量系数越大，则溃口流量越大，河道下游断面流量越小。其中，夹角为10°时的计算结果（A3）与全二维模型计算结果较为接近。以t=30min时二维模型计算的溃口流量作为参考，A1～A4、B1～B3的流量相对误差分别为-3.65%、-1.55%、0.54%、2.63%、-0.76%、1.56%、3.15%。以全二维和夹角取10°时的计算结果为例，图4.3-3给出了t=1min，t=5min，t=10min，t=15min，t=30min时淹没区（图4.3-1中虚线位置）的水面线。由图4.3-3可知，淹没区内水流以激波的形式传播，同时表明了模型具有较好的动边界处理能力。由结果对比可知，耦合模型与全二维模型的水面线计算结果非常接近。图4.3-4给出了夹角取10°时耦合模型的河道水面线计算结果。

由图4.3-4可知，堤防溃决后，河道水面迅速下降，20min后水面已经趋于稳定状态。对比t=0及t=20min的水面线可以看出，由于具有相同的河道上游边界流量，溃口上游河段的两条水面线具有相同的水面比降；由于溃口的分洪作用，溃口下游河段的水面变得较为平缓。分洪后，溃口下游相邻断面的流速小于溃口上游相邻断面的流速。为了维持水流总能量的平衡，部分动能转化为势能，因此溃口附近区域的河道水位沿水流运动方向呈现上涨趋势。与已有研究成果对比可知，本模型计算结果与文献结果基本一致，表明本模型是合理可靠的。通过统计模型计算耗时可知，在配置Intel Core 2 Quad 2.4GHz处理器的PC机上，耦合模型计算效率为全二维模型的2.72倍。

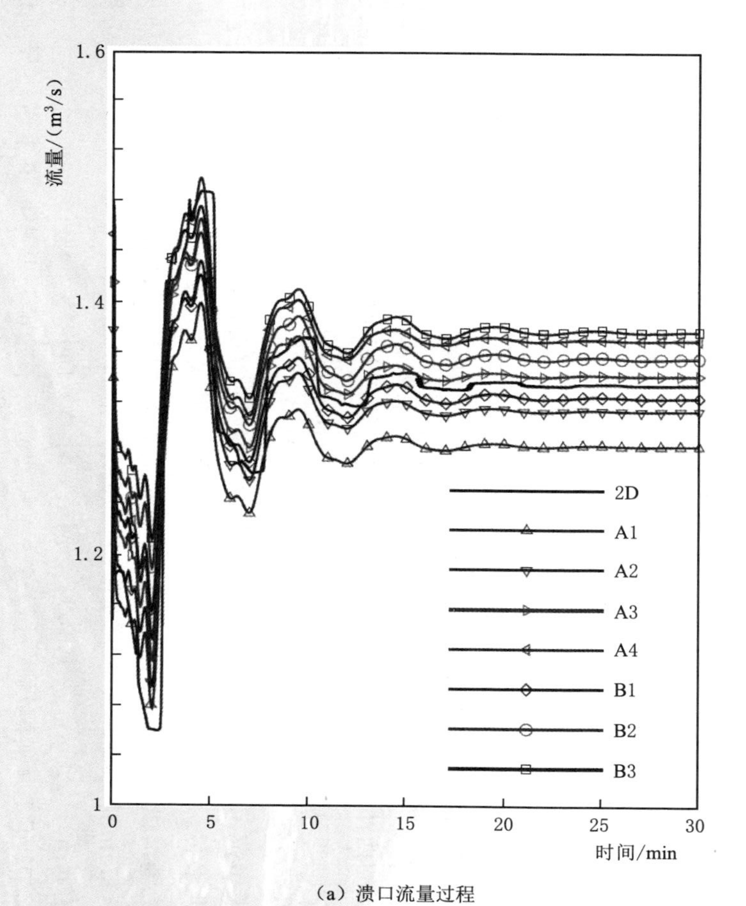

(a) 溃口流量过程

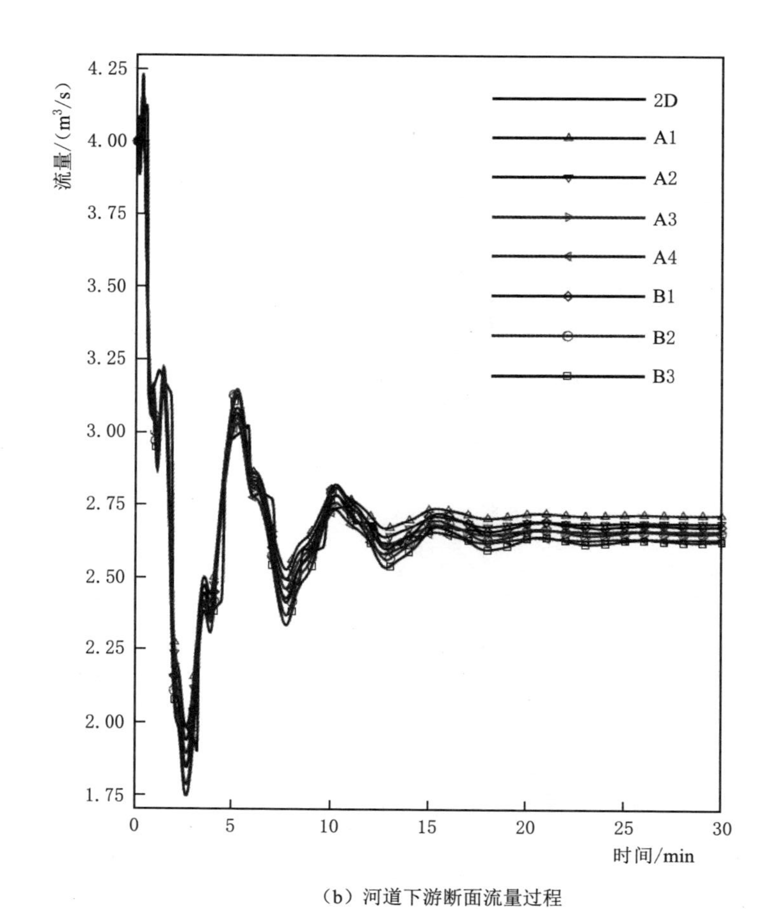

(b) 河道下游断面流量过程

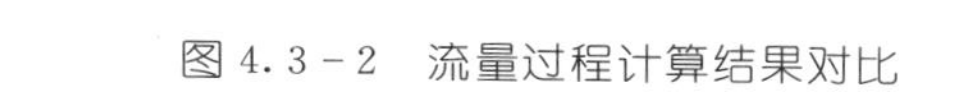

图 4.3-2 流量过程计算结果对比

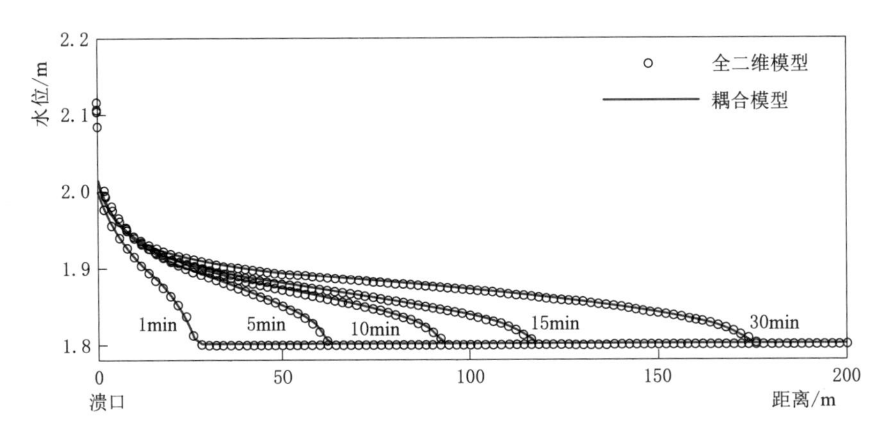

图4.3-3 淹没区水面线计算结果对比

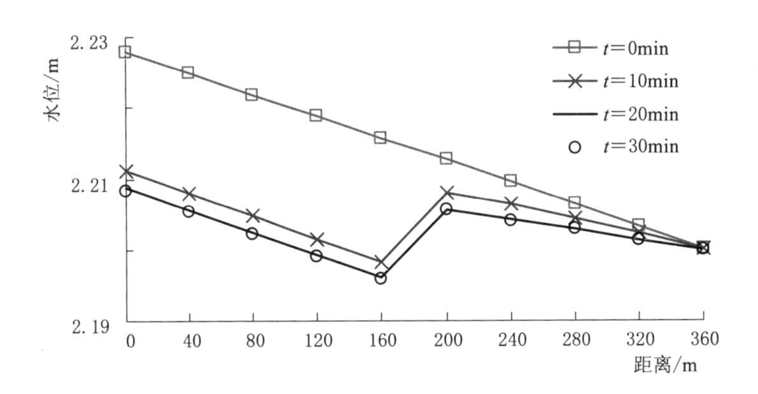

图4.3-4 耦合模型的河道水面线计算结果（10°夹角）

4.3.2 基于侧向耦合的溃漫堤洪水模拟

选取具有实际地形的案例进行耦合计算方法稳定性验证。研究区域为西津至桂平郁江河段防洪保护区，涉及南宁市横县以及贵港市港北区、港南区、覃塘区、桂平市，如图4.3-5所示。通过分析区域的洪水组成，确定一维河网研究范围为：上边界取自郁江的西津水库坝址、黔江的武宣站，下边界取至浔江的大湟江口；支流包括武思江和鲤鱼江。一维模型共布设了488个断面，模拟河道长度约240km，断面平均距离约500m。

二维模型范围包括郁江河段左、右岸两侧可能淹没的区域。结合郁江沿程100年一遇最高洪水位，并增加一定裕度，二维模型边界取相应的地形等高线进行封闭，即西津—贵港河段两侧区域边界取65～55m地形等高线，贵港—桂平河段两侧区域边界取55～50m地形等高线。二维模型区域的网格和地形如图4.3-6和4.3-7所示。网格边长50～500m，共147893个网格。计算域面积约2500km^2。

采用2001年7月实测洪水过程对一维模型进行了验证，其中河道上游边界采用实测流量，下游边界采用实测水位。贵港站的水位、流量验证结果如图4.3-8所示，实测、计算的最高水位分别为 48.70m、48.76m，实测、计算的最大流量分别为 13600m³/s、13400m³/s，水位误差最大值为 0.19m，流量相对误差最大值为 5%。由验证结果可知，一维模型是准确、合理的。

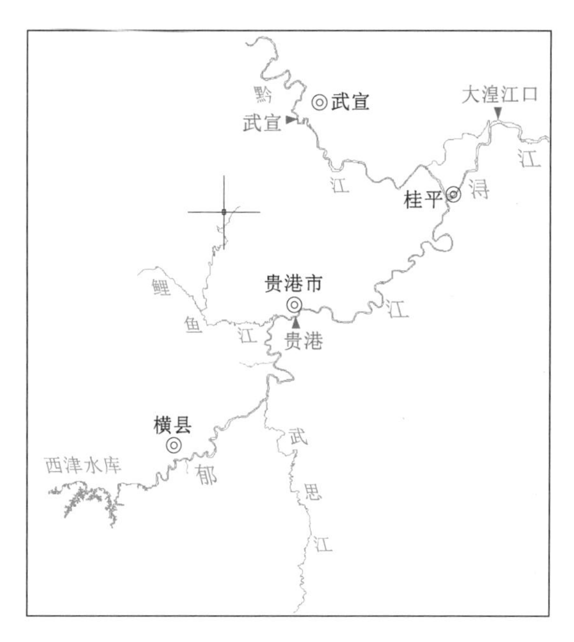

图 4.3-5 研究区域示意图

将 2001 年 7 月西津水库的实测下泄流量进行缩放得到 100 年一遇洪水过程。其中，西津的设计洪峰流量为 19900m³/s。以初始时刻边界值对应的河网恒定流状态作为河网水流初始场，河道两侧陆域的初始水深为 0。结合 DOM 对地面覆盖类型进行分类，并根据下垫面条件设定二维网格单元的糙率，其中空地及道路取 0.035，树丛取 0.065。一维模型上游边界条件为 100 年一遇的洪水流量过程，下游边界条件为大湟江口站的水位-流量关系；二维模型中，耦合界面设定为水位边界（假设边界流速与耦合界面的夹角为 0°），其他设定为固壁

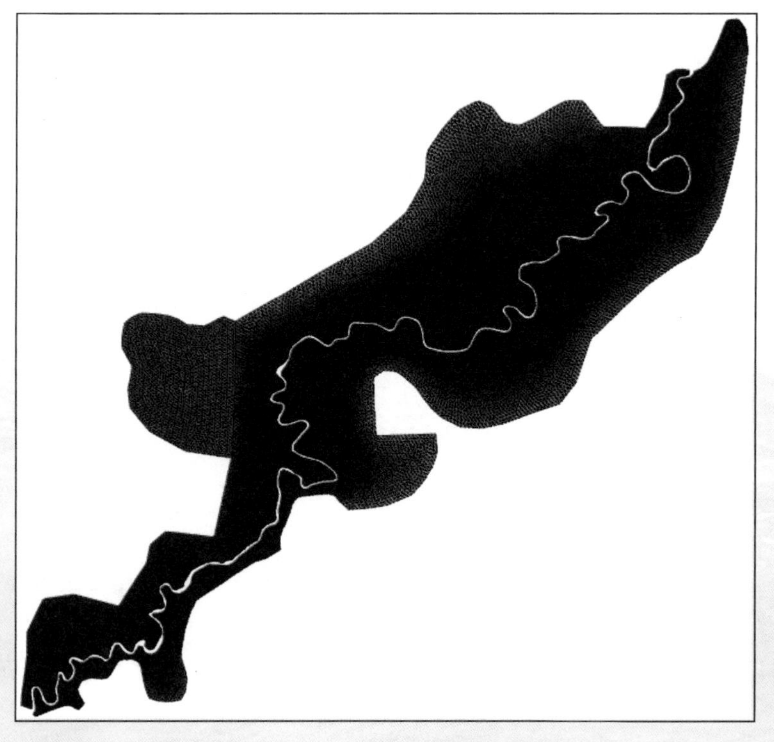

图 4.3-6 二维模型区域的网格

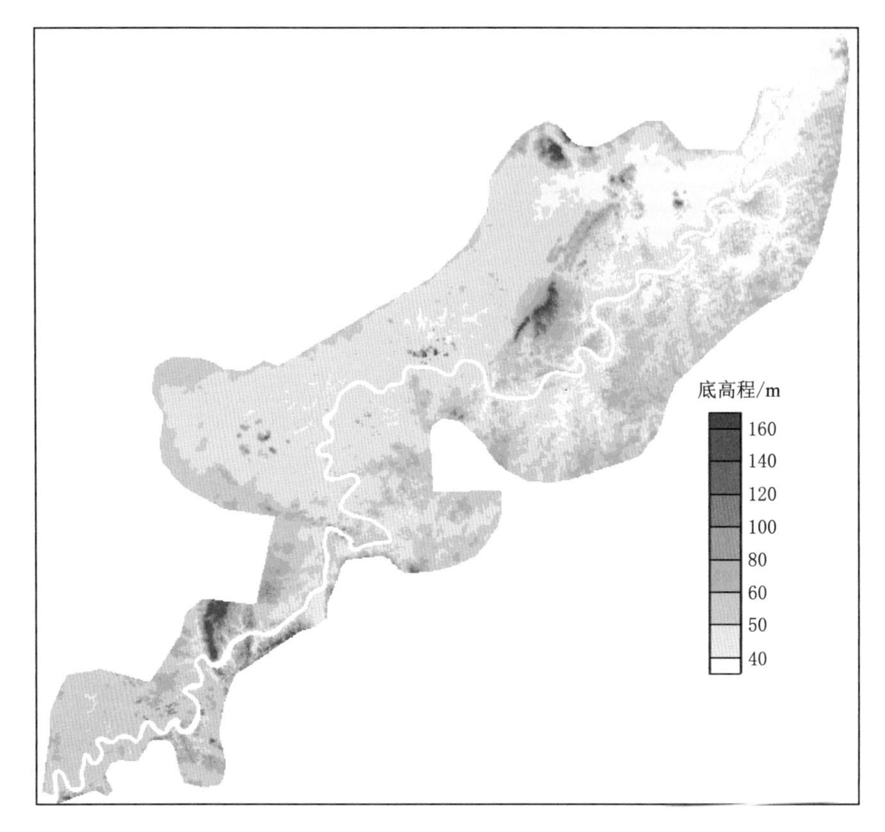

图 4.3-7 二维模型区域的地形

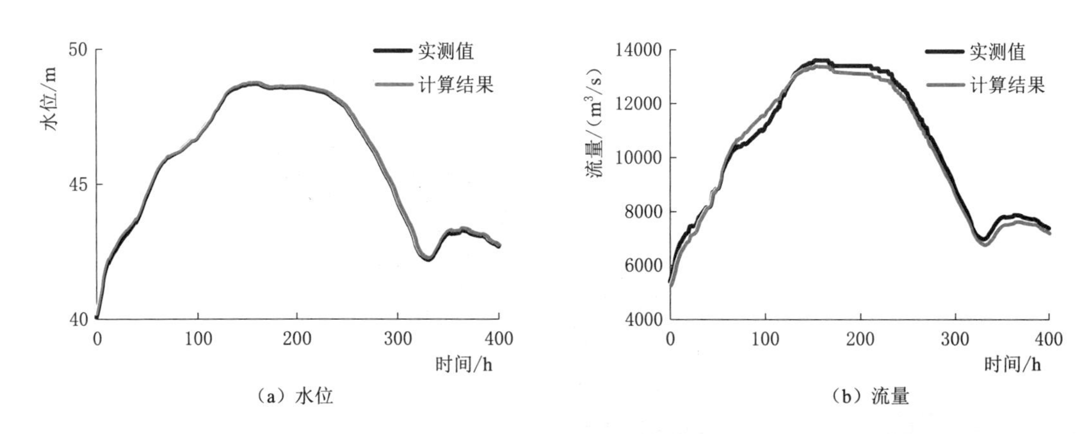

图 4.3-8 贵港站的水位、流量验证结果

边界，并结合堤防位置信息，将堤防对应的网格节点高程设置为堤顶高程。同时，通过调查郁江河段历史溃堤记录确定溃决位置及溃口参数，当河道水位高于堤防溃决水位（一般取堤防的防洪保证水位）时，按照溃口形状及尺寸更新相应的网格节点高程。图 4.3-9 为郁江中下游河段防洪保护区洪水淹没水深图，反映了防洪保护区涨水及退水过程。

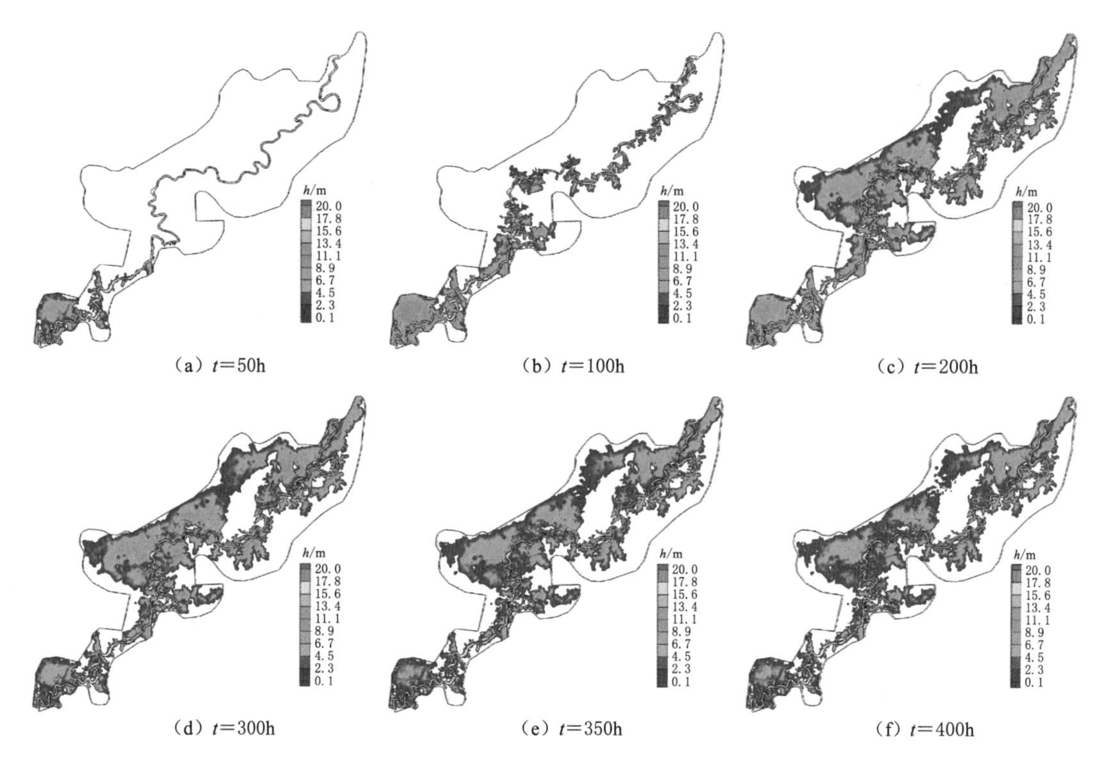

（a）t=50h （b）t=100h （c）t=200h

（d）t=300h （e）t=350h （f）t=400h

图 4.3-9 郁江中下游河段防洪保护区洪水淹没水深图

图 4.3-10 为大湟江口断面的水位、流量计算结果对比。图中“1D”指一维河网模型计算结果，即不考虑防洪保护区；“1D-2D”指耦合模型计算结果。

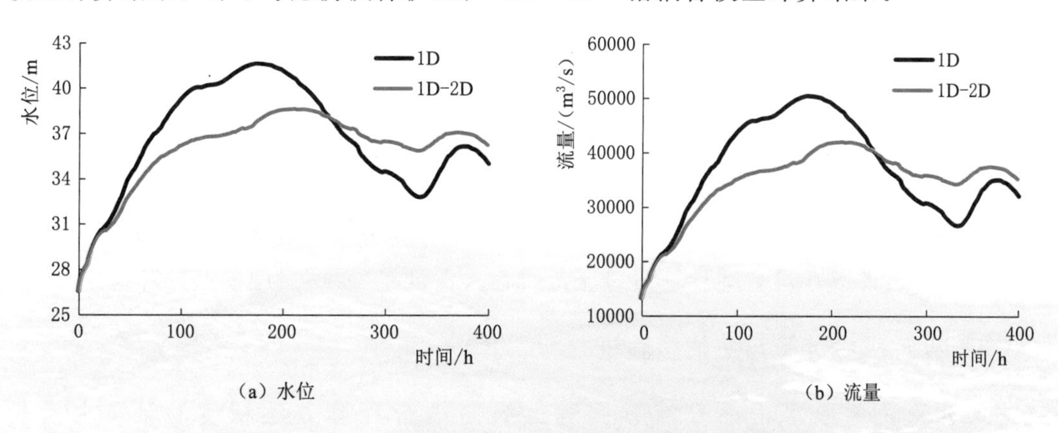

（a）水位 （b）流量

图 4.3-10 大湟江口断面的水位、流量计算结果对比

由图 4.3-10 可知，防洪保护区对河道洪水具有一定的调蓄作用。当溃堤或漫堤发生时，河道洪水向防洪保护区分流，导致河道下游洪水流量减小、水位降低；随着分洪量的逐步增加，防洪保护区的水位不断上升，洪峰过后，河道断面水位逐步下降。当防洪保护区的水位高于河道水位时，防洪保护区的水体流向河道，导致河道下游洪水流量增加、水位上涨。

分别采用本章提出的基于 Riemann 问题构造的溃口流量计算方法（CFL＝0.85），以及传统基于宽顶堰流公式（CFL＝0.85、CFL＝0.2）的溃口流量计算方法，溃口流量过程如图 4.3－11 所示。

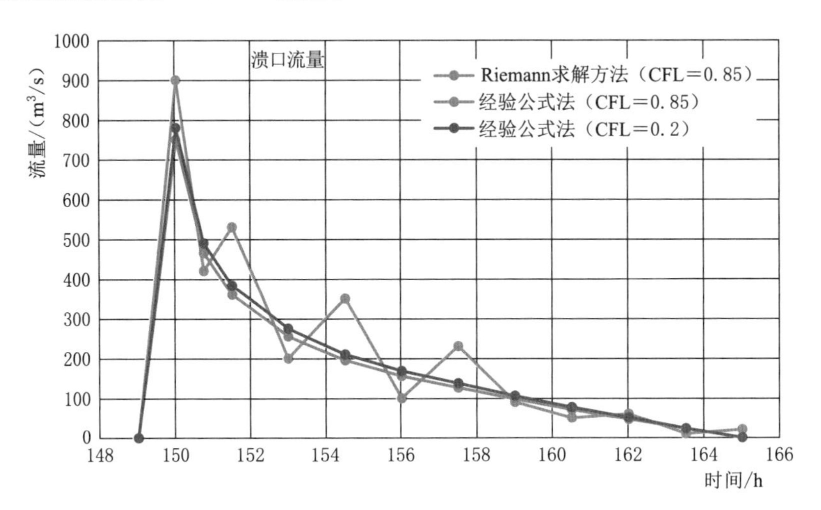

图 4.3－11　不同方法的溃口流量过程

由图 4.3－11 可知：

（1）当二维模型计算时间步长由 CFL＝0.85 控制时，本章提出的基于 Riemann 问题构造的方法计算的溃口流量过程较为光滑，而经验公式法计算的溃口流量过程波动较大。由于经验公式法计算的溃口流量误差较大，导致一维、二维模型水位波动大，从而进一步导致溃口流量计算波动。

（2）CFL＝0.2 时经验公式计算的溃口流量过程较为光滑，且与采用本章提出的基于 Riemann 问题构造的方法所计算的溃口流量过程接近。但由于 CFL 数大幅度减小，导致二维模型时间步长减小、计算步数增加、计算量增大，进而大幅降低了模型计算速度。

综上，采用本章提出的基于 Riemann 问题构造的方法，在不减小二维模型计算时间步长的条件下，可合理计算溃口流量过程，保证了一维-二维模型计算稳定性。

4.3.3　纵向耦合计算方法精度验证

采用平底矩形水槽往复流算例进行纵向耦合计算方法精度验证。水槽长 10000m，宽 50m，初始水深 5m，流速为 0，糙率 n 取为 0.02。边界条件如下：

上游水位边界：$\eta(x=0,\ t)=0.5\sin(wt)$，$w=\dfrac{2\pi}{12.5\times3600}$。

下游流量边界：$Q(x=10000,\ t)=0$。

耦合断面位置设在水槽中心位置处，左侧采用一维模型，右侧采用二维模型。

图 4.3－12 为 $x=3000$m 处一维断面的水位、流量计算结果对比，验证了模型纵

向耦合计算的准确性。

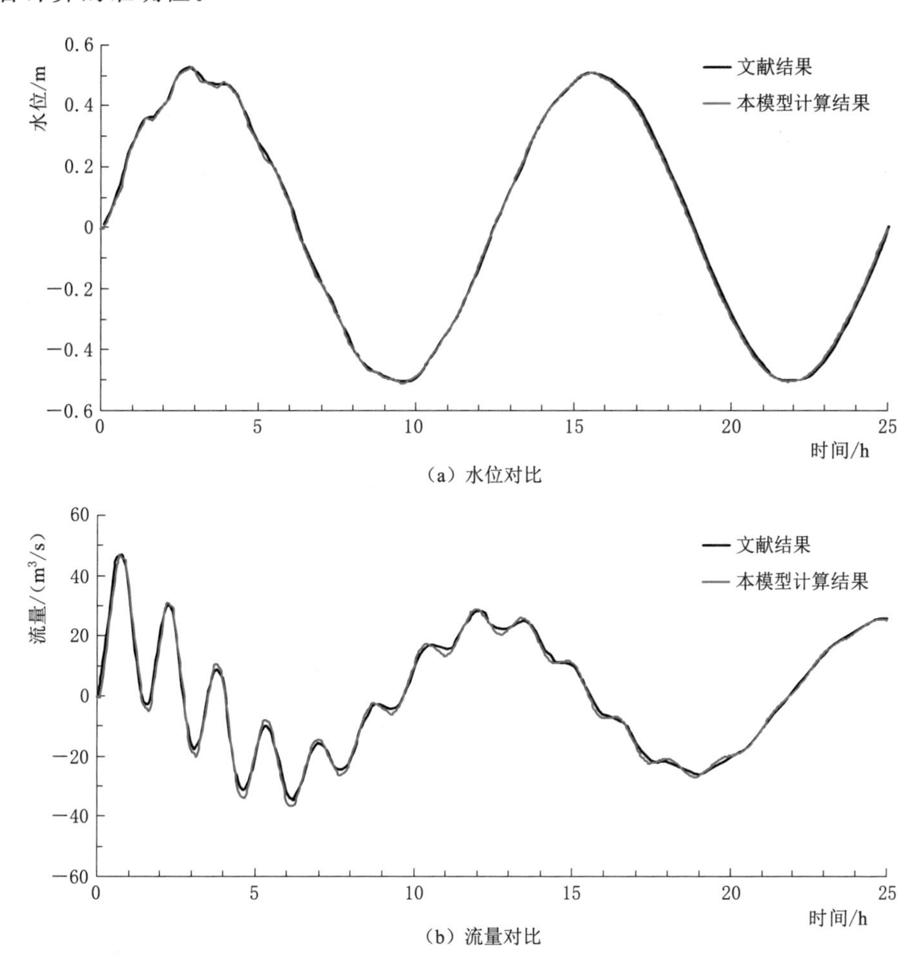

图 4.3-12 纵向耦合模型水位、流量计算结果对比 (x=3000m)

第5章

洪灾评估与风险区划方法

洪灾评估指采用地理信息系统（GIS）技术，分析受灾区域洪水淹没范围，并对淹没区域内可能受影响的社会经济等指标进行评估分析，为防灾减灾措施选择等提供依据。洪水风险区划指对洪水威胁区进行洪水风险等级划分。在进行洪灾评估与风险区划时，需要通过对洪水风险计算得到的淹没范围、淹没水深、淹没历时等要素和土地利用数据进行空间分析，并结合保护区内各乡镇的社会经济情况，将受灾对象的点图层、线图层或面图层分别与淹没范围面图层进行求交计算，进而获取洪水影响范围内各级淹没水深、不同行政区受淹地物［包括受淹面积、受淹居民地面积、受淹耕地面积、受影响交通线路（省级以上公路、铁路）］、受影响人口总数以及受影响 GDP 等统计值，并结合洪水风险等级评价标准，对洪水威胁区内不同单元的洪水风险等级进行评估。

本章将详细介绍局部精细化洪灾评估模型及洪水风险区划方法。针对传统洪灾评估中土地利用数据精度低导致评估误差较大以及缺乏洪灾全过程评估的问题，在地貌与地物耦合的洪水淹没场景精细化建模基础上，研究重点区域建筑物类型、分布、密度、高度等关键参数识别方法、土地利用数据精细化修正方法及社会经济反演展布方法；结合洪水动态模拟过程，运用 GIS 空间叠加分析技术，建立精细化洪灾动态评估模型；研究洪水风险等级评价标准，考虑洪水的自然属性和社会属性，建立基于风险矩阵的洪水风险区划方法。

5.1 局部精细化洪灾评估模型

洪水风险管理大多是流域级别的，是典型的宏观分析决策问题。然而，在致灾后的洪水影响与损失评估中，决策者往往更加关注微观细节层面的灾损情况，如流域中某个重点城区的淹没情况，某一小段重点堤防的水位、溃漫堤情况，甚至某一座重点建筑物的淹没水深情况等，这就对洪灾评估成果提出了局部精细化需求。本章结合重点区域无人机实景建模数据，对局部土地利用数据进行精细化修正与融合，从而实现了重点区域灾损的准确评估。

5.1.1 洪灾评估技术流程

洪灾评估主要由灾前评估、灾中评估和灾后评估3个模型组成。灾前评估、灾中评估、灾后评估均包括洪灾损失统计和灾情等级评估，三者的差别主要在于统计洪灾损失时采用的不同数据。其中，灾前评估采用历史洪灾数据、洪水风险图、洪水演进分析成果作为洪灾损失统计的基础数据；灾中评估采用地理信息系统、遥感监测等技术实时分析洪水可能淹没区域，并以此作为洪灾损失统计的基础数据；灾后评估则通过直接统计受灾实际情况来确定洪灾损失。

洪灾评估模型框架如图5.1-1所示。洪灾评估模型主要包括灾前、灾中、灾后评估，其步骤主要有洪灾评估指标体系构建、洪水淹没特征分析、不同承灾体损失率确定、社会经济数据空间展布、灾情等级划分标准确定、洪水灾情多指标综合评价等方面。

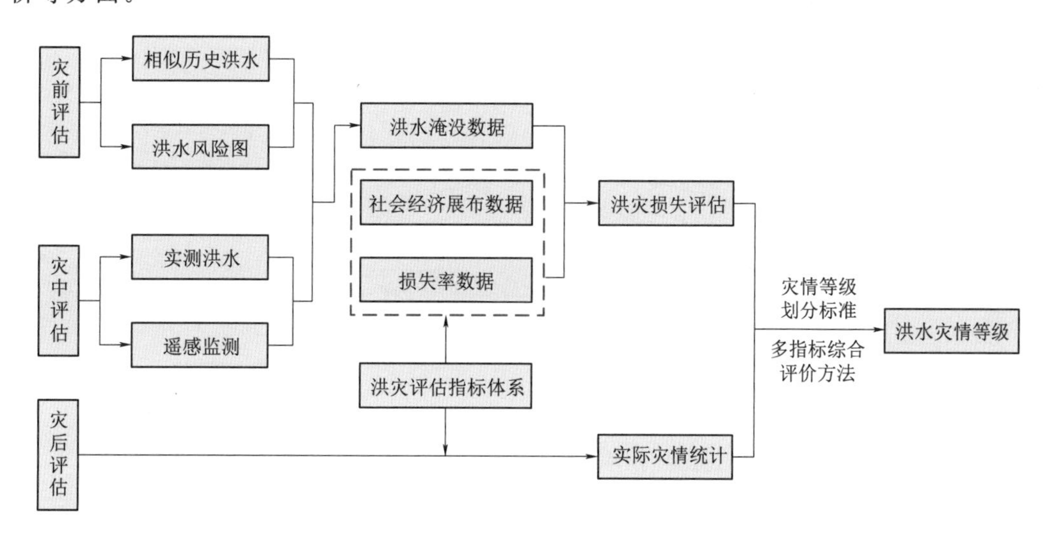

图5.1-1　洪灾评估模型框架图

洪灾评估的主要技术流程为：①在现场调查、资料收集、无人机精细化数据采集的基础上，利用精细化地物模型群，进行土地利用类型数据的局部精细化修正，实现重点区域社会经济数据的精准反演展布；②接入洪水实时演进模型计算结果，构建洪灾评估专用数据集；③基于GIS研发空间分析统计算法，对区域内社会经济数据、地理空间数据、精细化模型数据结合实时洪水模拟成果进行滚动演算，结合多类型区域分级洪灾损失率，最终统计出该场洪水的全程动态影响数据与灾损数据。洪灾动态评估技术流程如图5.1-2所示。

在洪灾损失评估中，需要利用GIS的灾害数据综合管理功能、空间分析功能以及图形化界面展示功能，即在GIS平台上进行洪灾损失评估。

在进行洪灾损失评估时，需要以下三大类信息：①洪水淹没情况信息；②经济、人口等社会经济数据分布情况信息；③分行业损失率信息。

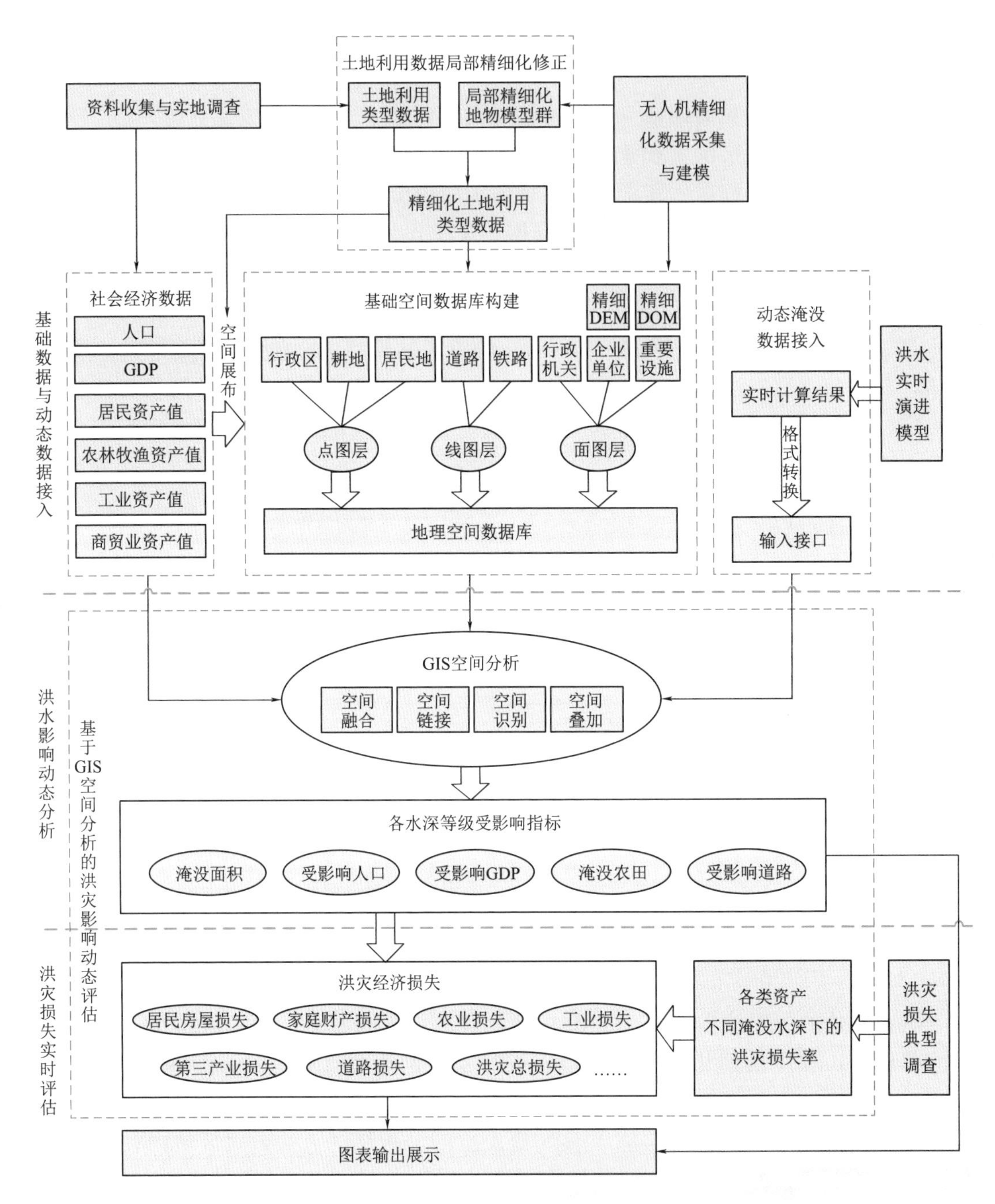

图 5.1-2 洪灾动态评估技术流程图

上述三类信息中，洪水淹没和社会经济数据分布情况可以借助GIS手段处理得到，损失率信息可以由历史资料调查分析等途径获得。

5.1.2 基于精细化土地利用数据的社会经济数据反演展布方法

对社会经济数据空间分布特性的分析，主要是基于矢量栅格数据的一体化分析，涉及以矢量数据形式存在的行政区划数据以及以栅格形式存在的土地利用数据，同时还涉及以图层属性形式存储的经济人口统计数据。

进行空间分布特性分析的关键，是点对点地确定每一个栅格内需要进行展布的经济数据类型。这也是空间分析展布算法的核心。

根据研究区域的土地利用资料及经济分布状况，将土地利用类型分为7类，即乡村居民地、城镇居民地、工业用地、耕地、林地、草地、湖泊水体。经济数据具体展布方法为：农业人口以及农村房屋数量展布到乡村居民地；城镇人口以及城镇房屋数量展布到城镇居民地；工业总产值展布到工业用地；种植业总产值展布到耕地；林业总产值展布到林地；牧业总产值展布到草地；渔业总产值展布到湖泊水体。经济数据展布公式为

$$D_{ij}=\frac{V_{ij}}{A_{ik}}$$

式中：D_{ij} 为第 i 个行政区划的第 j 类人口经济统计指标的分布密度；V_{ij} 为第 i 个行政区划的第 j 类人口经济统计指标总值（包括农业人口数、非农业人口数、房屋数量、工业产值、农林牧渔业产值等）；A_{ik} 为第 i 个行政区划内第 k 类土地类型（包括城乡居民地、工业用地、耕地、林地、草地、湖泊水体等）总面积。

经过空间展布分析运算，得到每个行政区划内人口分布、房屋分布、各类经济指标的分布状况。将运算结果存放在社会经济数据空间展布数据库中，其中每个指标的分布状况以分布的地理位置为存储索引、以指标的分布密度为存储值。

传统的社会经济数据空间展布基于以乡镇为统计单元的社会经济统计数据及大比例尺的土地利用类型数据，存在空间展布精度低的问题。本章在以乡镇为统计单元的社会经济统计数据及大比例尺的土地利用类型数据基础上，针对重点评估区域进行精细化空间展布，以提高洪灾评估精度。基础数据空间展布技术流程如图5.1-3所示。

基础数据空间展布的核心技术步骤主要包括无人机实景模型的关键参数属性识别，土地利用融合修正与人口信息空间展布，以及基于二次现场勘察的土地利用数据反演修正。

5.1.2.1 无人机实景模型的关键参数属性识别

无人机实景模型为真实、准确的地物建筑模型数据，其对社会经济展布的主要可供识别参数为地表类型以及建筑物的密度、类型、高度等。因此，需对以上一种或多种关键属性参数进行精细化提取，以修正重点地区土地利用类型。

如图5.1-3所示，参数属性识别模式主要包含面识别模式与点识别模式。本章基于人口密度展布结合无人机数据的点、面识别模式进行土地利用数据精细化修正。

实际工程资料收集中，图5.1-4所示的无人机建模区域被整体划分为居民区，从模型中可见，该区域虽主体为居民建筑，但仍包含局部山体、大面积足球场等其他土地利用类型。该区域为项目洪水影响与洪灾评估的重点关注区域，故基于无人机实景模型对土地利用类型进行精细化修正。

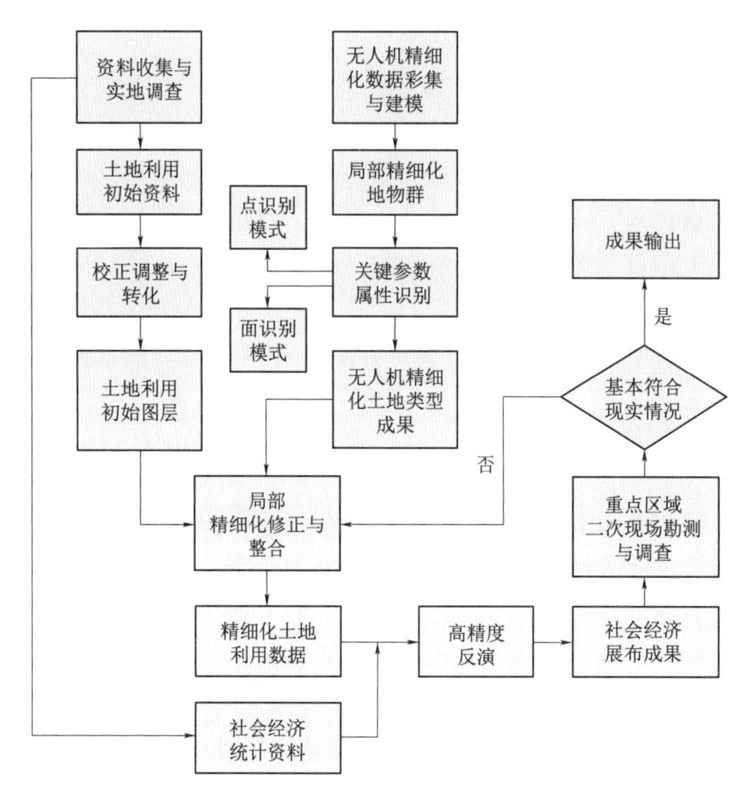

图 5.1-3 基础数据空间展布技术流程图

图 5.1-4 研究区域无人机实景模型图

采用无人机实景模型面识别模式，基于建筑密度对人口密度进行区域划分演算，如图 5.1-5 和图 5.1-6 所示，图中黄色区域为高密度居民区，红色区域为低密度居民区，绿色区域为无人区（主要为空旷山体）。

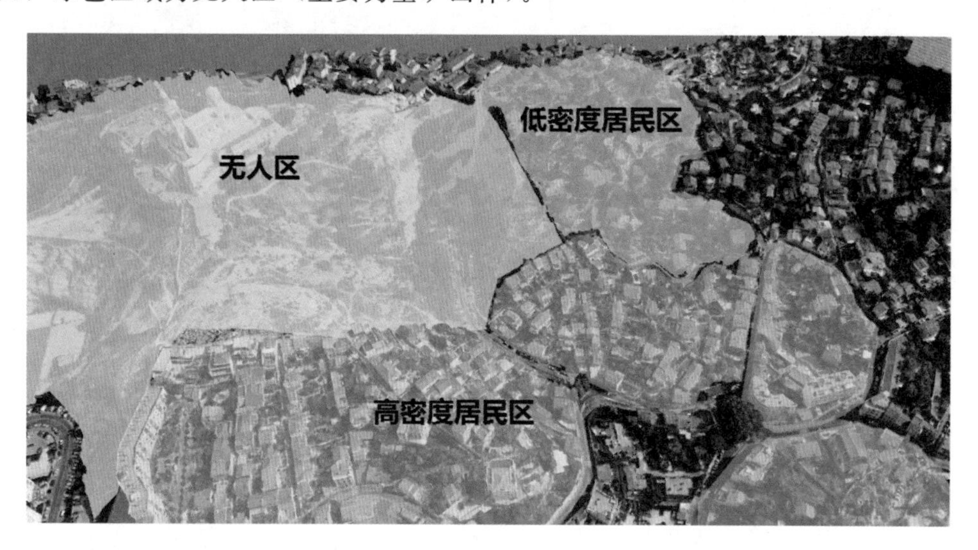

图 5.1-5　无人机实景建筑物密度面识别模式（正面）

图 5.1-6　无人机实景建筑物密度面识别模式（侧面）

根据项目任务的实际精度需求，如需更高精度的土地利用分析，则可进行无人机实景模型单体建筑的面识别（图 5.1-7）。

同时，可根据单体建筑类型进行模型的点识别，抽取多个同类建筑体位置信息（图 5.1-8）。

可对区域内重点地物进行关键属性识别，图 5.1-9 和图 5.1-10 为区域内重点关注的高层酒店模型，其人口密度较高，需精准识别建筑面积与高度，为该建筑人口密度推算提供信息支撑。

图5.1-7 无人机实景建筑物密度面识别模式（单体建筑面）

图5.1-8 无人机实景建筑物点识别模式（单体建筑点）

图5.1-9 区域重点建筑物识别

(a) 建筑房顶采样点信息

(b) 建筑旁地面采样点信息

图 5.1-10 基于多个采样点信息推算建筑高度

5.1.2.2 土地利用融合修正与人口信息空间展布

基于以上建筑区、单体建筑的点及面状信息，对初始土地利用图层进行修正与融合，效果如图 5.1-11 所示。

基于以上修正的土地利用信息，对重点区块进行人口精细化反演展布，初步推算各个区块及重点建筑的人口及占比信息（图 5.1-12）。

5.1.2.3 基于二次现场勘察的土地利用数据反演修正

实际工作中，对以上重点地区进行人口信息的二次实地勘察，经过真实信息修正后的数据如图 5.1-13 所示。可见，利用修正后的精细化土地利用数据进行人口信息展布的成果与真实信息相差不大，修正后的数据可直接作为后续洪灾动态评估模型的人口信息输入参数。

5.1.3 洪灾评估指标体系

较为全面的洪灾评估指标体系如图 5.1-14 所示。洪灾评估指标包括灾情指标和经济损失指标，其中，灾情指标包括受影响行政区个数（市/县/区、乡/镇/街道、行政村等不同层次的统计单元）、受淹面积、受灾人口、受影响 GDP、受淹耕地面积、受影响工业企业个数、受影响商业企业个数、受淹道路长度、受影响水利设施等，经济损失指标包括家庭财产损失、家庭住房损失、农业损失、工业资产损失、第三产业资产损失、道路损毁损失、水利工程设施损失等。

在实际工作中，根据基础资料情况对图 5.1-14 所示洪灾评估指标进行适当的取舍，相应确定最终的洪灾评估指标体系。

5.1.4 洪水影响分析方法

损失评估模型在土地利用矢量数据和淹没水深结果的基础上，运用空间分析方法，对受影响的社会经济状况进行分类统计。按不同级别（市/县/区、乡/镇/街道等）的行政区域分别进行统计，以计算网格为最小统计单元，当最小统计单元完全位于某级水深淹没区内时，其有关指标可直接统计；当最小统计单元行政区域与淹

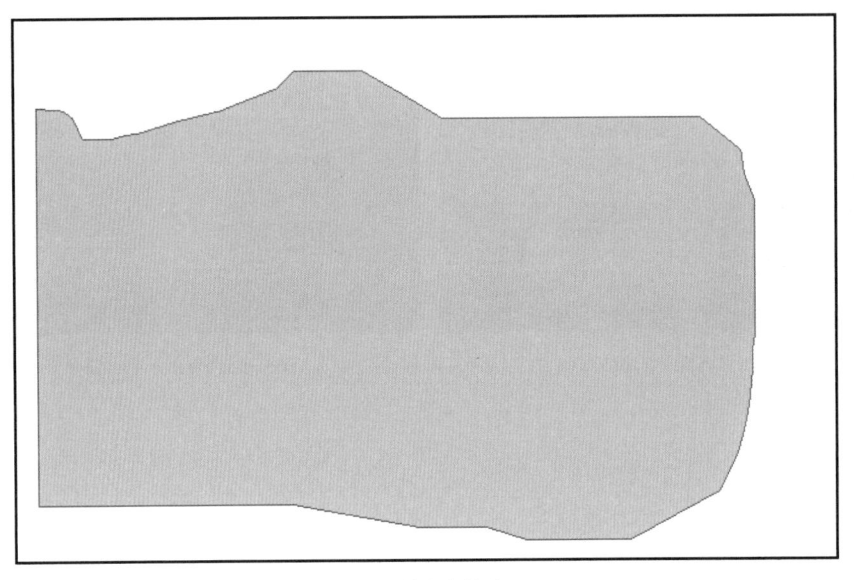

(a) 原始土地利用

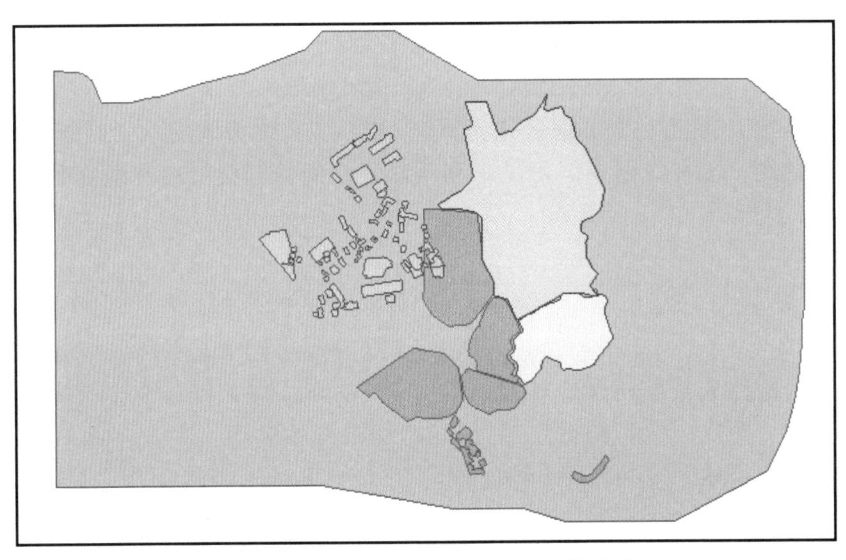

(b) 分层级精细化修正与融合后的土地利用数据

图5.1-11 土地利用精细化数据修正与融合

没范围不一致且落在某级洪水淹没范围内时，以单位面积指标值乘以落在该级水深淹没范围内的面积，得到该部分相应统计值。

基于GIS的空间高速分析、统计模型，将洪水实时演进模型计算得到的动态淹没数据与社会经济空间数据进行空间叠加分析，计算各洪水影响指标值，主要包括以下关键环节。

(1) 社会经济数据空间展布。融合各类行政区划图层和土地利用图层，将网格单元空间信息与行政区划、土地利用图层进行空间叠加分析，建立空间链接，得到各

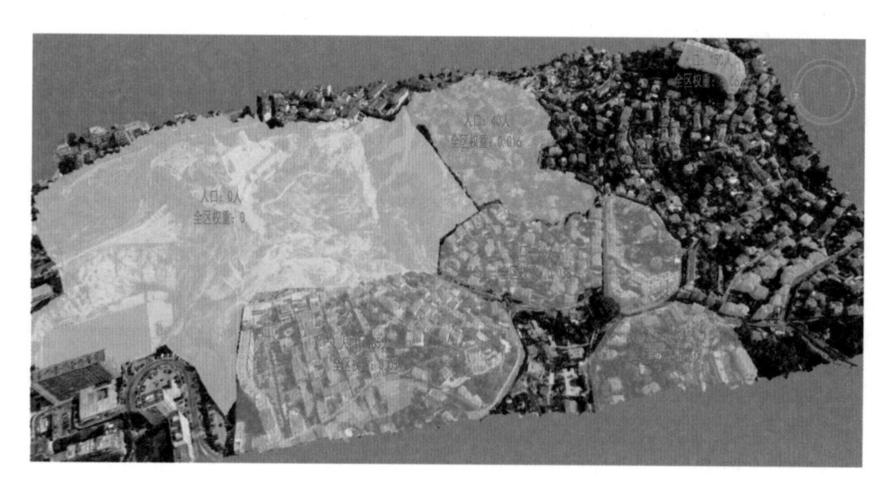

图 5.1-12　人口信息精细化反演展布

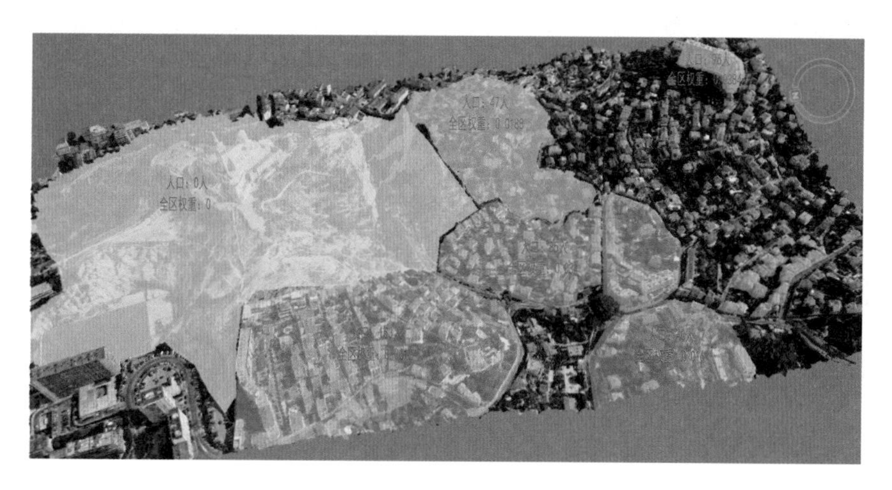

图 5.1-13　数据反演修正后的展布情况

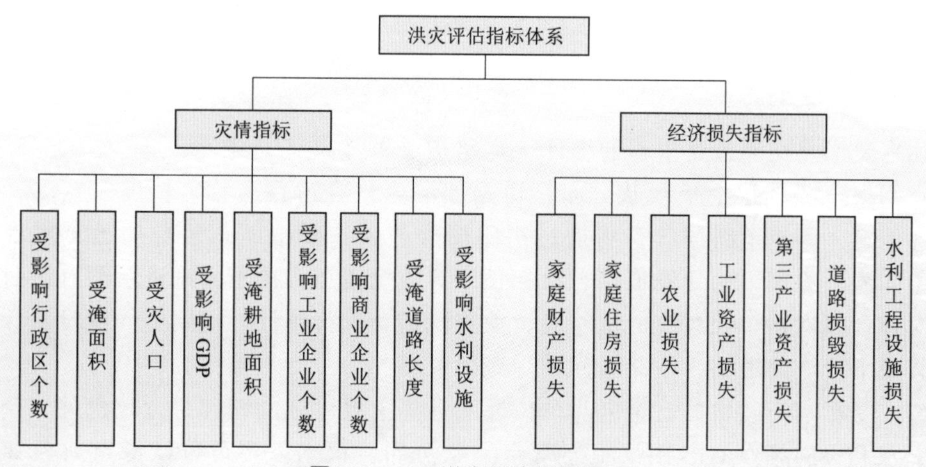

图 5.1-14　洪灾评估指标体系

网格单元对应的行政区、土地利用类型属性。

（2）道路数据空间展布。将网格单元空间信息与道路图层、铁路图层进行空间叠加分析，利用网格单元边界对道路网和铁路网进行切割，并建立网格单元与其包含的道路段、铁路段的空间链接，得到各网格单元包含的道路、铁路长度和属性信息。

（3）受淹行政区面积、受淹耕地面积及受淹居民地面积的统计。根据网格单元的淹没信息和行政区划属性，统计不同淹没水深等级下的受淹行政区面积；根据网格单元的淹没信息和土地利用属性，统计不同淹没水深（历时）等级下的受淹耕地面积、受淹居民地面积等。基于GIS叠加分析功能，将淹没图层分别与行政区图层、耕地图层以及居民地图层相叠加，即可得到对应不同洪水方案不同淹没水深等级下的受淹行政区面积、淹没耕地面积、受淹居民地面积等。

（4）受影响人口统计。人口数据通常是以行政单元为统计单位的。为进行准确的受影响人口统计，需要对人口统计数据进行空间分析。采用居民地法对受影响人口进行分析，利用平均展布到居民地上的人口属性，并结合淹没居民地面积，计算得到不同淹没水深（历时）等级下受影响人口指标值。具体计算公式为

$$P_e = \sum_i \sum_j A_{ij} d_{ij}$$

式中：P_e 为受影响人口；A_{ij} 为第 i 行政单元第 j 块居民地受淹面积；d_{ij} 为第 i 行政单元第 j 块居民地的人口密度。

某个行政单元的居民地受淹面积通过行政区界、居民地图层以及淹没范围图层叠加统计得到。结合人口密度，对各行政单元受不同淹没水深影响的受灾人口进行统计。在确定受影响人口的空间分布之后，与其相关的其他指标如GDP、房屋、家庭财产等指标可在此基础上进一步推求。

（5）受影响GDP的统计。按人均GDP法或地均GDP法计算受影响GDP。人均GDP法即根据某行政区受影响人口与该行政区的人均GDP相乘计算受影响GDP；地均GDP法则是按照不同行政单元受淹面积与该行政区单位面积上的GDP相乘来计算受影响GDP。本章采用地均GDP法对受影响GDP进行分析，按照不同淹没水深（历时）等级下不同行政单元受淹面积与该行政区单位面积上的GDP相乘来计算受影响GDP。

（6）受影响交通道路里程的统计。道路遭受冲淹破坏是洪水灾害主要类型之一。道路在GIS矢量图层上呈线状分布，道路图层内包含道路名称、长度、宽度、等级等属性信息。受淹道路的统计将通过道路图层与洪水模拟面图层叠加运算实现，可获取不同淹没方案下的受淹道路名称、长度等数据信息。按不同淹没水深（历时）等级，对各计算网格单元对应的道路段、铁路段信息进行统计，得到不同淹没水深（历时）等级下受淹的道路、铁路名称和受淹段长度。

（7）受影响行政机关、企事业单位及水利等重要设施的统计。行政机关、企事业单位、水利设施等在GIS图层上通常呈点状分布。根据需要可以赋给点对象如行政区名称、水利设施技术参数等相应的属性值。属性信息数据量较大，以数据库的形

式存储，通过关键字段建立空间位置与其属性信息间的关联。在得到洪水淹没特征之后，将淹没图层、行政区界图层和行政机关、企业单位、水利等重要设施的分布图层进行空间叠加运算，即面图层与点图层的叠加运算，得到位于淹没区的受灾行政机关、水利设施的数量、具体分布情况及其相关属性信息。

5.1.5 洪灾损失评估方法

在洪水淹没数据与社会经济数据空间分析成果基础上，根据各类财产在不同淹没水深（历时）下的损失率，进行洪灾损失的实时评估。具体评估步骤如下：

（1）确定评估资产分类。根据研究区内各类主要财产情况，确定损失估算时考虑的资产类型，包括居民房屋损失、家庭财产损失、农业损失、工业产值损失、道路损失、铁路损失等。

（2）确定洪灾损失率。在洪水灾害损失调查的基础上，通过样本数据的处理分析，建立淹没水深（历时）与各类财产洪灾损失率关系表或关系曲线。

（3）结合洪水淹没数据与社会经济数据空间分析成果，利用洪灾损失率，以网格为单元计算不同淹没水深（历时）下的各类财产损失，具体计算公式为

$$r_{ki} = s_i \cdot \eta(i,j)$$

式中：r_{ki}为第k个网格单元第i类财产损失值，元；s_i为当前网格单元第i类财产总值，元；$\eta(i, j)$为第i类财产在第j级水深条件下的损失率。

（4）以行政区域为单元，对各行政区域内各网格单元的各类财产损失进行分类统计，得到各类财产损失值，具体计算公式为

$$R_i = \sum_{k=1}^{n} r_{ki}$$

式中：R_i为当前行政区域第i类财产损失值，元；r_{ki}为第k个网格单元第i类财产损失值，元；n为当前行政区域范围内网格总数量。

（5）以行政区域为单元，对各行政区域内各类财产损失值进行累计，得到洪灾总经济损失，具体计算公式为

$$S = \sum_{i=1}^{n} R_i$$

式中：S为当前行政区域财产总损失值，元；R_i为当前行政区域第i类财产损失值，元；n为评估资产分类数量。

5.1.6 洪灾损失率的确定

洪灾损失率用来表述各类承灾体对洪水灾害的承受能力，各类财产损失价值与灾前或正常年份各类财产价值之比即洪灾损失率。影响洪灾损失率的因素包括地形、地貌、地区的经济类型、淹没程度（水深、历时等）、财产类型、成灾季节、抢救措施等。

洪灾损失率对洪灾损失评估结果的影响非常显著，因此，合理确定不同承灾体

的洪灾损失率是非常重要的。而承灾体的受损过程非常复杂，不同承灾体的成灾特性也可能不同，例如，对于倒塌房屋、工程损毁而言，洪水流速和淹没水深是主要的致灾因子，故倒塌房屋、工程损毁数量的洪灾损失率是关于洪水流速和水深的函数；对于农作物而言，淹没水深和历时是主要的致灾因子，故农作物的洪灾损失率是关于淹没水深和历时的函数。为了简化工作，通常选取淹没水深作为洪灾损失率函数的主要变量，建立社会经济损失情况与洪水淹没深度映射关系的过程就是确定洪灾损失率的过程。

损失函数通常具有S曲线形状，开始时，随着水深增大洪灾损失率增加较缓，淹没水深增加到一定程度时洪灾损失率增加幅度变化很大，而等淹没水深增加到一定高度后，洪灾损失率增加逐渐减缓，直至不再随水深的增加而变化，如图5.1-15所示。

洪水淹没历时对承灾体损失率的影响特性与淹没水深相似，但又有所不同。在城市，损失也随历时增加，但一般不是非常敏感。在农村，损失与历时是有很大关系的，会发生增产与绝收两种截然相反的后果，并且对不同作物种类的影响情况各不相同。例如，小麦和水稻，耐淹程度相差很大，但即使是水稻，当水深超过当时的生长高度7天以上也会几乎绝产，在洪涝灾害发生之前的预警时间内，通过防洪抢险救灾措施（堤防的加固、溃口的堵截、水流疏导、排涝泵站的运用、人员物资的调配、货物的转移等）的实施，可以减少洪涝灾害的损失，反映在洪灾损失率上则是使洪灾损失率减少。随着预警时间的延长，洪涝灾害损失减少得也越来越多。

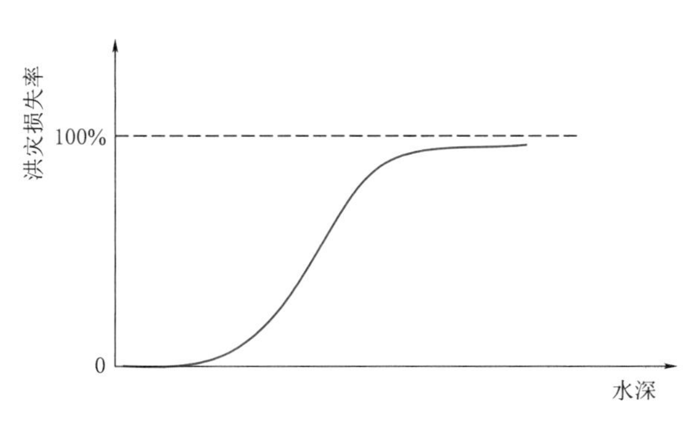

图5.1-15 洪灾损失率与水深的关系趋势线

典型区域的洪灾损失率见表5.1-1。

表5.1-1 典型区域洪灾损失率

水深等级/m	洪灾损失率/%						
	家庭财产	家庭住房	农业	工业资产	商业资产	道路	铁路
0.05～0.3	1.5	0	7.5	1.5	4.5	3	1.5
0.3～0.5	7.5	4.5	22.5	6	13.5	7.5	6
0.5～1.0	18	10.5	36	15	24	18	12
1.0～2.0	45	30	82.5	39	37.5	45	36
≥2.0	60	39	100	51	46.5	61.5	51

由于农业损失受淹没历时的影响较为明显，对农业洪灾损失率进行了修正，见表5.1-2。

表5.1-2　　考虑淹没历时修正的农业洪灾损失率

水深/m	农业洪灾损失率/%				
	0.01～1d	1～3d	3～5d	5～7d	≥7d
0.05～0.3	1.5	2.25	3.75	6	7.5
0.3～0.5	4.5	6.75	11.25	18	22.5
0.5～1.0	7.2	10.8	18	28.8	36
1.0～2.0	16.5	24.75	41.25	66	82.5
≥2.0	20	30	50	80	100

5.1.7　洪水淹没特征分析

对于灾前评估，洪水淹没数据来源有相似历史洪水、静态洪水风险图和动态洪水风险图；对于灾中评估，洪水淹没数据来源有实测洪水、实时遥感监测洪水淹没图。无论采用何种洪水数据来源，只要最终可以把洪水淹没信息转化为二维淹没区域的水深空间分布图层，就可以进一步利用GIS平台对洪水淹没特征进行分析。

与洪灾损失相关的淹没特征指标通常包括淹没区域的最大水深分布特征、最大流速分布特征、最大淹没范围分布特征、淹没历时分布特征。

采用相似洪水评估时，直接查询获取相似历史洪水对应的淹没情况。采用静态洪水风险图进行洪灾评估时，直接提取的基本洪水风险图中已经包括最大水深、最大流速、淹没范围、淹没历时等。采用动态洪水风险图进行洪灾评估时，洪水演进实时分析系统可直接输出最大水深、最大流速、淹没范围、淹没历时等结果。采用实测洪灾评估时，可根据简化模型自动或手动圈出淹没范围及平均淹没水深。采用遥感监测分析进行洪灾评估时，通过遥感图像确定淹没范围边界，结合DEM资料确定淹没范围边界的水位，进而通过插值处理得到淹没范围内各位置的淹没水位及水深，通过洪水淹没期间不同日期的遥感图像确定各位置的淹没历时。

对洪水淹没特性的分析，主要是基于淹没水深时间序列栅格数据组的纵向分析，以及基于淹没栅格、土地利用栅格及行政区划矢量数据的联合空间分析。

1. 基于淹没水深时间序列栅格数据组的纵向分析

基于淹没水深时间序列栅格数据组的纵向分析，主要采用空间分析中局部变换的方法。局部变换的特征，是每一个栅格单元经过局部变换后的输出值，与围绕该像元的其他像元值无关，只与这个像元本身有关。局部变换的处理对象，可以是单元数据层，也可以是同一地理区域的多个数据层。如果输入的是单层栅格数据，则变换的过程以输入栅格像元值的函数呈现；如果输入的是多层栅格数据，那么局部变换可以有很多形式，既可以把某些层当作运算栅格层，进行数学运算；又可以对多个单元层进行概要统计，即输出栅格层的像元值由多个输入栅格层每层之中对应位置的像元值的概要统计值得到，包括最大值、最小值、求总和、值域、中值、平均值、标准差等。利用局部变换可以把输入栅格整合起来，按要求计算这些栅格数据组的统计值，并以此统计值为标准，确定输出栅格图形每一个格网的值。

在对洪水淹没栅格组进行局部变化分析后，可以得到所有栅格的特定统计信息，在洪灾风险分析中，由于最大量决定了洪灾的影响最大程度，所以一般只关心淹没区域的最大水深分布特征、最大流速分布特征、最大淹没范围分布特征，而对淹没水深栅格组进行如下算子的运算即可快速得到所需结果：

（1）由最大值算子求最大水深、流速、淹没范围，是对所有水深栅格图层中某特定坐标位置的栅格点的值，运行最大值函数运算，从而得到该栅格点的值的最大情况，将该值写入输出图层中对应位置的栅格点，作为新图层对应栅格点的值。依次遍历水深栅格中每个坐标对应位置栅格，即可得到以最大值为栅格值的图层。

（2）由求总数算子求洪水历时栅格图的原理是：每个时刻的淹没水深栅格图中的栅格值记录了该点在该时刻的水深，即认为水深不等于0时，该栅格点被淹没。基于此原理，统计同一个位置的栅格点，在多个时刻水深不等于0的次数，然后乘以各个时刻之间的时间间隔，即可求得该栅格点在此次淹没过程中的总淹没历时。

2. 基于淹没栅格、土地利用栅格及行政区划矢量数据的联合空间分析

基于淹没栅格、土地利用栅格及行政区划矢量数据的联合空间分析方法，是洪灾淹没动态分析模型设计的核心内容。由于洪水动态演进仿真模型运算结果携带的信息量很大，在按照相同时间间隔进行的仿真演进中配合进行淹没分析与损失评估，要求做到以下两点：

（1）动态淹没分析模型应具有很高的运算效率，能够在短时间内迅速消化处理每一帧的洪水演进仿真数据，并结合经济人口数据进行损失评估。

（2）由于洪水演进仿真对数据的存取频繁，且内存消耗量大，因此，配合进行的损失评估需要在不降低数据分析精度的情况下，尽量减少数据的存取频度。

基于以上两点要求，本章设计的联合空间分析模型采取栅格数据地图代数运算的高效运算形式，运算生成洪水双重属性联合分析栅格；而后续的联合分析模型针对此栅格组进行。该方法既可保证分析数据的全面性和精度，又能提高运算效率，减少数据存取频度。

栅格地图代数运算的机理为：由于每层栅格数据只能携带单一类型的信息，因此，未进行运算之前，淹没水深图层和示范区土地利用图层所表示的信息只能存在于各自的独立图层中，无法按需要进行区域统计操作。模型采用地图代数运算方法对栅格数值进行移位相加操作，运算后生成的新图层的栅格值为2位数字，第一位携带土地利用类型值，第二位携带水深级别值；采用此方法可有效避免叠加分析操作需要对多个图层反复读取带来的数据存取效率不高的缺点，运算效率高，成本低，符合动态淹没分析对运算速度、存取效率的高要求，适合批量分析操作。

在此子模型中，时序洪水双重属性栅格图的每个栅格单元值均携带两位数值信息：XY。其中，X代表该栅格所在区域的社会属性，在此处为承灾体的类型属性，分为6类：①乡村居民区；②城镇居民区；③耕地；④林地；⑤坑塘湖泊；⑥其余类型为荒地。Y代表该栅格所在区域的自然属性，在此处为淹没水深的级别属性，分为7类：①0.001～0.5m的浅水；②0.5～1m的较浅水；③1～2m的较深水；④2～3m的深水；⑤3～4m的大水；⑥4～8m的超大水；⑦小于0.001m的不参与计算水深。

在实际模型运行中，洪水演进每运行一帧，模型就对此水深栅格以及示范区土地利用栅格进行一次地图代数运算，生成该时刻的综合分析栅格，下一步针对综合分析栅格进行区类统计，统计每个行政区划内每一种类型的土地利用类型和每一级淹没水深下的淹没面积，并生成统计分析表格，经过表格信息过滤、重映射，输出到淹没分析数据库。

综上，淹没特性分析的主要操作步骤如下：

(1) 基于洪水淹没结果，利用GIS空间分析组件的反距离加权插值（IDW）方法，得到栅格化的洪水淹没图层。

(2) 在不同的栅格数据层之间进行一系列地图代数运算过程，确定符合特定条件的淹没区域，得到综合分析栅格图。

(3) 结合上两步骤得到的待评估栅格图，通过GIS空间分析栅格运算得到符合条件的淹没图层，再嵌套示范区行政区划边界进行分类淹没面积区类统计。

(4) 对分时洪水演进数据进行批量栅格化处理，将土地利用矢量数据转换为栅格数据。经过批量栅格运算操作，得到分时分类别水深分级淹没栅格，并逐时进行批量淹没分析。运算结果输出到淹没分析数据库。

基于淹没分析的栅格单元，直接经济损失计算流程为：

Step1：读取栅格单元的值，根据栅格单元值，判断其联合属性标志位XY。

Step2：X * Y>0，转Step3；X * Y=0，则该栅格单元损失值为0，转Step6。

Step3：读取X型经济指标Y级水深损失率N。

Step4：读取X型经济指标在此栅格的分布密度M。

Step5：计算损失情况，X型经济指标损失值=栅格面积 * M * N。

Step6：下一个栅格单元。

Step7：依次遍历所有栅格单元，计算每个栅格单元的损失类型及损失值，最后嵌套区域行政区划图层进行区类统计，得到该行政区划所有经济类型的总损失值。

5.2 洪水风险区划方法

风险的概念起源于19世纪西方经济学领域，其涵盖以下3个要素：①不利事件；②不利事件发生的可能性；③不利事件造成的损害。洪水灾害是自然界的洪水作用于人类社会的产物，具有自然和社会双重属性。如果洪水发生在没有人烟的地区，也就无所谓洪水灾害。

美国、日本等发达国家早在20世纪五六十年代就开展了洪灾风险研究，制作了国家尺度的洪水灾害风险图。我国从20世纪80年代中期开始开展洪灾风险研究，并对一些蓄滞洪区、城镇、水库与流域进行洪水风险图的绘制。最初洪灾风险研究重点关注洪水的自然属性引起的风险性。但洪水灾害是具有双重属性的，在自然属性之外，还具有社会属性。洪灾风险评价是对洪灾自然属性和社会属性的综合评价，它是一个跨自然科学和社会科学的多学科参与的评价过程。洪灾风险区划是在洪灾风险评价的基础上进行的，区划的目的是为了更清晰地把握洪灾风险的空间格局及内在规律。洪灾风险评价与区划的成果有助于政府决策者制定防洪减灾规划，有助于人民群众提高洪灾风险防范意识，有助于防洪减灾部门及群众采取有效措施应对洪水灾害，减轻洪灾损失。

洪灾风险评价通常包括洪水危险性评价、洪灾易损性评价以及两者的综合评价3个方面内容。其中，洪水危险性评价方法主要是指以反映洪水危险性空间分布为目的的评价方法。

国内外已有的洪灾风险评价方法包括地貌学方法、水文水力学模型方法、基于历史灾情数据的方法、遥感与GIS方法、基于洪灾形成机制的系统评价方法等。地貌特征能够影响洪水发生的危险性程度，其空间分布可在一定程度上反映洪水危险性的空间分布，但仅仅依靠地貌特征得出的洪水危险性信息不全面，洪水发生的可能性、危险性程度及其空间分布还受其他众多因素影响。水文水力学模型方法是根据不同频率的降雨过程，通过流域产流模型、汇流模型以及一维或二维的洪水演进模型的数值模拟计算，推求相应洪水过程的可能淹没范围、淹没水深和淹没历时等洪水强度指标及其概率分析曲线。洪灾历史灾情数据通常有农作物受灾面积、成灾面积、受灾人口、倒塌房屋、直接经济损失等统计指标以及历史灾害图件等，根据这些数据可以进行洪灾风险评价。遥感方法在洪灾风险研究中的具体应用主要有：洪水危险性因子如洪水淹没范围、洪水淹没深度、洪水淹没历时等的提取，不同类型承灾体的提取，洪灾易损体的调查，水力学模型参数的获取等。基于洪灾形成机制的系统评价方法是通过深入分析具体区域的洪水特征、自然环境特征以及社会经济特性等，从而选用恰当的指标评价洪灾风险；该方法层次清晰，评价全面，但前提是需要对洪灾发生区域进行详细、深入的研究，深刻揭示区域洪灾风险形成的内在机理，因地制宜地进行系统评价。

5.2.1 洪水风险区划技术流程

洪水灾害风险研究涉及自然与社会经济系统诸多方面，如洪水的形成与发展、下垫面的土地利用状况等。从系统论来看，致灾因子、孕灾环境、承灾体相互作用、相互联系，形成了一个具有一定结构和功能特征的复杂体系，即洪水灾害系统。致灾因子和孕灾环境两方面反映了洪水灾害的自然属性，而承灾体衡量指标反映了洪水灾害的社会属性。在洪水灾害形成与发展过程中，孕灾环境、致灾因子、承灾体缺一不可，只是这3种因素在不同的时空条件下，对灾情形成与发展的贡献会发生改变。因此，从整体性角度出发，洪水灾害风险评价应包括洪水危险性评价、洪灾易损性评价以及两者的综合评价三个方面内容。

在实际分析应用中，洪水灾害风险分析主要是确定洪灾风险的相对大小，多是定性、半定量化的，其中风险区划是一种常用的分析方法。洪灾风险区划根据研究区洪水危险性特征，参考区域承灾能力及社会经济状况，把研究区划分为不同风险等级的区域。

一般情况下，在充分利用已有洪水风险图编制项目相关成果的基础上，采用基于危险性和易损性评价的洪水风险区划方法，其中，基于已有洪水分析成果进行防洪保护区洪水危险性评价。洪水风险区划技术流程如图5.2-1所示。

洪水风险区划技术流程主要包括以下内容：

（1）基础资料收集、整理与分析。收集研究区域的水文气象资料、工程资料、社会经济资料、洪水灾害资料等，并对相关数据进行整理分析。

（2）洪水危险性评价。在已有洪水风险图编制项目相关成果的基础上，基于洪水分析结果，构建洪水危险性评价指标体系，确定相应的指标权重和等级标准，提出基于GIS的洪水危险性评价方法，得到各基本评价单元的洪水危险等级。

（3）洪灾易损性评价。综合考虑承灾体子系统中自然环境、人类活动、经济分布、防洪减灾能力等多方面因素，构建洪灾易损性评价指标体系，确定各指标的权重和等级标准，提出基于GIS的洪灾易损性评价方法，得到各基本评价单元的洪灾易损等级。

（4）洪灾风险综合评价。基于洪水危险性和洪灾易损性评价结果，通过构造风险等级分区矩阵，确定洪水危险等级与洪灾易损等级的不同组合对应的洪灾风险等级，实现洪灾风险综合评价。基于洪灾风险等级进行绘图，即得到洪

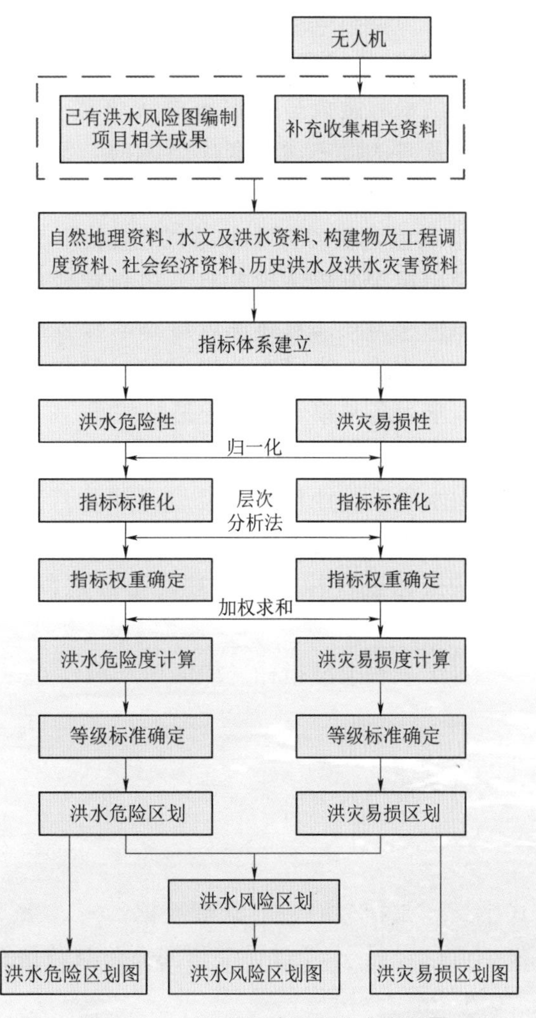

图5.2-1 洪水风险区划技术流程图

水风险区划图。

5.2.2 洪水危险性评价

洪水危险性评价主要是针对致灾因子和孕灾环境，对洪水危险性空间分布进行综合评价。结合已有洪水风险图编制成果，得到不同计算方案各网格的淹没水深、流速等洪水要素，并以这些洪水要素作为洪水危险性指标，采用层次分析法（analytic hierarchy process，AHP）计算指标权重，实现洪水灾害的危险性评价。洪水危险性评价主要包括评价指标体系构建、指标权重确定、洪水危险性等级标准确定等内容。

1. 洪水危险性评价指标体系

表征洪水危险性的要素通常包括淹没水深、流速、洪水到达时间、淹没历时等。其中，淹没水深或流速越大、洪水到达时间越短、淹没历时越长，则洪水危险性越高。洪灾预警和应急响应对于减小洪水灾害损失尤其是减少人员伤亡极为重要。对于洪水到达时间较短的区域（如小于5分钟），往往难以进行有效的洪灾预警和应急响应，洪水将造成较为严重的灾害或人员伤亡；而对于洪水到达时间较长的区域，可通过及时的洪灾预警和应急响应，显著降低洪水灾害损失。一般地，可选取淹没水深、流速作为洪水危险性评价指标。

2. 洪水危险性评价指标权重确定

使用层次分析法（AHP）进行评价指标权重计算。AHP的计算步骤为：①建立层次结构模型；②对属性进行相对重要性程度比较，构造判断矩阵；③层次单排序和一致性检验；④层次总排序和一致性检验；⑤按照指标体系层次结构，利用层次分析法求得各易损性指标的最终权重。

3. 洪水危险性评价指标的标准化

洪水危险性评价指标类型多样，且其量纲和级别都存在很大差异。另外，评价指标对洪水危险的影响也不尽相同，有的指标值越大，风险越大，有的则相反。若不对这些指标进行标准化处理，指标之间就没有可比性。采用如下标准化公式进行处理：

对于正相关型指标（如流速和淹没水深），有

$$x_{is}=\frac{x_i-x_{i,\min}}{x_{i,\max}-x_{i,\min}}$$

对于负相关型指标，有

$$x_{is}=\frac{x_{i,\min}-x_i}{x_{i,\max}-x_{i,\min}}$$

式中：x_i 是指标的一个原始数据；$x_{i,\max}$ 和 $x_{i,\min}$ 分别为指标原始系列数据中的最大、最小值；x_{is} 是 x_i 经过标准化的值，其数值在0～1之间。

4. 洪水危险度计算

选取流速（u_1）、淹没水深（u_2）作为洪水危险性评价指标，结合上述层次分析

法计算指标权重 ω_1（流速指标权重）、ω_2（淹没水深指标权重），则可按式（5.2-1）计算洪水危险度：

$$W=\omega_1\hat{u}_1+\omega_2\hat{u}_2 \tag{5.2-1}$$

式中：$\hat{u}_1$、$\hat{u}_2$ 均为标准化处理后的指标值；W 为洪水危险度。

5. 洪水危险度等级标准确定

将洪水危险性等级分为5级，即极低危险等级、低危险等级、中等危险等级、高危险等级、极高危险等级，通过专家咨询、文献查阅、现场调研，分别确定流速（u_1）、淹没水深（u_2）等指标的等级标准，国内学者提出了表5.2-1的指标评价标准。

表5.2-1　洪水危险性评价指标的等级标准

危险性指标	1（极低危险）	2（低危险）	3（中等危险）	4（高危险）	5（极高危险）
u_1/(m/s)	[0，0.05]	(0.05，0.15]	(0.15，0.25]	(0.25，0.35]	(0.35，+∞)
u_2/m	[0，0.5]	(0.5，1.5]	(1.5，3.0]	(3.0，5.0]	(5.0，+∞)

基于上述指标的等级标准，结合洪水危险度计算方法，可计算得到洪水危险度等级标准。具体方法如下：

（1）提取各指标等级标准的阈值。由表5.2-1可知，5个等级（由低等级到高等级）之间的阈值分别为：

1）流速（u_1，m/s）：0.05、0.15、0.25、0.35。

2）淹没水深（u_2，m）：0.5、1.5、3.0、5.0。

（2）标准化处理。将各指标阈值分别进行标准化处理，可得：

1）流速（$\hat{u}_1$，m/s）：0.11、0.33、0.56、0.78。

2）淹没水深（$\hat{u}_2$，m）：0.07、0.21、0.43、0.71。

（3）洪水危险度等级的阈值计算。根据各指标权重，按下式计算洪水危险度等级的阈值：

$$W_{阈值}=\omega_1\hat{u}_1+\omega_2\hat{u}_2$$

作为示例，假设 $\omega_1=0.25$、$\omega_2=0.75$，则可计算得到洪水危险度等级标准：

1）极低危险：$W\leqslant0.08$。

2）低危险：$0.08<W\leqslant0.24$。

3）中等危险：$0.24<W\leqslant0.46$。

4）高危险：$0.46<W\leqslant0.73$。

5）极高危险：$W>0.73$。

根据上述等级标准，即可对评价单元进行洪水危险性等级评价。

5.2.3　洪灾易损性评价

洪灾易损性评价指对承灾体在遭受不同强度洪水时可能造成的损害进行综合评

估。受自然条件和社会经济众多复杂因素的综合作用，洪灾易损性评价需要综合考虑承灾体子系统中自然环境、人类活动、经济分布、防洪减灾能力等多方面因素。与洪水危险性评价类似，洪灾易损性评价包括评价指标体系构建、评价指标权重确定、评价指标的标准化、洪灾易损度计算、洪灾易损度等级标准确定等内容。

1. 洪灾易损性评价指标体系

构造洪灾易损性评价指标体系须遵守系统性、科学性、准确性、结构层次化、定量化等原则。本章采用经济、人口、居民地、农用地作为洪灾易损性评价指标。

通常，在同等的洪水条件下，经济越发达的地区遭受的直接经济损失越大。GDP是反映区域宏观经济发展程度的一个重要指标，因此选择GDP密度来描述经济易损性是合适的。GDP密度即单位土地面积上的GDP产值，单位为亿元/km^2。

人口及其空间分布可以间接反映洪灾风险的大小，即人口越密集的地方在遭遇相同量级洪水时，遭受的损失越大。因此，在人口易损性方面，采用人口密度指标，其计算方式是年末常住人口总数除以行政区域的土地面积，单位为人/km^2。

固定基础财富指的是人类生存和发展的基础设施，即居民居住的房屋以及农业的生产基地。灾后统计洪灾损失时，农田受灾面积、成灾面积和倒塌房屋间数等是除了受灾人数的一些主要统计指标。因此，在描述固定基础财富易损性时，主要从居民居住情况和农业密集程度两方面进行。居民的居住情况可以用单位土地面积上的年末居民居住户数（户/km^2），即居住户数密度来表示；农业密集程度通常用耕地面积密度（hm^2/km^2）来反映。

2. 洪灾易损性评价指标权重确定

使用层次分析法（AHP）进行评价指标权重计算。AHP的计算步骤为：①建立层次结构模型；②对属性进行相对重要性程度比较，构造判断矩阵；③层次单排序和一致性检验；④层次总排序和一致性检验；⑤按照指标体系层次结构，利用层次分析法求得各易损性指标的最终权重。

3. 洪灾易损性评价指标的标准化

选取的洪灾易损性评价指标（经济、人口、居民地、农用地）均属于正相关型指标，采用标准化公式［式（5.2-2）］进行处理：

$$x_{is}=\frac{x_i-x_{i,\min}}{x_{i,\max}-x_{i,\min}} \tag{5.2-2}$$

式中：x_i 为指标的一个原始数据；$x_{i,\max}$ 和 $x_{i,\min}$ 分别为指标原始系列数据中的最大、最小值；x_{is} 为 x_i 经过标准化的值，其数值在0～1之间。

4. 洪灾易损度计算

选取经济（u_1）、人口（u_2）、居民地（u_3）、农用地（u_4）作为洪灾易损性评价指标，结合上述层次分析法计算指标权重 ω_1（经济指标权重）、ω_2（人口指标权重）、ω_3（居民地指标权重）、ω_4（农用地指标权重），则可按式（5.2-3）计算洪灾易损度：

$$Y=\omega_1\hat{u}_1+\omega_2\hat{u}_2+\omega_3\hat{u}_3+\omega_4\hat{u}_4 \tag{5.2-3}$$

式中：$\hat{u}_1$、$\hat{u}_2$、$\hat{u}_3$、$\hat{u}_4$ 为标准化后的指标值；Y 为洪灾易损度。

5. 洪灾易损度等级标准确定

在数据收集、整理分析的基础上，对每个因子进行标准化处理，然后根据确定的各因子权重，进行加权求和计算，得到各乡镇单元的易损度。基于正态分布假设，计算所有乡镇易损度的平均值 α 和标准差 σ，按如下原则确定易损度分布的累积概率阈值：

极低与低等的累积概率阈值 $F=20\%$。

低等与中等的累积概率阈值 $F=40\%$。

中等与高等的累积概率阈值 $F=60\%$。

高等与极高等的累积概率阈值 $F=80\%$。其中，F 为基于正态分布假设的累积概率。

根据 F 的值可以推求得到相应的洪灾易损度阈值：①极低与低等的阈值 norminv（0.2，α，σ）；②低等与中等的阈值 norminv（0.4，α，σ）；③中等与高等的阈值 norminv（0.6，α，σ）；④高等与极高等的阈值 norminv（0.8，α，σ）。其中，norminv 为正态分布函数的反函数。

5.2.4 洪灾风险综合评价

风险是概率和损失的乘积，因此，洪灾风险评价是洪水危险性评价和洪灾易损性评价的综合结果。通过构造风险等级分区矩阵，确定洪水危险等级与洪灾易损等级的不同组合所对应的洪灾风险等级，以实现洪灾风险综合评价。基于洪灾风险等级进行绘图，即得到洪水风险区划图。洪灾风险等级评价矩阵见表 5.2-2。

表 5.2-2 洪灾风险等级评价矩阵

易损度	危险度				
	极低	低	中等	高	极高
极低	极低	低	低	低	中等
低	低	中等	中等	中等	高
中等	低	中等	中等	高	高
高	低	中等	高	高	极高
极高	中等	高	高	极高	极高

第 6 章

洪水实时模拟与洪灾动态评估平台

本章以流域洪水实时模拟技术为核心，围绕洪灾预警中多源数据管理和多模型集成需求，从数据层、支撑层、业务层、表示层等方面进行系统通用化架构与功能模块设计，集成研发洪水实时模拟与洪灾动态评估平台，提出集实景建模、洪水预报、实时模拟、洪灾评估、动态展示于一体的技术体系；针对洪水模拟与洪灾评估对重点区域地形地貌、建筑模型精细化程度要求高的特点，基于无人机倾斜摄影技术与三维地理 GIS 建模技术，研究地形与地物精细化建模方法，为洪水演进和洪灾评估模型提供高精度基础数据支撑；针对洪灾动态评估涉及地表地物、洪水风险要素、社会经济等海量多源数据的特点，围绕数据统一访问、传输及管理需求，研究海量多源数据高效融合方法及分区分库存储技术；针对洪水演进过程三维动态展示面临数据量大、渲染耗时长等问题，研究洪水模拟与洪灾评估矢量数据的高效插值方法，研发 GIS 数据高速转换与图层实时渲染技术，实现三维洪水演进高速渲染及动态展示。

6.1 洪水实时模拟与洪灾动态评估技术体系

6.1.1 模拟与评估流程

洪水实时模拟与洪灾动态评估技术体系的核心是流域洪水实时模拟技术，其主要流程包括三维实景建模、洪水预报、洪水实时模拟、洪灾动态评估、动态展示。

（1）三维实景建模。利用无人机倾斜摄影技术结合三维 GIS 地理建模，对洪灾风险区进行地理与地物建模，三维实景模型数据贯穿三个层面，对整个体系进行多维支撑，是本技术体系的主要创新。其中，建模得到的高精度地形数据可提供给洪水演进水动力模型，为洪水模拟提供高精度地形建模资料；对重点区域建模得到的土地利用数据反馈给洪灾评估模型，实现重点区域洪灾精细化评估；三维实景模型提供给洪灾风险区场景搭建，构建洪灾风险区实景模型，实现洪水淹没场景的真实、直观展示。

（2）洪水预报。主要功能是为洪水实时模拟提供边界条件。利用流域产汇流模型对流域上游坡面径流进行模拟预测，结合河道内洪水演进模拟，提供洪水实时模拟所需的边界流量过程。

(3) 洪水实时模拟。进行河道内洪(潮)水模拟、洪灾风险区溃(漫)堤洪水模拟计算,为洪灾评估提供洪水要素分布数据。该模型采用作者自主研发的通用性洪水演进水动力模型,结合 GPU 并行计算,实现对流域洪水演进及淹没过程的高速计算,为洪灾风险评估提供实时洪水要素信息。

(4) 洪灾动态评估。基于洪水实时模拟结果,结合社会经济数据,对当前洪水淹没情景的影响及洪灾损失进行快速评估和直观展示。洪灾动态评估流程中,基于实景模型数据对重点区域土地利用数据进行修正,反演得到重点区域高精度社会经济数据,实现对洪灾评估的精细化;基于洪水实时模拟成果,可以对每个网格、每个时刻的洪灾风险进行统计,实现洪灾风险全过程动态评估。

(5) 动态展示。主要对洪水模拟与洪灾评估结果进行动态展示,实现防汛应急决策的直观化和可视化,提高风险决策的合理性和可靠性。

6.1.2 应用流程

洪水实时模拟与洪灾动态评估技术体系应用流程如图 6.1-1 所示。

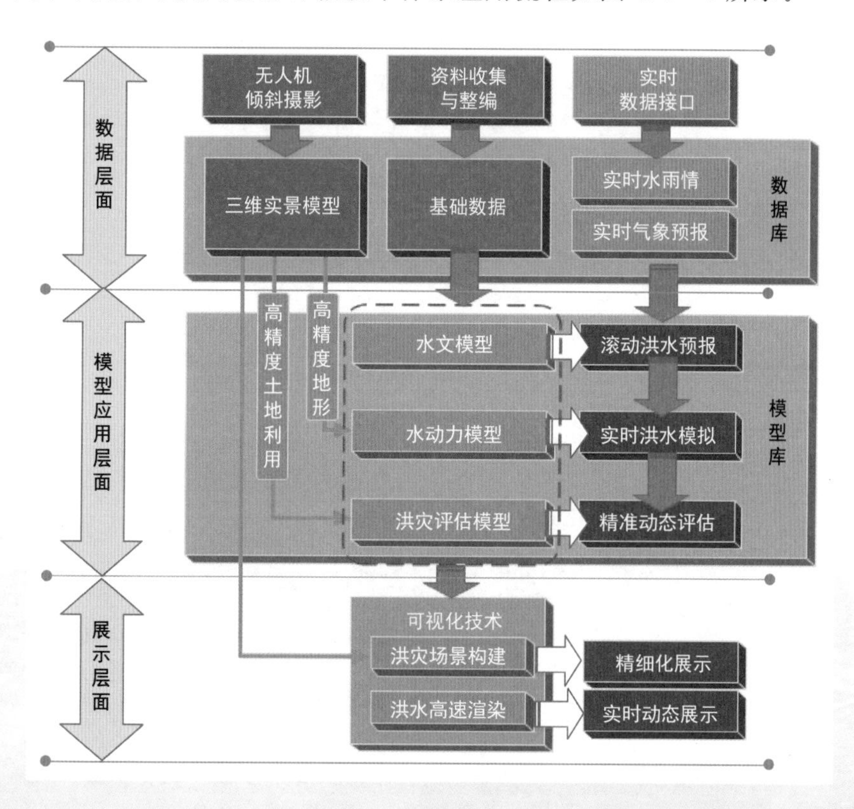

图 6.1-1 洪水实时模拟与洪灾动态评估技术体系应用流程

基于该技术体系,洪水实时模拟与洪灾动态评估系统包括数据层面、模型应用层面、展示层面:

（1）数据层面：通过无人机倾斜摄影、资料收集与整编、实时数据接口等形式进行基础数据、三维实景模型、实时水雨情、实时气象预报等数据的采集与建库存储。

（2）模型应用层面：在数据层面基础上，围绕洪水预报、洪水模拟、洪灾评估实际业务需求，进行水文模型、水动力模型、洪灾评估模型的构建与方案计算。

（3）展示层面：对多类数据及模型成果前后处理及可视化，实现针对非专业用户的直观化、形象化信息传递与表达。在本技术体系中，重点在于洪灾场景构建与洪水高速渲染可视化技术。

6.2 平台架构与功能模块设计

6.2.1 平台架构设计

洪水实时模拟与洪灾动态评估平台由物理层、数据层、支撑层、业务层、表示层及用户层组成，如图 6.2-1 所示，其中数据层、支撑层、业务层、表示层为系统研发建设的核心层面。

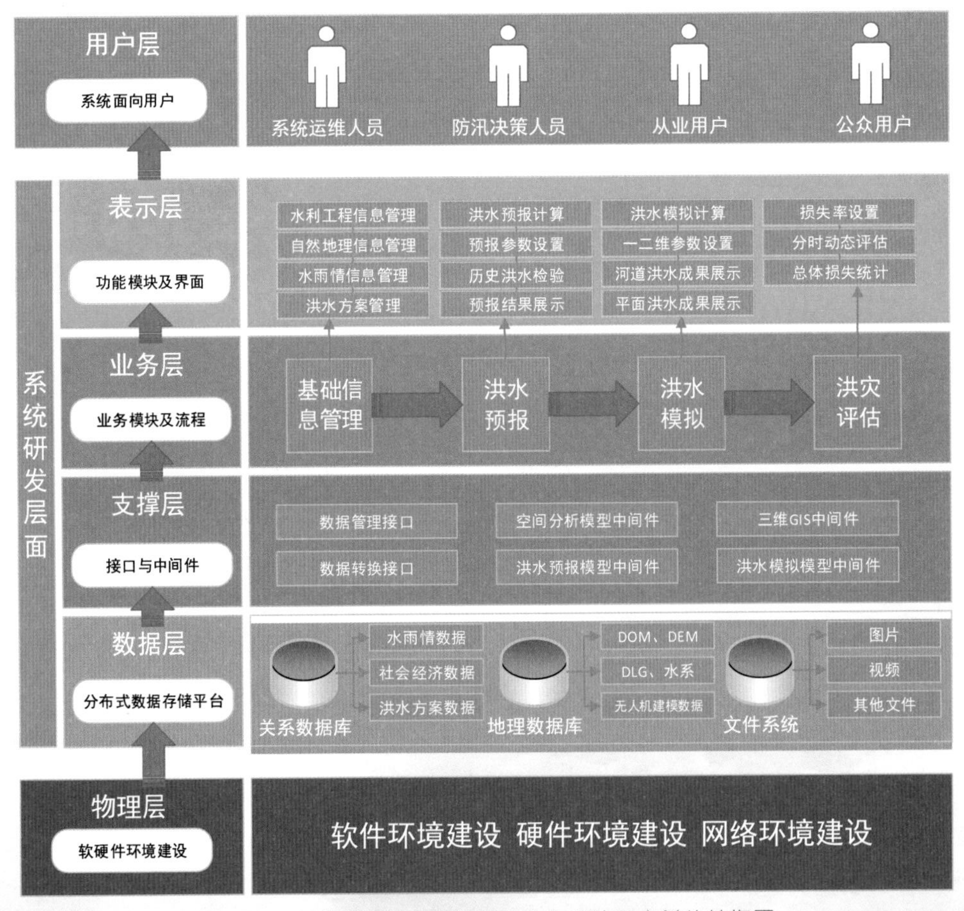

图 6.2-1 洪水实时模拟与洪灾动态评估平台总体结构图

（1）物理层。物理层是指系统的软硬件环境搭建与部署，主要包含了硬件环境建设、软件环境建设与网络环境建设。

（2）数据层。数据层是所有信息来源的基础，根据数据类型不同可分为结构化数据和非结构化数据，主要依托于分布式数据存储平台。结构化数据包括水文站点信息、水文边界条件信息、方案信息、防洪工程信息等，用关系型数据库存储。非结构化数据包括模型工程信息、模型计算结果数据、地理信息等，用地理空间数据库和文件系统进行存储。

（3）支撑层。支撑层包含了系统主要接口及模型中间件，接口主要包括数据管理、数据转换、GIS地图、模型调用等服务接口，同时，对洪水预报、洪水模拟、空间分析等模型进行中间件化封装与部署。

（4）业务层。基于数据层与支撑层中的数据、模型与接口，进行系统的业务需求分析与流程设计，结合本章技术体系内容，系统的主要业务顺序流程为基础信息管理、洪水预报、洪水模拟与洪灾评估。

（5）表示层。在业务层的基础上，对各个业务进行详细功能模块设计与用户界面设计。如洪水预报业务的主要子功能模块包括参数配置、运行计算、实时矫正、滚动预报、成果展示等。表示层对各个系统业务的子功能模块进行页面交互设计与逻辑实现。

（6）用户层。系统主要面向的用户群体主要包含系统运维人员、防汛决策人员、从业用户、公众用户。

6.2.2　功能模块设计

洪水实时模拟与洪灾动态评估平台是以水文信息、工程信息、方案信息、模型计算结果信息、地理及地物模型信息等作为支撑，通过总控程序构成运行环境，辅以友好的人机界面和人机对话过程，有效地实现信息管理、洪水预报、洪水模拟、洪灾评估、系统设置功能，平台功能结构如图6.2-2所示。

（1）基础信息管理模块。该模块包括水雨情信息、水利工程信息、洪水方案信息等各类基础信息的增、删、改、查等功能。

（2）洪水预报模块。该模块包括洪水预报模型的参数配置、计算结果实时校正、模型滚动预报等功能。

（3）洪水模拟模块。该模块包括洪水演进模型的参数配置、滚动计算及结果分析等功能，可为用户提供水面线、二维流场及流态、采样点水位及流速过程等计算结果分析功能。

（4）洪灾评估模块。该模块包括社会经济数据维护更新、洪水灾害损失动态评估、评估结果分析等功能，为用户提供淹没实景展示以及各类灾害损失数据的动态图表展示等功能。

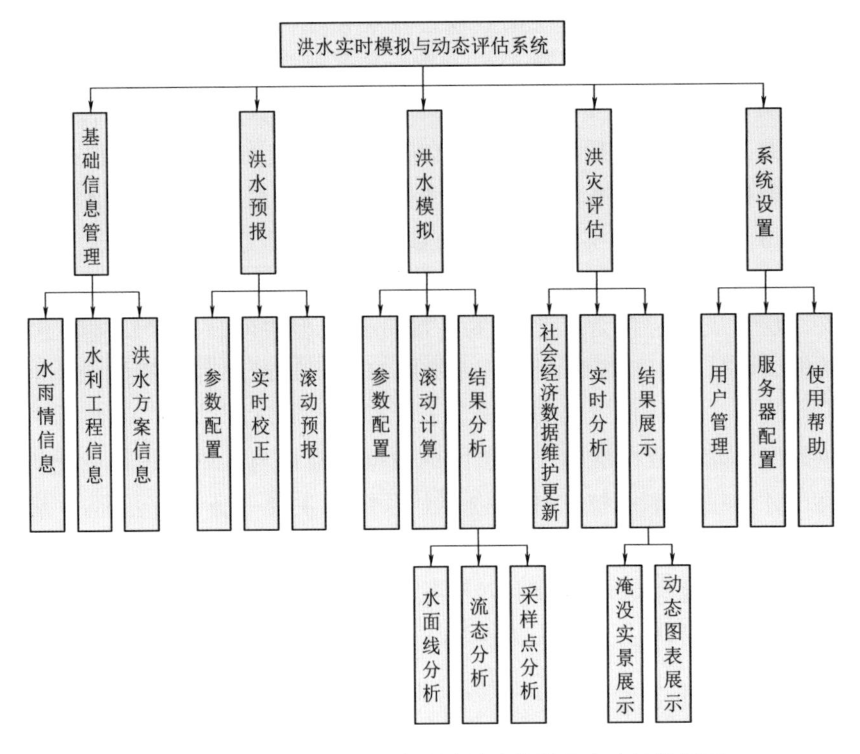

图 6.2-2 洪水实时模拟与洪灾动态评估平台功能结构图

（5）系统设置模块。该模块包括用户管理、服务器配置、帮助文档等功能。

6.3 基于倾斜摄影与地理模型的实景建模技术

6.3.1 三维地理建模

洪水风险管理往往是流域宏观尺度的。为了更直观地进行流域综合信息展示，基于GIS的三维地理建模技术与平台越来越多地应用于防洪决策管理。流域三维地理建模涉及多种精度层级的DOM、DEM、DLG处理、分析与叠加。本章所采用的建模流程如图6.3-1所示，主要包含了遥感多层级叠加、高程分析与叠加、地图要素叠加、网格纠偏分析与叠加等多个步骤。

图6.3-2与图6.3-3为三维地理建模成果（全球视角与研究区域视角），主要叠加了流域水系、水文站点、洪水分析网格等要素。同时，因研究区域处于平原地区，地势较为平坦，对区域地形进行了10倍高程拉伸，以增强视觉效果。

6.3.2 基于无人机倾斜摄影的实景建模

在三维地理建模的基础上，对洪水风险区域中的重点关注区进行精细化的三维实景建模，是如今洪灾评估信息化、直观化、真实化的视觉管理需求，以求提高决策

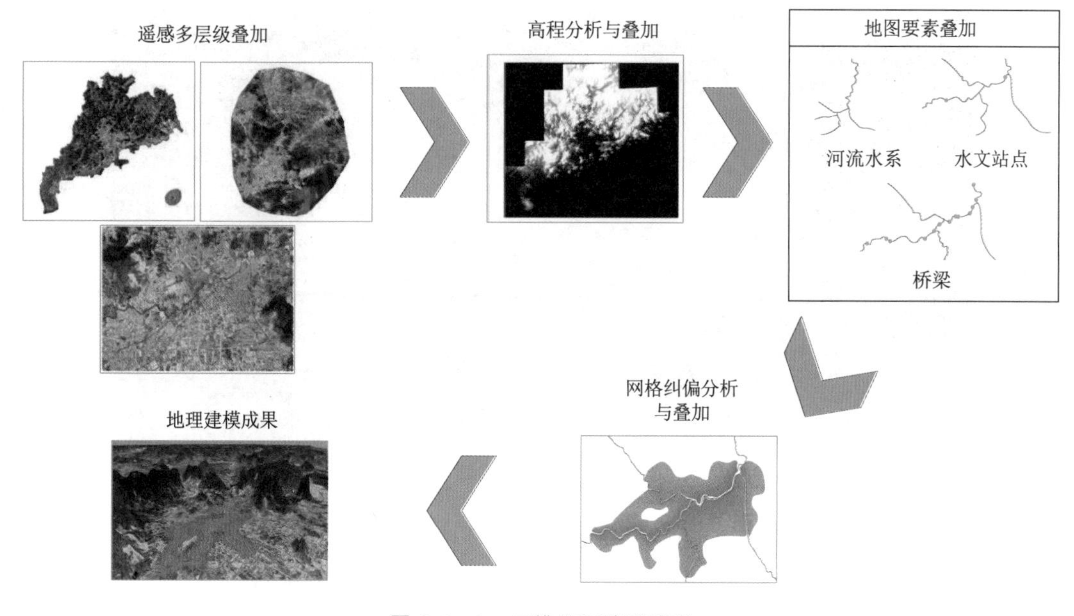

图 6.3-1 三维地理建模流程

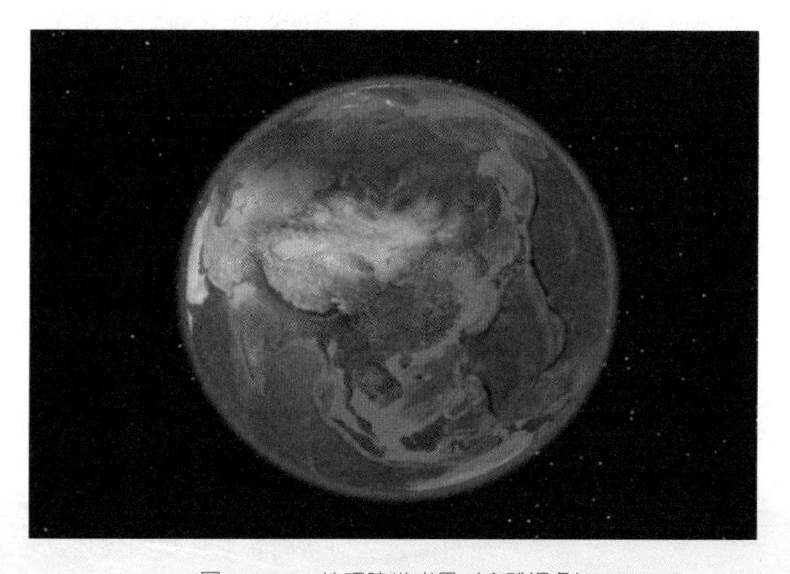

图 6.3-2 地理建模成果（全球视角）

的合理性和准确性。三维地物模型作为洪灾场景建设的重要基础数据，对它的需求随着三维地理信息平台建设的迅速发展而日益增长，即更快的三维建模效率、更高的模型精度以及更具真实感的模型。基于无人机倾斜摄影的实景建模方法可以实现高速、大范围、海量、高精度地物建模，为风险区洪灾评估提供更加真实和精细化的资料。

倾斜摄影测量技术主要包括全球导航卫星系统（GNSS，Global Navigation Satellite System），惯性导航系统（INS，Inertial Navigation System），以及倾斜摄影

图 6.3-3 地理建模成果（局部区域视角）

系统，通过获取地物多角度的高清影像，为三维模型的建立提供更丰富、更真实的纹理信息以及轮廓信息。

全球导航卫星系统（GNSS）是一种高精度的定位系统，一般由地面与天空两部分构成。天空部分，通常会在飞机上布设多个 GNSS 接收机，实现联合定位，地面上还需要架设一定密度的基准站。

惯性导航系统（INS）是一种由惯性测量单元与导航电脑组成的导航系统。它基于惯性力学原理，通过运用高精度的陀螺仪与加速度计等惯性器件获得运动载体在惯性坐标系下的加速度，将其对时间积分，并导入到惯性导航坐标系中，再通过计算机解算出航摄像机在曝光瞬间时的姿态（三个角元素 φ、ω、κ）信息。由于 INS 系统存在一定的系统误差，所以需要根据 GNSS 系统提供的精确的瞬时位置信息对系统误差进行消除。因此，在倾斜摄影测量系统中加入 GNSS 与 INS 系统可以得到高精度的航拍瞬间影像位置信息与姿态信息。

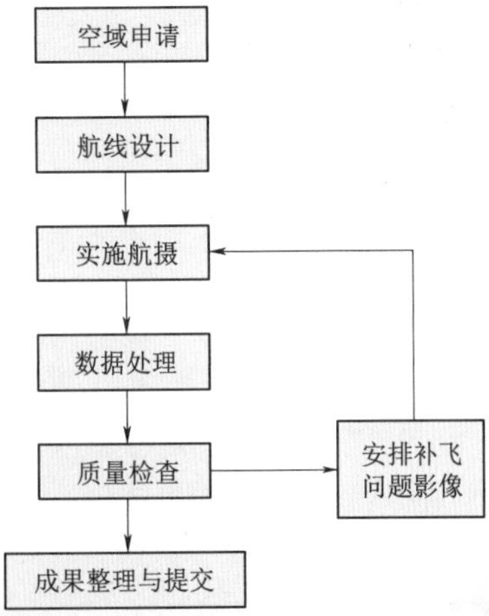

倾斜摄影系统的关键在于相机的镜头。与传统航空摄影不同的是，倾斜摄影采用了多镜头相机，除了可以从垂直角度对地拍摄，还可以从不同的侧面角度对地拍摄，从而精确获取地物的纹理及轮廓信息。

无人机实景建模流程如图 6.3-4 所示，建模范围及采样点如图 6.3-5 所示。

空域申请
航线设计
实施航摄
数据处理
质量检查
安排补飞问题影像
成果整理与提交

图 6.3-4 无人机实景建模流程

1. 主要设备

航摄飞机采用多旋翼无人机 M600，该无人机具有稳定性高、低空摄影操作简单、飞行姿态稳定等特点。

航摄仪为五拼相机，选用 5 台数码相机镜头，焦距为 35mm/21mm，该系统适用于现有的数字摄影测

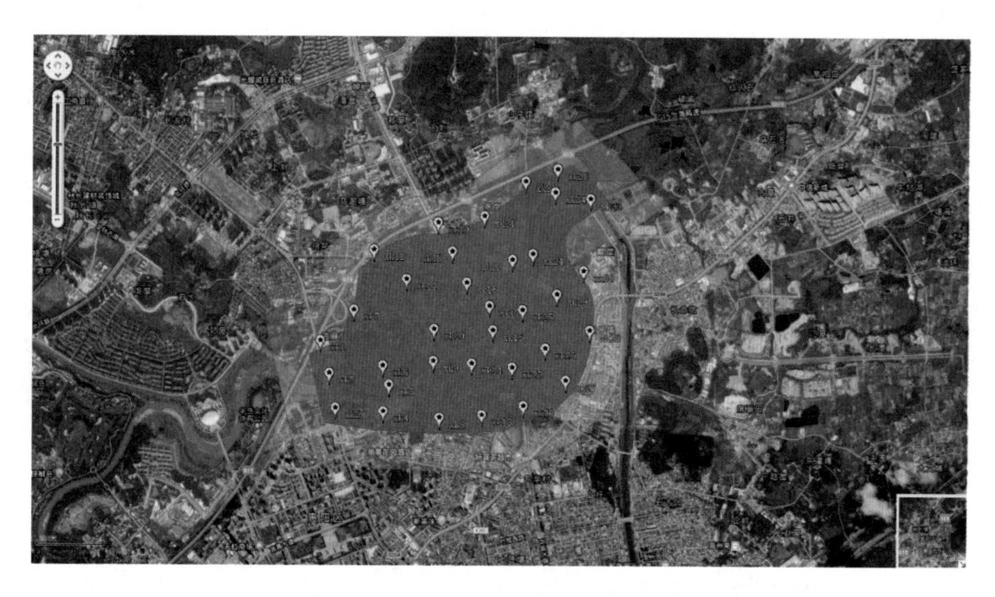

图 6.3-5 无人机建模范围及采样点

量系统软件，影像分辨率为 6000×4000。

2. 航线设计

采用地面站软件 GSP 自带的航线设计功能，调入已给的 KMZ 格式的测区范围线，根据地形地貌特征和设计技术指标，生成航线信息。基准面地面分辨率（GSD）优于 0.05m，设计时需满足 1∶500 航摄成图要求。

航向和旁向覆盖超出分区边界线的理论值为

$$理论值=\frac{\tan\theta}{2\tan(\beta/2)(1-P)}$$

式中：P 为航向或旁向重叠度；θ 为倾角；β 为视场角。

在实际飞行中，由于大气等因素的影响，航向或旁向覆盖超出分区边界线的实际值一般为：基线数，实际值＝理论值＋2；航线数，实际值＝理论值＋1。

根据以上公式，确定无人机原始数据采集范围为：基于已定的范围图，沿航线和垂直于航线方向各外扩 200m（侧视相机倾斜角度为 450°，以保证测区所有视角均被拍摄，航线需要外扩与高度相同的宽度），以保证实景三维的图像质量（图 6.3-6）。

3. 像控点的布置和采集

采用倾斜摄影方式，像控点布设需在摄区拐点布设控制点，中间区域适当布点。以航摄分区范围图为基础，进行区域摄影测量像控点的布设，平均每个平方保证至少 6～8 个像控点（图 6.3-7）。

4. 实景三维模型后期生产

采用行业倾斜摄影处理软件 ContextCapture（又称 Smart3D）用于空中三角测量的计算及倾斜摄影影像 OSGB/OBJ 格式成果的生成。该软件使用倾斜摄影得到的照片进行建模，结合 pos 信息进行空中三角测量，并生成点云，点云构成格网，格网结

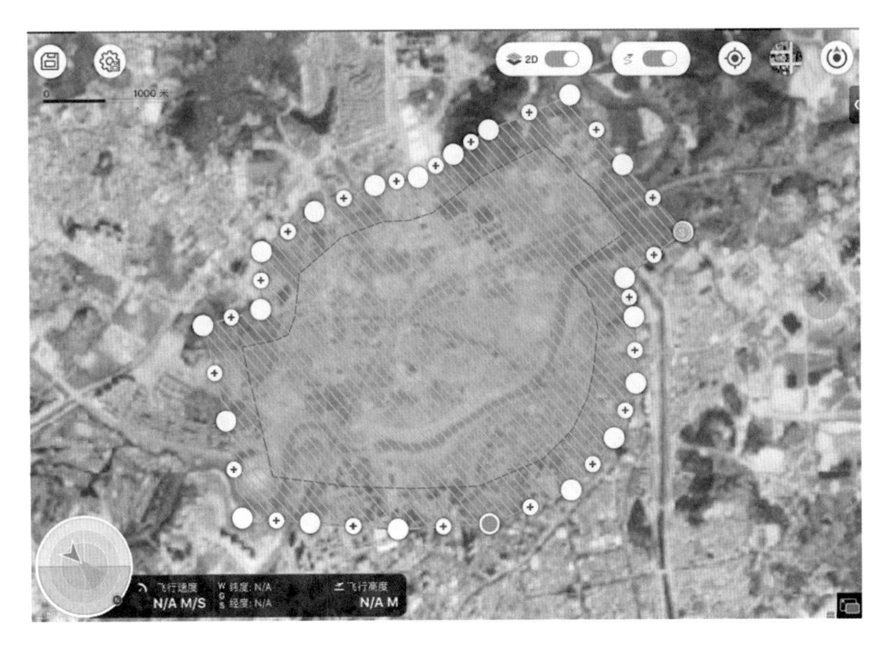

图 6.3-6　航线设计示范图

图 6.3-7　像控点的采集

合照片生成赋有纹理的三维模型。模型生产流程如图 6.3-8 所示。

区域三维精细化实景建模成果（整体视角与局部放大视角）如图 6.3-9～图 6.3-11 所示。

6.3.3　三维地理模型与无人机实景模型耦合建模方法

在流域三维地理建模与局部地区无人机精细化建模成果的基础上，提出了两者耦合的建模方法，从而实现洪水风险区多区块、多层级、多精度的整体场景构建。本

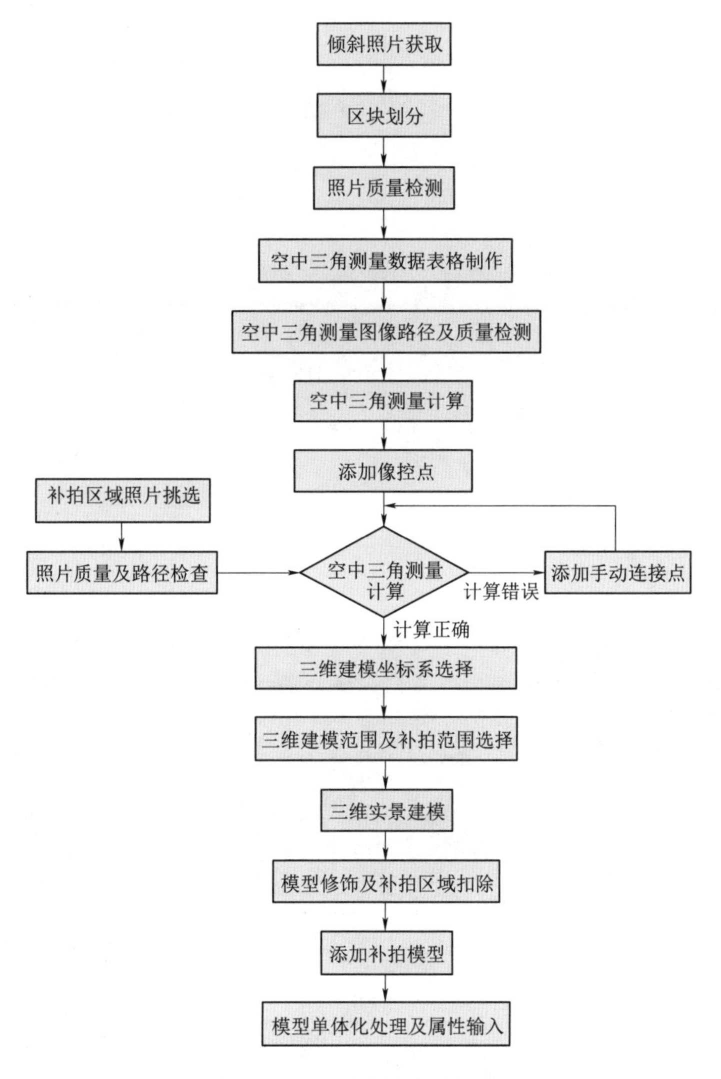

图 6.3-8 模型生产流程图

章提出的三维地理模型与无人机实景模型的耦合场景构建方法如图 6.3-12 所示，包括三维地理模型与无人机实景模型成果导入分析、无人机模型数据修正、地形模型数据修正等多个主要步骤。

1. 无人机模型数据位置修正

国内外三维 GIS 地理建模平台主要基于国际通用 WGS1984 地理坐标系进行 DOM、DEM 等数据准备与叠加建模，而目前国内无人机模型数据多基于国内标准 CGCS2000 投影坐标系进行数据采集与建模，数据高程标准也因地域差别而具有差异性，因而必然导致无人机模型在三维地形场景中的位置及高程偏差，故在耦合建模时，需以通用球体坐标系 WGS1984 为基准，对无人机模型数据进行位置及高程纠偏。图 6.3-13 为无人机模型中心位置修正与高程修正的前后对比。

图 6.3-9 区域三维精细化实景建模成果（整体视角）

图 6.3-10 区域三维精细化实景建模成果一（局部放大视角）

2. 地理模型数据修正

因洪水风险区场景多为流域级别，区域面积较大，在进行大范围地形建模时，为保证场景渲染与浏览效率，多采用低精度地形数据（如平面分辨率为 30m 的 DEM）进行建模。地形模型与无人机实景模型的精度相去甚远，在局部区域可能因地形错误（过高或过低）而掩盖实景模型或与其贴合不齐整，故需对地形数据进行多次修正，以保证场景多模型的良好贴合。

如图 6.3-12 中所示地理模型与实景模型的耦合场景构建技术流程，地形数据修

图 6.3-11 区域三维精细化实景建模成果二（局部放大视角）

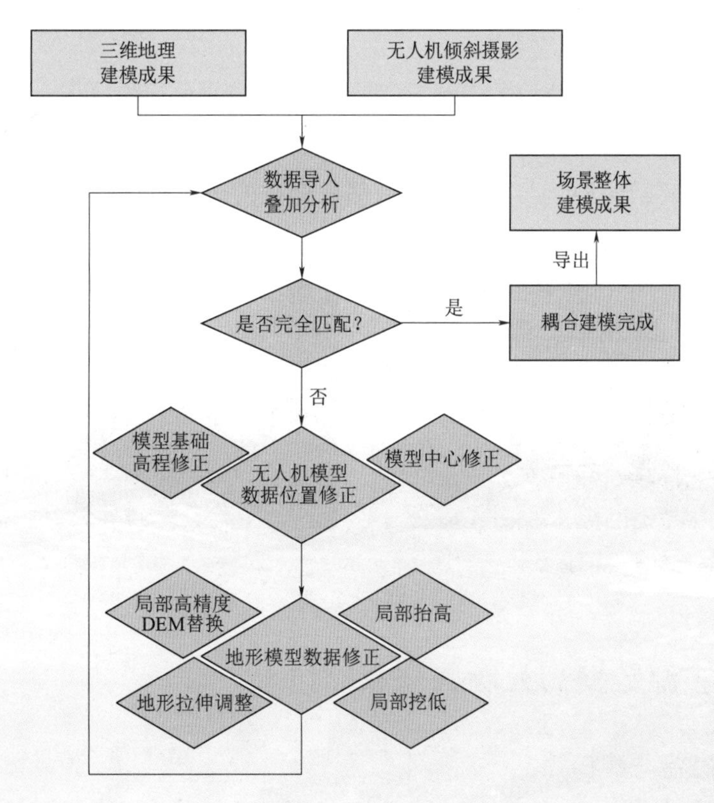

图 6.3-12 三维地理模型与无人机实景模型的耦合场景构建方法

(a) 中心位置修正前

(b) 中心位置修正后

(c) 高程修正前（浮空）

(d) 高程修正后（贴地）

图 6.3-13 无人机模型中心位置修正与高程修正前后对比

正主要包含了局部抬高、局部挖低、局部替换与地形拉伸调整。图 6.3-14 为地形修正前（地形掩盖实景模型）与修正后（局部挖低）的效果对比图。

(a) 地形修正前（掩盖）

(b) 地形修正后

图 6.3-14 地形修正前后效果对比

6.4 海量多源数据高效融合与存储技术

6.4.1 数据融合与建模

6.4.1.1 数据融合

面对洪灾评估涉及的基础地理、洪水风险要素、社会经济等海量数据的多源异构特性，数据存储及后期信息化集成皆需要多种数据融合技术进行支撑。以往的数据融合与集成研究往往专注于关系数据的模式匹配方面，而在多源非关系数据的转化融合方面的研究则较少。直到近几年，依托于防汛业务需求，且随着多类型大数据分析处理技术及工具的兴起，多源数据融合才成为了防汛及水信息化领域的重点关注对象。

防汛业务数据的空间多元化突出了地理空间数据在这个行业的重要性，然而，空间数据普遍存在多元广义特征，导致行业水信息空间数据间存在着差异性和冗余性等问题。空间数据融合是依托于 GIS 平台的复杂处理过程，包含了对多个数据源数据和信息的检测、关联、估计和组合处理。简单而言，空间数据融合旨在通过一定技术手段及算法合并多个信息源数据，产生更为精准的空间信息，并据此观测信息做出一个需求属性的最优估计量。从空间文件类型上分，空间数据融合常可分为矢量数据融合以及栅格数据融合；而从数据的空间特性上分，可分为几何要素融合与关系属性融合。

本节结合洪灾评估实际需求，主要介绍空间数据的几何要素融合和关系属性融合。洪水模拟中，基于对二维水动力建模的需求，需实现对计算网格的糙率赋值。该工作又是基于区域内土地利用信息与网格信息的糙率属性融合过程。基于两者图层空间要素分布的巨大差异性，同时为实现计算需求所提及的以加权平均法的糙率赋值，针对土地利用图层进行了多次空间数据转换，从最开始的面状要素进行了单元栅格化处理，再从栅格图层散点为点要素图层，最后实现网格图层与点图层的基于糙率属性的空间连接，以网格单元内点要素糙率平均值赋予该网格单元的糙率值，从而实现最终土地利用图层与网格图层的糙率属性融合，详细过程见图 6.4－1。最终糙率赋值后的网格图层与原始土地利用图层对比如图 6.4－2 和图 6.4－3 所示。

6.4.1.2 数据建模

数据模型的建立是为洪水演进模型、动态评估模型提供高质量数据支撑的必要环节。围绕多源数据分散管理需求，为了提高数据在各服务端与模型的贴合度，良好的数据模型协议是支撑数据多点传输的核心要素。数据模型需要模型端、客户端、数据服务端的多个小组共同磋商构建，一旦针对某业务的数据模型协议达成，围绕该业务功能模型端的模型计算、客户端的数据交互以及数据服务端的数据管理，都以该数据模型为标准进行相关模块开发。

实时防汛决策中多业务、多模型耦合运作的最终目标是集中式的客户服务，所以数据建模更需要贴近客户终端平台的实际需求，本章基于 .Net 框架下的 WPF 开发平台所特有的 MVVM 设计模式进行数据模型构建。

MVVM（Model - View - View Model）框架是由 MVC（Model - View - Controller）、MVP（Model - View - Presenter）模式逐渐发展演变过来的一种新型架构框架，最先由微软公司在其推出的基于 Windows Vista 的用户界面框架中提出，如今广泛应用于桌面应用（WPF，JAVAFX）及移动应用（Android OS，iOS）中，

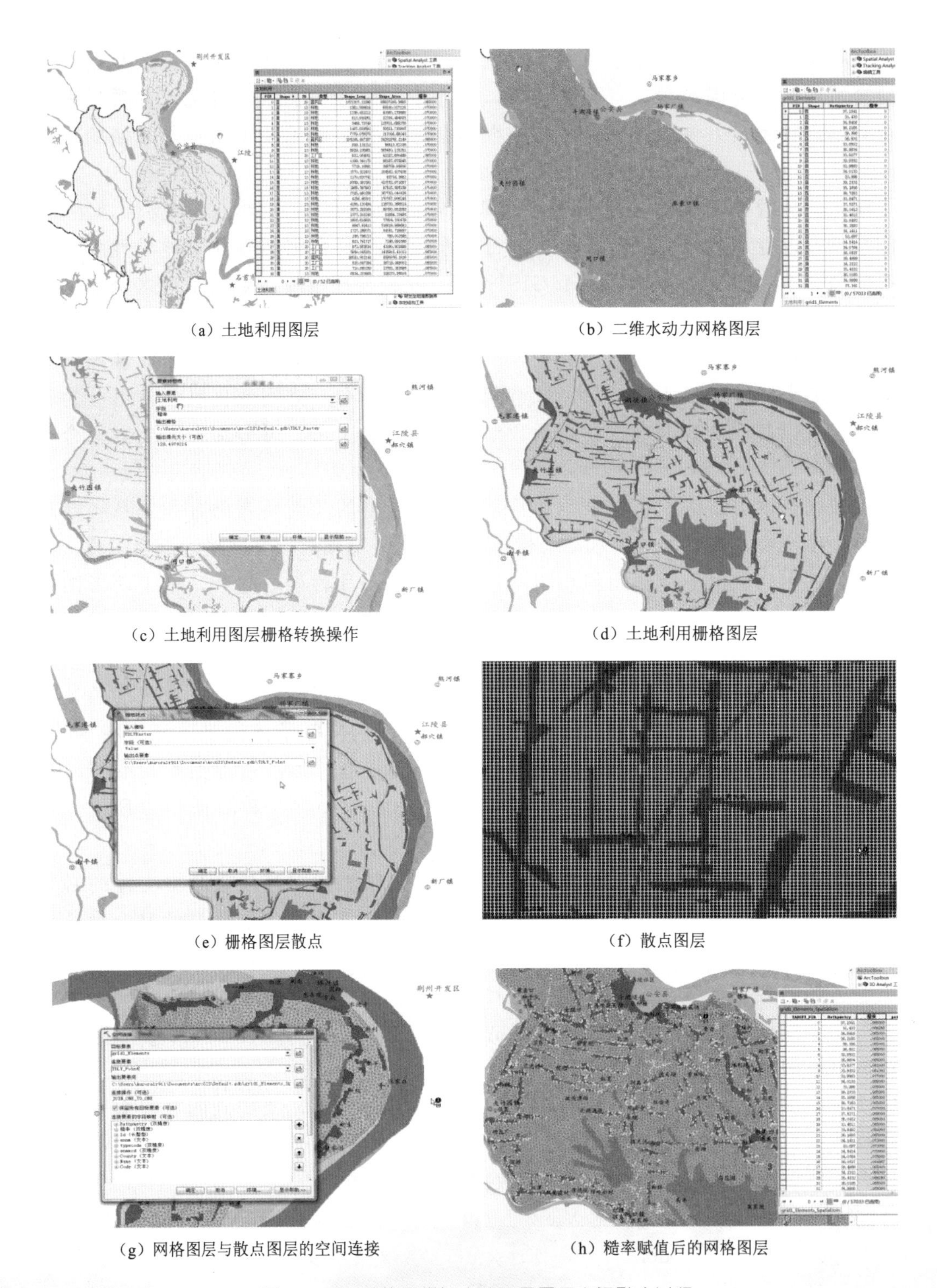

（a）土地利用图层

（b）二维水动力网格图层

（c）土地利用图层栅格转换操作

（d）土地利用栅格图层

（e）栅格图层散点

（f）散点图层

（g）网格图层与散点图层的空间连接

（h）糙率赋值后的网格图层

图 6.4-1 计算网格与土地利用图层空间融合过程

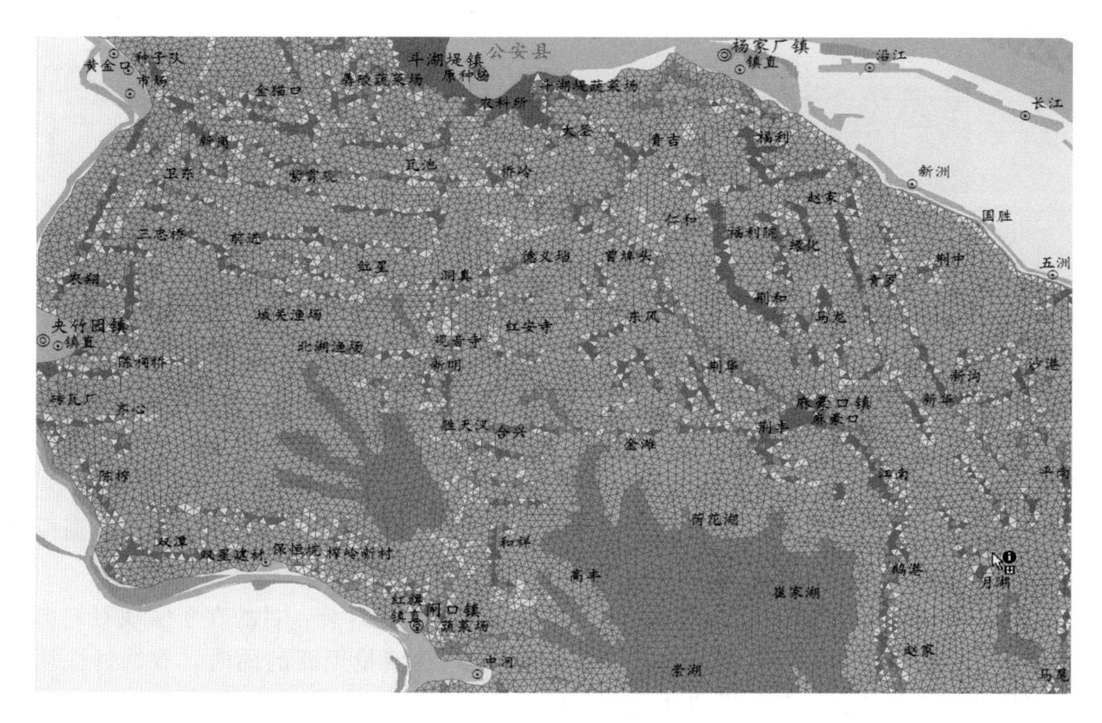

图 6.4－2　糙率赋值后的网格图层

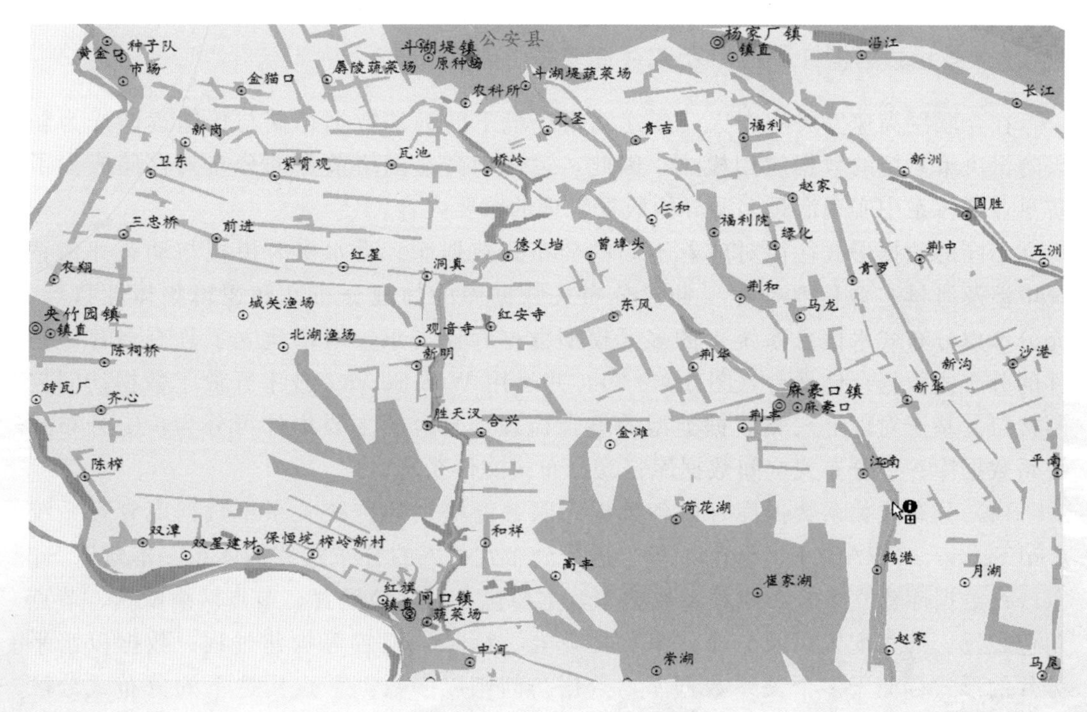

图 6.4－3　原始的土地利用图层

MVVM 框架如图 6.4-4 所示。

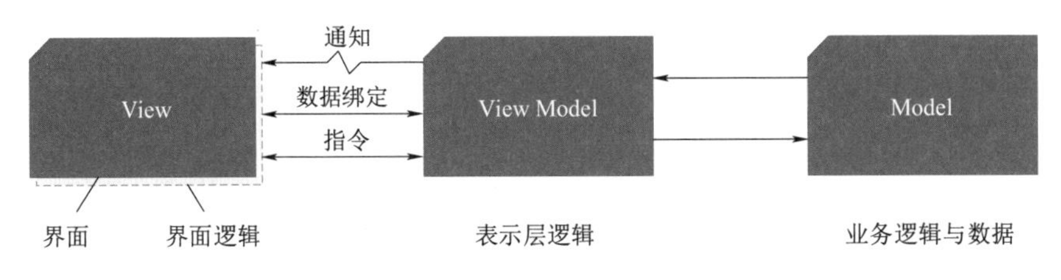

图 6.4-4 MVVM 框架图

MVVM 将软件系统中前端界面与后台数据的交互过程分为 3 个模块：模型（Model）、视图模型（View Model）以及视图（View），其中与数据紧密耦合的是模型与视图模型。模型是实体数据的抽象化表示，而视图模型是基于模型的真实数据填充集合。MVVM 模式中的数据模型主体包含以下三大部件：

（1）私有变量。私有变量是模型中相关数值在内存中的真实存储，为确保数据模型中底层数据的安全性而对其进行私有不透明化处理。

（2）公有属性。公有属性是对模型私有变量的公开化封装，目的在于实现对外部程序操作内部变量的权限控制（写入，读取权限），在变量更新的同时，有选择性地向与该数据模型的绑定对象发出属性更变通知。

（3）属性变更通知。在模型属性被读取或者写入时，对模型的多个绑定对象进行属性更新广播，是 MVVM 中数据-视图联动的核心方法。

6.4.2 多元数据构件下的分布式存储体系

在互联网高速发展的今天，高速网络环境下的远端数据存储与传输逐渐成为新兴防汛决策系统的数据应用模式。因此，运作于高速网络节点的分布式存储成为了防汛业务体系中实现海量多源异构数据管理的重要内容。

不同的数据形式往往对应着不同的分布式数据库。洪水实时模拟与动态评估系统中涉及海量多源信息数据。针对分布式数据库的物理分布性和逻辑整体性特点，充分考虑分布式水信息系统下的多元模型数据存储需求，本章建立了具有多存储构件的分布式数据存储平台（图 6.4-5），并运用 Web Service 技术开放了数据访问控制接口。基于对以上三类数据类型的整合梳理，平台的主要构件可分为：①分布式关系数据库；②分布式空间数据库；③分布式文件系统。

（1）分布式关系数据库。以各数据库服务商提供的传统关系型数据库管理系统（Sql Server、ORACLE、Sybase 等）进行分布式部署的分布式数据体系。本章以 Sql Server 数据库建立了分布式关系数据库，主要包含域环境配置、节点网络配置、节点角色配置、群集配置以及分布式事物协调器（DTC）配置等构建过程。数据以水平分片的形式存储于多个关系数据库，数据访问则以多数据节点构造下的分布式分区视图进行数据分片的自动合成、组合查询，从而向外部提供统一集中式的关系型数据服务支持。

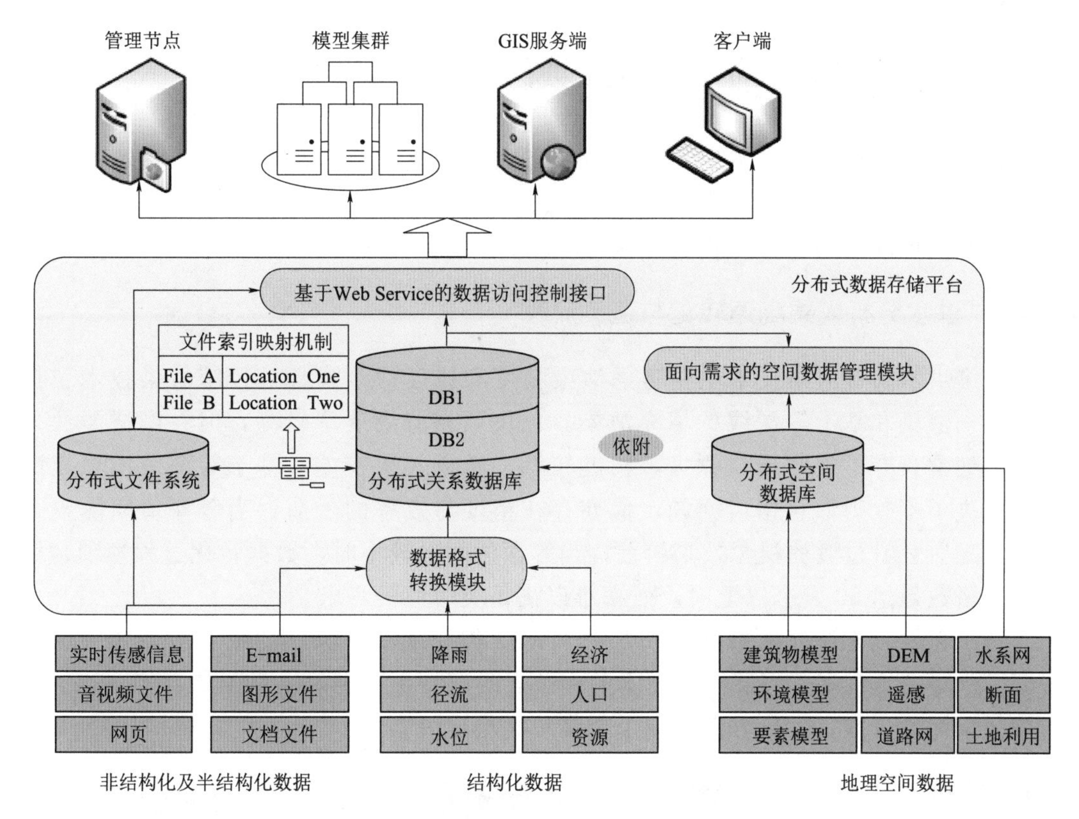

图 6.4-5　水信息化体系下分布式数据存储平台架构

(2) 分布式空间数据库。空间数据库并非独立运作的常规数据库，故常称之为空间数据库引擎（Spatial Database Engine，SDE)，是GIS系统借以实现基于大型关系型数据库的客户/服务器模式的中间件，目的是在空间图形数据和大型关系型数据库中构筑起一道桥梁。依托于关系数据库服务，空间数据引擎仅扩展了其空间数据管理接口，即实现了海量空间数据的高速访问及存储。本章采用ArcSDE进行分布式数据库部署，从而实现了平台下分布式空间数据库的构建。

(3) 分布式文件系统。分布式情境下的网络文件存储系统有许多典型应用，如附网存储（Networ Attached Storage，NAS)，存储区域网（Storage Area Newtork，SAN)，网络文件系统（Network File System，NFS）等，本章主要围绕部署简单、操作灵活、存取便捷的NAS技术进行分布式文件系统构建。

针对分布式系统框架下非结构化文件体系下的存储容量、服务能力的高效扩展，数据库管理员可根据实际应用存储需求，动态增、删NAS服务器。基于NAS部署简单、易于管理、文件共享、高扩展性等优异特性，结合分布式存储体系中与关系数据库相耦合运作的文件索引映射机制，本章以NAS技术实现了分布式文件系统的构建，为洪水模拟与洪灾评估系统中的多个模型业务端提供统一的文件服务支持。

6.5 三维洪水演进高速渲染及动态展示技术

运用底层图形技术，实现了网格多节点间精细化渐变色的快速渲染，解决了传统渲染技术难以兼顾精度和速度的难题；通过融合矢量栅格化-栅格切片化技术，提高了洪水模拟动画的单帧播放效率。

6.5.1 洪水分析成果高速转化与渲染流程

三维洪水演进渲染技术主要考虑渲染精度和速度两个指标。传统渲染技术包括色块填充渲染和基于等深线的填充渲染。色块填充渲染效率较高，但在网格属性分级边界处常具有不规则形状锯齿，精度较低，视觉效果较差。基于等深线的填充渲染虽解决了不规则形状锯齿问题，但亦存在精度与效率的矛盾：当等深值间隔较大时，填充后色带过渡的视觉效果较差；当等深值间隔较小时，数据转化过程烦琐、耗时，网格数量达30万个以上时，效率难以满足实时渲染需求。

传统色块填充渲染效果见图6.5-1（a），传统基于等深线的填充渲染效果见图6.5-1（b），本章基于底层图形技术的多节点间渐变色渲染效果见图6.5-1（c）。由渲染效果对比可知，本章方法实现了像素级高精度渲染。

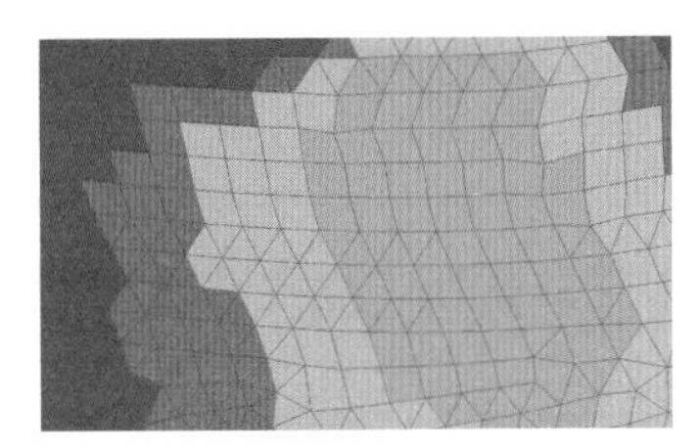

（a）色块填充渲染

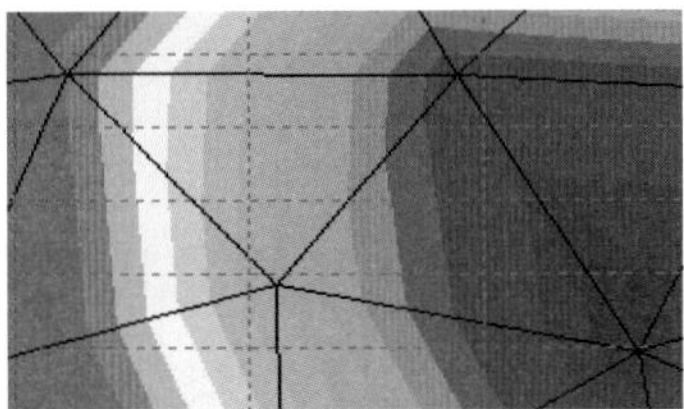

（b）基于等深线的填充渲染

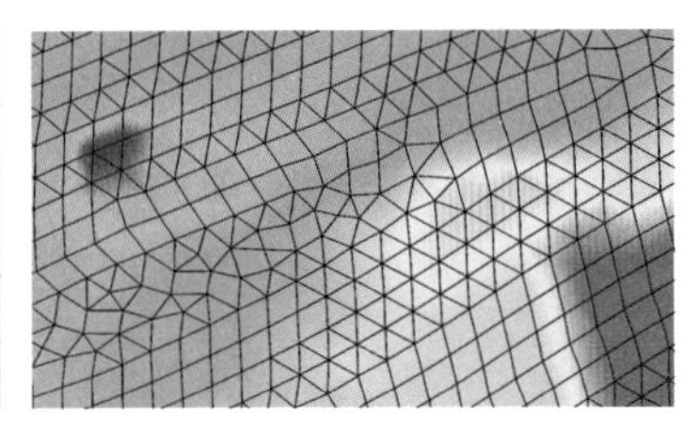

（c）多节点间渐变色渲染

图6.5-1 基于不同着色原理的网格渲染效果图

为提高像素级高精度渲染速度，本章提出了洪水分析成果高速转化与渲染流程，如图6.5-2所示，主要包含了洪水成果的矢量化、栅格化、切片化、图层组化等多个阶段。

（1）成果矢量化。依据洪水实时分析模型输出的文本文件或者二进制文件，选择相应渲染要素（水深、水位、流速等）、相应渲染色系表，与模型建模的网格文件同时输入，运用GIS进行字段空间赋值渲染，输出为多个渲染好的网格矢量文件。

（2）成果栅格化。因多数二维或者三维GIS平台对矢量数据加载较慢，因此需将成果转化为栅格数据进行加载，基于矢量-栅格的面转换边界代数算法，设置栅格像元大小，将矢量成果抽稀转化为栅格图层成果。

（3）成果切片化。为进一步加快图层的加载和刷新速度，可将栅格图层进行金字

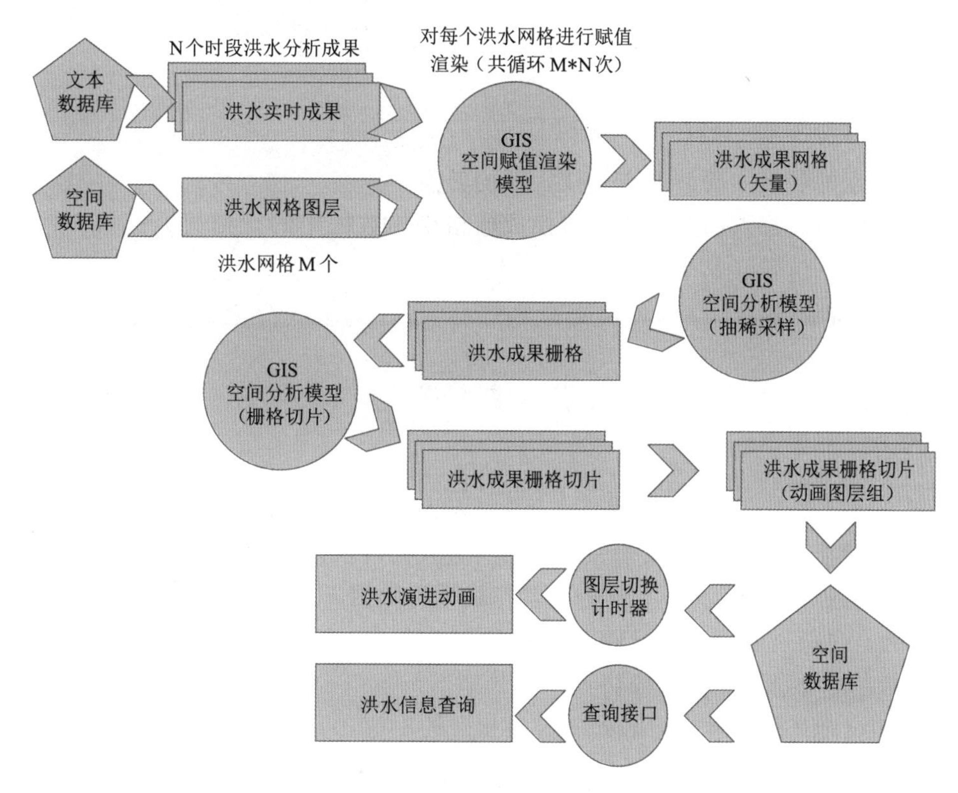

图 6.5-2　洪水分析成果高速转化与渲染流程

塔切片，则输出为洪水成果的栅格切片图层。

（4）成果图层组化。将 N 个时段的栅格切片图层组合为一个图层组，并存入空间数据库。

（5）加载图层组至系统二、三维 GIS 平台，配合研发的图层切换计时器与查询接口，实现洪水动画的播放与相关风险信息的查询。

本章提出的洪水分析成果高速转化与渲染方法中，核心技术包括：①基于边界代数法的矢量栅格化方法（矢量栅格化）；②栅格切片金字塔构建方法（栅格切片化）。栅格数据的本质为带有空间位置信息的有色图片，相较于原始网格矢量数据，栅格具有数据量小、绘制方式简单、渲染效率高的优点。矢量栅格化是成果转换流程中的关键环节，实现了洪水成果图层渲染的一次加速。虽然已转化为栅格，但流域大范围栅格数据加载与渲染速度仍不理想，无法满足洪水动态演进效率需求。因此，本章在矢量栅格化后引入栅格切片化技术，进行栅格图层在不同缩放级别下的分区切片金字塔，提高栅格数据的局部加载与渲染速度，从而实现了洪水成果图层渲染的二次加速。

6.5.2　基于边界代数法的矢量栅格化方法

矢量与栅格坐标关系可描述为

$$\left.\begin{aligned}\Delta x &= \frac{x_{\max} - x_{\min}}{j} \\ \Delta y &= \frac{y_{\max} - y_{\min}}{i}\end{aligned}\right\} \tag{6.5-1}$$

基本要素的转换主要涉及点、线、面的转换。

(1) 点转换。将点的矢量坐标转换成栅格坐标数据中的行列值 i 和 j，从而得到所在栅格元素的位置。其中，

行数 i 可表述为

$$i = 1 + \mathrm{int}\left(\frac{y_{\max} - y}{\Delta y}\right)$$

列数 j 可表述为

$$j = 1 + \mathrm{int}\left(\frac{x - x_{\min}}{\Delta x}\right)$$

(2) 线转换。实质是完成相邻两点之间直线的转换。其过程如下：

1) 利用点转换法，将 A、B 分别转换成栅格数据，求出相应的栅格行列值。

2) 由上述行列值求出直线所在行列值的范围。

3) 确定直线经过的中间栅格点，步骤如下：

第一步，求出相应 i 行中心处同直线相交的 y 值，其表述式为

$$y = y_{\max} - \Delta y\left(i - \frac{1}{2}\right)$$

第二步，用直线方程求出对应 y 值的点的 x 值，其表述式为

$$x = \frac{x_2 - x_1}{y_2 - y_1}(y - y_1) + x_1$$

第三步，求出相应 i 行的列值 j，其表述式为

$$j = 1 + \mathrm{int}\left(\frac{x - x_{\min}}{\Delta x}\right)$$

(3) 面转换。基于边界代数法对面矢量进行栅格化。

矢量向栅格转换的关键是对矢量表示的多边形边界内的所有栅格赋予多边形的编码，形成栅格数据阵列，为此需要逐点判断与边界的关系。边界代数法不必逐点判断与边界的关系即可完成矢量向栅格转换。实现边界代数法填充的前提是已知组成多边形边界的拓扑关系，即沿边界前进方向的左右多边形号。

基本思路：对每幅地图的全部具有左右多边形编号的边界弧段，沿其前进的方向逐个搜索，当边界上行时，将边界线位置与左图框之间的网格点加上一个值 M（M=左多边形编号－右多边形编号）；当边界下行时，将边界线位置与左图框之间的网格点加上一个值 N（N=右多边形编号－左多边形编号）；当边界平行栅格行行走时，不做运算。边界代数多边形填充算法是一种基于积分思想的矢量格式向栅格格式转换算法，它适合于记录拓扑关系的多边形矢量数据转换为栅格结构。图 6.5-3 是多个多边形基于边界代数法的矢量栅格化方法，其步骤为 (1) → (2) → (3) → (4) → (5) → (6)。

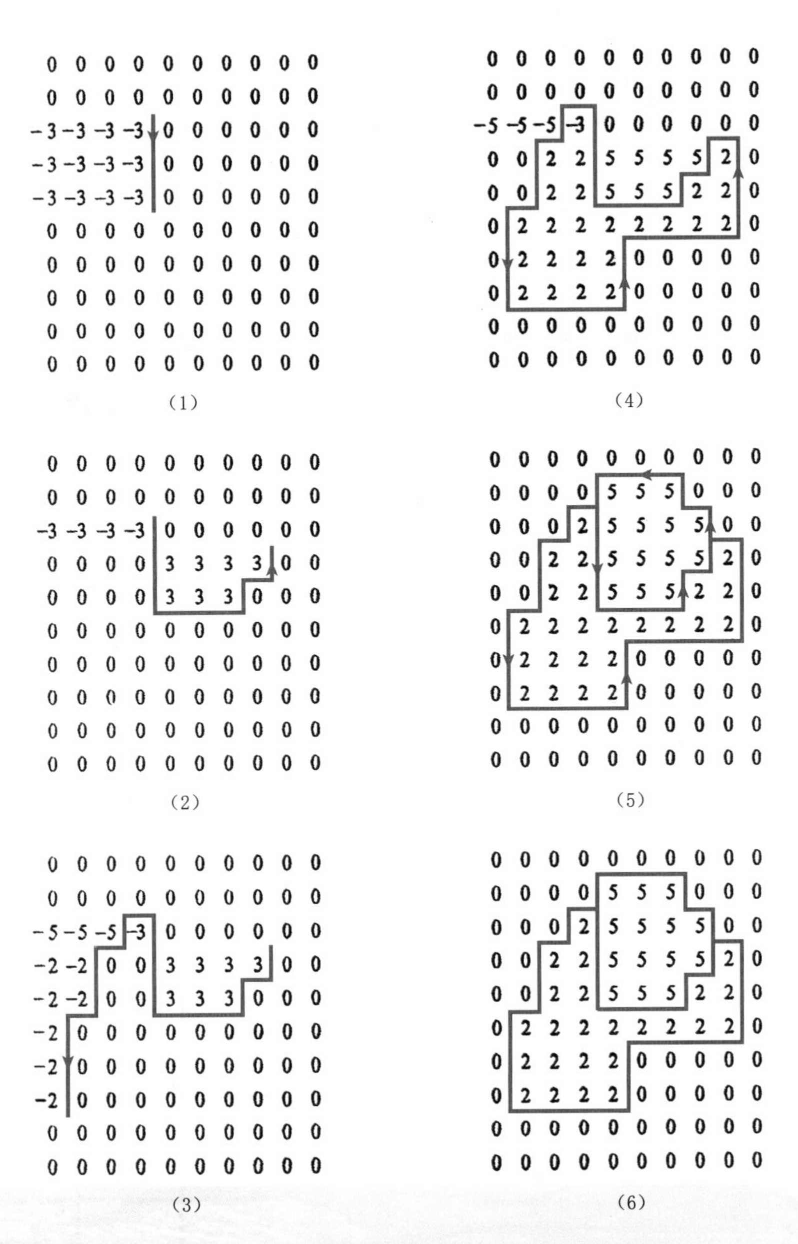

图 6.5-3 基于边界代数法的矢量栅格化方法

6.5.3 栅格切片金字塔构建方法

1. 瓦片切分模型

基于 WebMercator 投影对栅格成果图层进行切片化处理。瓦片切分则是基于 WebMercator 投影坐标系统，将栅格影像进行不同分辨率的切分，每个分辨率对应 WebGIS 进行缩放操作时相应的层级。结合图 6.5-3，假设 level 表示瓦片的级别，tileszie 为瓦片的长宽，则每一级别共有 4 个等级 256 个 tilesize×tilesize 大小的瓦片，因此瓦片级别和其对应的空间分辨率 Resolution 满足：

$$\text{Resolution}=(2\times\pi\times R)(\text{tilesize}\times 2)^{\text{level}}$$

其中，R 为地球半径，瓦片划分采用四叉树的方式进行，即以赤道和本初子午线的交点作为中心，不断对地图进行四分，直到每个格网大小为 tilesize×tilesize 为止。如图 6.5-4 所示，0 级世界地图由 1 个瓦片表示，1 级世界地图应由 4 个瓦片表示，2 级为 16 个，以此类推。因此，当对一个普通栅格影像进行切片时，首先根据栅格影像的分辨率找到与其分辨率最接近的瓦片级别，而后通过上述世界地图切分规则，计算影像所在该层世界地图瓦片中的位置，进行切片。

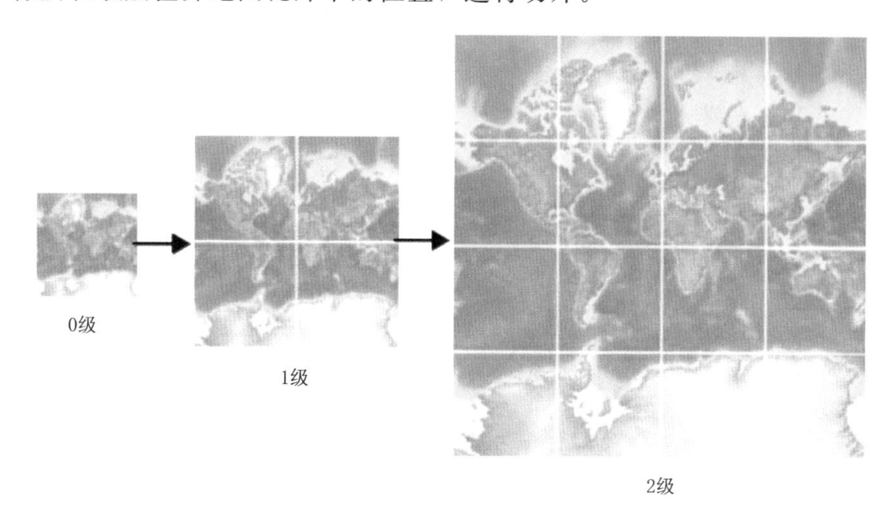

图 6.5-4　瓦片分级示意图

2. 瓦片编码

当地图被划分为 4 级瓦片后，需要对瓦片进行编码，存储在文件系统的相应区域，以便浏览器前端能够快速访问。瓦片编码以瓦片在瓦片坐标系内的行列号为基础进行编制。瓦片编码是基于 WebMercator 投影坐标系进行的，如图 6.5-5 所示，瓦片坐标系的原点位于左上角，瓦片存储在文件系统内分为三级目录，其中第一级为瓦片级别（level），第二级为瓦片列号（tx），第三级为瓦片行号（ty）。以字符串"根目录/level/tx/ty.png"作为瓦片图片的唯一编码，只需要正确解析瓦片的编码就可以获取地图瓦片相应的访问路径。

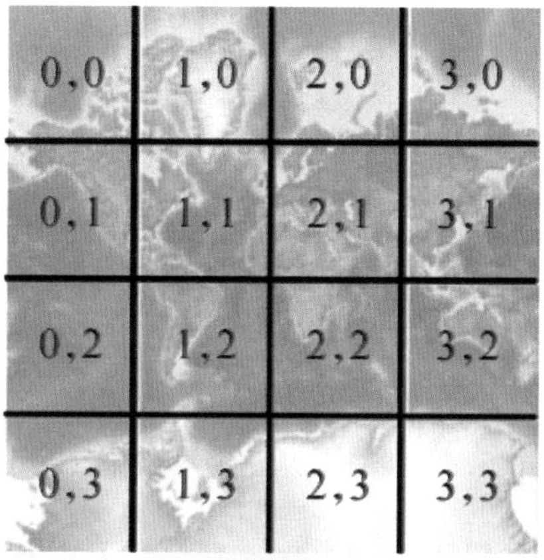

0,0	1,0	2,0	3,0
0,1	1,1	2,1	3,1
0,2	1,2	2,2	3,2
0,3	1,3	2,3	3,3

图 6.5-5　瓦片编码示意图

第7章

珠江流域浔江防洪保护区洪水模拟与风险评估

本章以珠江流域浔江防洪保护区为例，介绍洪水实时模拟与风险评估技术的实际应用情况。

7.1 研究区域概况

7.1.1 自然地理

浔江河段属于西江干流中游，地处广西壮族自治区东部，上起干流黔江与支流郁江汇合处的郁江口，下至梧州市区支流桂江汇入西江处的桂江口，全长172km，自上而下分别流经桂平、平南、藤县、苍梧等市（县）。河段区间集水面积2.06万km^2，河道平均比降0.0968‰。汇入该河段流域面积大于1000km^2的支流有北流河、蒙江、白沙河等，流域面积大于100km^2的有石江、大湟江等。浔江河段防洪保护区范围大、人口密集，是珠江流域最重要的防洪河段之一。

7.1.1.1 河流水系

桂平至苍梧浔江段防洪保护区位于浔江两岸，上起桂平市三江口，下至苍梧县城区。西江是珠江流域最大的河流，自西向东流经云南、贵州、广西、广东四省（自治区），流域面积35.24万km^2。上游主源南盘江发源于云南省沾益县马雄山南麓，河长914km，自西向东流至清水江口后进入广西境内，经广西西林、隆林、田林与贵州的兴义、安隆、册亨等，至蔗香（双江口）与北盘江汇合后称红水河。红水河横贯广西中部，河长659km，流经乐业、天峨、南丹、东兰、巴马、都安、马山、忻城、合山、来宾至象州县境的三江口与柳江汇合后称黔江。黔江流程122km，流经武宣，在桂平市区与郁江汇合后称浔江。浔江段河长172km，流经平南、藤县、苍梧、梧州，在梧州市与桂江汇合后始称西江。西江河段长208km，在梧州市界首流入广东省境内，于广东思贤滘与北江汇合，然后转向南流，进入珠江三角洲河网区，在珠海市磨刀门入南海。整个西江水系（思贤滘以上）流域面积35.24万km^2，约占珠江流域面积的75%。西江的较大支流有柳江、郁江、桂江，桂平至苍梧浔江段的主要支流有大湟江、白沙河、蒙江、北流河等。西江干流郁江汇合口以下的浔江河段，干流全长172km，落差16.4m。沿河两岸地势平坦，台地开阔，为低丘陵平原区。

浔江河段集水面积在500km^{2}以上的支流主要有大湟江、白沙河、蒙江、北流河。

（1）大湟江。大湟江又称南木江或甘王水道，属浔江左岸一级支流，发源于金秀县大瑶山东麓石门尾，南流至平南县大鹏镇，纳入淡水、德冲2条支流，以上河段称大鹏河；继续南流，进入桂平市境内折向西流，纳入三莲河，继续南流至莫龙村简村屯纳入罗蛟河，折向东流经下瑶、社潭纳入石板水，再流向东南，至瓮瑶有紫荆河汇入，继续南流，至桥闸村附近，南木江（汛期发生洪水时，黔江部分洪水可通过南木江进入大湟江，再汇入浔江）从左岸汇入，至江口镇大湟江口注入浔江。流域集水面积874km^2，干流总长68.6km。流域内已建的大中型水利工程为中型的金田水库，总库容6630万m^3，集水面积240km^2。

（2）白沙河。白沙河又名六陈河，位于浔江平南县河段右岸，是浔江一级支流。白沙江发源于大容山北麓桂平市中和镇天顶岭，海拔969.5m，经沙塘、理珍、庞村、新垌、沙江等村到岭头坡流入平南县境六陈，再经大新、大安到武林街边注入浔江。白沙江流域面积1139km^2，干流总长102km，其中桂平市境内48km，平南县境内54km，河道平均比降1.65‰。白沙河干流上已建的主要大中型水利工程为大型的六陈水库，总库容3.3亿m^3，集水面积448km^2。白沙河与浔江汇合口处建有大型的武林防洪闸1座，设5孔闸门，每孔尺寸10m×8.3m，闸孔总净宽50m，最大过闸流量1550m^3/s。

（3）蒙江。蒙江为浔江左岸一级支流，发源于金秀县忠良乡立龙村东南方1km处。向东北流，至蒙山县新圩镇双垌村，新圩河从左岸汇人后，转向东南流，经蒙山县西河镇、黄村镇、汉豪乡、陈塘镇，流入藤县境后，折向南流，经东荣、太平、和平镇，至蒙江镇汇入浔江。古皂冲汇合口以上称忠良河，蒙山县境内古皂河至茶山河汇合口段称古排河，下至陈塘独峰口段称湄江河，藤县境内东荣镇三江村以上亦称大水江，三江村以下古称屯江，今称蒙江。蒙江流域面积3894km^2，全长196km，平均比降0.91‰；有支流20条，流域面积200km^{2}以上的一级支流有5条，右岸有文圩河和大同江，左岸有大黎河、平福河和马河。蒙江流域内已建的大中型水利工程主要有茶山水库和黄垌水库2座中型水库，集水面积分别为130km^{2}和24km^2，此外还有43座小型水库，均位于小支流上。

（4）北流河。北流河为浔江右岸一级支流，发源于云开大山支脉天堂山西南麓——北流市沙垌镇石成猫村（沙垌镇与平政镇交界处的双孖峰以东1.0km处），向东南流，至北流市平政镇岭垌村折向西北流，经北流市新丰、隆盛、清水口镇，至塘岸镇蟠龙村转向北流，至北流市区后转向东北流，过民安镇后流入容县境内，在容西乡大位坡附近有支流杨梅河从右岸汇入；继续流向东北，过容县县城、十里乡、浪水乡纵贯容县中部，从自良镇流入藤县境内，至岭景镇道家村有泗罗河从左岸汇入；

继续东北流，经象棋镇，至光华村有支流黄华河汇入，再继续往北流经金鸡，在金鸡附近有支流义昌河汇入，于藤县县城下游汇入浔江。北流河全长 272.58km，平均比降 0.53‰，流域总面积 9359km²。北流河支流众多，主要支流有杨梅河、泗罗河、黄华河和义昌河。目前，北流河流域已建中型水库 3 座（赤水水库、塘坪水库、龙门水库），小型水库 329 座，无大型水库。

研究区域内主要支流情况见表 7.1-1 和图 7.1-1。

表 7.1-1　　研究区域内主要支流情况

序号	河流名称	河流长度/km	集水面积/km²	河道比降/‰
1	大湟江	68.6	874	3.43
2	白沙河	102	1139	1.65
3	蒙江	196	3894	0.91
4	北流河	273	9359	0.53
5	社坡河	55	285	1.30
6	思旺河	60	338	2.88
7	乌江	52	278	2.64
8	寺背河	37	171	1.12
9	秦川河	48	318	2.17

7.1.1.2 气象

桂平至苍梧浔江段属亚热带季风气候区，夏季高温湿热，暴雨频繁，冬季除邻近高原的部分山区比较寒冷外，其余地区严寒天气很少；黔浔江流域面积大，地形地貌变化复杂，形成多种类型的降水天气系统。降水量在地区分布上变化较为显著，靠近云南、贵州降雨较少，年雨量一般为 1100～1300mm，广西境内年雨量一般为 1500～1800mm；雨量多集中在 5—10 月，其雨量占全年雨量约 80%。汛期内最大月雨量多发生在 6—8 月，11、12 月及 1—4 月为少雨季节，其雨量仅占年雨量的 20%。丰水年和少水年年雨量之间的变化倍比可达 2。影响该区域降雨的天气系统主要有锋面、西南低涡、切变线等。

桂平至苍梧浔江段主要气象站基本情况及其特征值见表 7.1-2～表 7.1-6。

7.1.1.3 地形地貌

黔浔江流域位于东经 104°30′～111°25′，北纬 22°16′～25°37′之间，流域北面以乌蒙山脉与长江流域的金沙江及乌江分水，西面以横断山脉与流入越南的红河分水。流域地势西北高、东南低。蔗香以上的南、北盘江流经云贵高原山区，地势高峻，山峦起伏，地面高程在 1500m 以上。蔗香至天峨河段，两岸为高山连绵的峡谷地区，地势陡峻。天峨至来宾溯河圩一段，流域北面与柳江相邻，西南面与右江分水。流域内有凤凰山脉、都阳山脉、龙山山脉、大明山脉，主峰高程为 1500～2026m，河流平

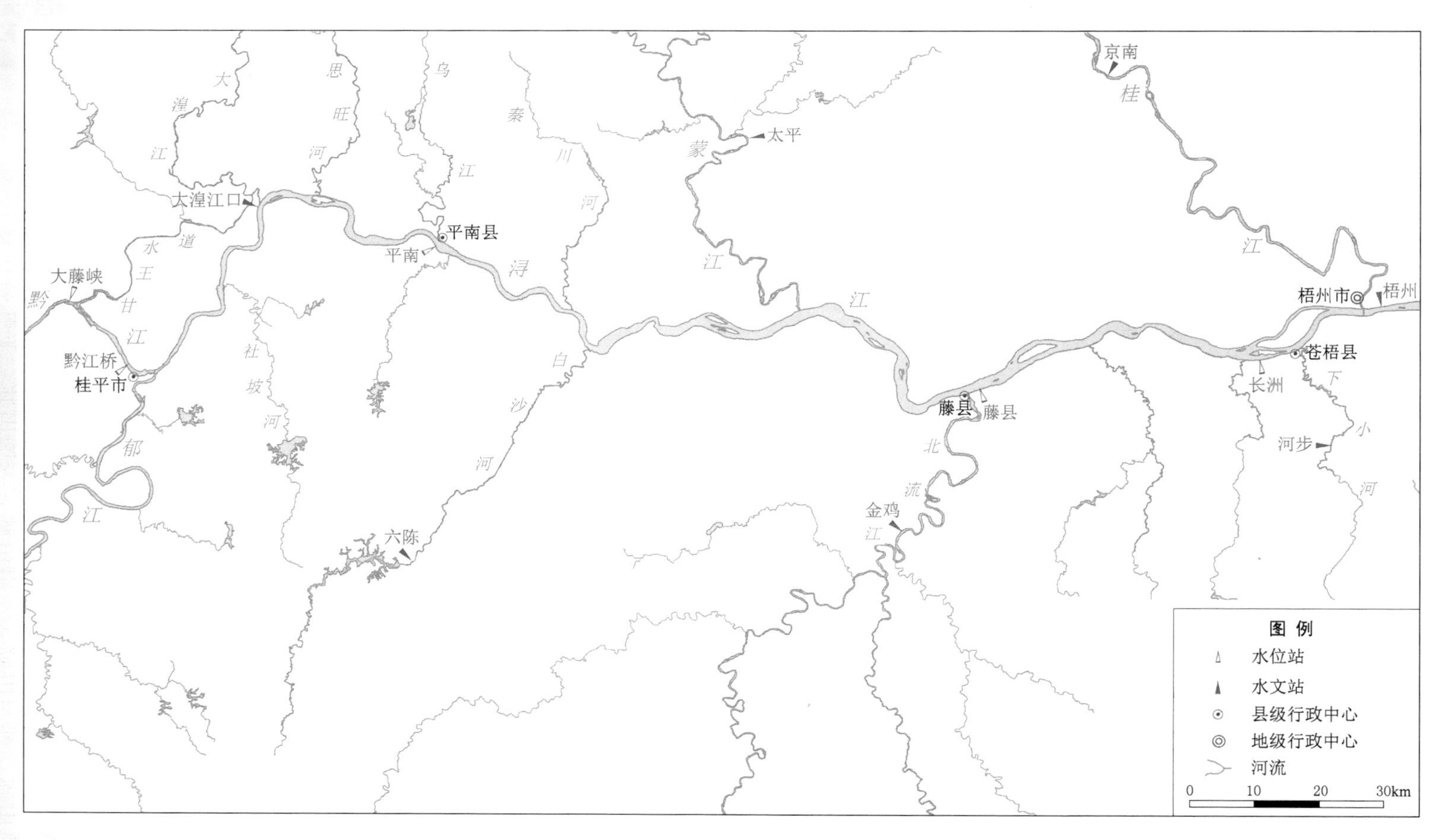

图 7.1-1 桂平至苍梧浔江段流域水系图

行于山脉，沿地形构造线方向流动。这一地段为岩溶发育的中山峰林地形，岩溶地貌极为典型，河流两岸台地极少。迁江、来宾至三江口河段为石灰岩峰林残蚀丘陵平原区，河流两岸有较广阔的丘陵平原台地。三江口以下为黔江河段，经武宣平原进入大藤峡，峡谷长约44km，出峡谷与郁江交汇后为浔江，沿河两岸地势平坦，台地开阔，为低丘陵平原区。

表 7.1-2　　桂平气象站主要气象特征值

项　目	1月	2月	3月	4月	5月	6月	7月	8月	9月	10月	11月	12月	全年
多年平均气温/℃	12.4	13.3	17.0	21.4	25.5	27.4	28.7	28.3	27.0	23.5	18.7	14.4	21.5
多年极端最高气温/℃	28.9	33.9	33.2	34.9	35.9	37.0	38.6	38.9	38.4	35.4	33.0	29.9	38.9
多年极端最低气温/℃	0.2	0.9	3.3	9.0	14.4	18.6	21.4	19.4	16.8	9.8	4.6	0.6	0.2
多年平均相对湿度/%	77	83	84	85	83	82	79	80	77	75	74	74	80
多年平均降雨量/mm	56.8	82.8	96.9	208.7	280.0	251.5	193.9	204.1	117.1	83.4	64.5	40.2	1680.0
多年平均蒸发量/mm	57.7	46.1	60.0	84.0	135.7	151.4	196.9	177.8	165.2	136.8	96.5	75.6	1383.6
多年平均风速/(m/s)	1.1	1.2	1.1	1.1	1.2	1.2	1.5	1.2	1.1	1.0	1.0	1.1	1.2
多年平均日照时数/h	93.8	51.2	54.1	70.5	139.1	159.0	224.5	215.1	207.0	180.6	158.2	139.1	1692.3

表 7.1-3　　平南气象站主要气象特征值

项　目	1月	2月	3月	4月	5月	6月	7月	8月	9月	10月	11月	12月	全年
多年平均气温/℃	12.3	13.2	17.0	21.6	25.7	27.6	28.9	28.6	27.3	23.7	18.7	14.2	21.6
多年极端最高气温/℃	29.8	33.5	33.5	34.6	35.9	37.3	39.7	38.8	38.7	35.2	33.6	30.2	39.7
多年极端最低气温/℃	−1.8	0.4	2.7	8.3	14.1	17.9	20.7	20.3	16.3	8.0	4.1	0.6	−1.8
多年平均相对湿度/%	76	81	83	84	83	83	80	81	77	74	72	73	79

续表

项　目	1月	2月	3月	4月	5月	6月	7月	8月	9月	10月	11月	12月	全年
多年平均降雨量/mm	48.3	70.1	77.4	210.3	280.0	237.7	190.8	185.2	96.6	71.7	49.3	31.2	1549
多年平均蒸发量/mm	76.1	64.2	79.7	98.9	150.5	163.8	209.3	201.3	190.8	166.5	123.6	94.8	1620
多年平均风速/(m/s)	1.8	1.9	1.6	1.5	1.5	1.5	1.7	1.6	1.6	1.6	1.7	1.6	1.7
多年平均日照时数/h	96.1	53.9	58.5	70.5	136.1	160.8	227.7	220.0	210.2	185.7	161.0	141.9	1722

表7.1-4　藤县气象站主要气象特征值

项　目	1月	2月	3月	4月	5月	6月	7月	8月	9月	10月	11月	12月	全年
多年平均气温/℃	11.7	12.9	16.9	21.4	25.4	27.3	28.4	27.9	26.5	23.0	17.8	13.3	21.0
多年极端最高气温/℃	30.2	33.5	33.7	35.5	36.9	37.4	39.0	38.7	38.5	35.8	33.0	30.9	39.0
多年极端最低气温/℃	−4.1	−0.8	−0.8	−6.6	13.0	16.2	19.1	19.4	13.9	5.2	0.3	−2.1	−4.1
多年平均相对湿度/%	78	82	83	84	83	83	81	82	80	77	77	76	81
多年平均降雨量/mm	50.0	70.9	78.0	200.7	250.9	198.9	159.7	190.2	117.8	70.5	41.0	28.4	1457.1
多年平均蒸发量/mm	70.3	60.4	81.6	103.0	147.2	161.8	198.3	185.0	170.7	147.0	104.6	84.6	1514.5
多年平均风速/(m/s)	1.3	1.3	1.3	1.2	1.1	1.2	1.3	1.2	1.2	1.2	1.2	1.2	1.2
多年平均日照时数/h	99.8	60.5	67.5	82.8	142.1	160.3	225.1	208.4	195.3	178.6	158.6	142.8	1721.8

表7.1-5　苍梧气象站主要气象特征值

项　目	1月	2月	3月	4月	5月	6月	7月	8月	9月	10月	11月	12月	全年
多年平均气温/℃	11.8	13.0	17.0	21.4	25.4	27.4	28.6	28.1	26.7	23.1	17.9	13.5	21.2
多年极端最高气温/℃	30.2	34.6	35.3	36.2	36.9	37.4	39.9	39.3	38.2	35.1	33.0	30.1	39.9

续表

项　目	1月	2月	3月	4月	5月	6月	7月	8月	9月	10月	11月	12月	全年
多年极端最低气温/℃	−2.4	−0.4	1.0	7.5	12.7	17.5	20.3	20.4	14.5	5.1	0	−2.4	−2.4
多年平均相对湿度/%	77	81	82	84	84	83	80	82	79	77	76	75	80
多年平均降雨量/mm	48.6	70.7	74.2	221.9	249.5	205.5	171.3	198.5	110.2	62.3	37.8	27.1	1478
多年平均蒸发量/mm	72.4	61.9	85.9	104.6	147.4	156.1	199.0	185.0	171.3	146.4	104.4	84.3	1518.6
多年平均风速/(m/s)	1.7	1.7	1.8	1.7	1.6	1.6	1.8	1.7	1.6	1.5	1.5	1.5	1.6
多年平均日照时数/h	105.1	62.5	69.6	83.9	148.4	165.3	234.2	219.2	198.2	182.4	161.9	142.0	1772.8

表 7.1-6　　梧州气象站主要气象特征值

项　目	1月	2月	3月	4月	5月	6月	7月	8月	9月	10月	11月	12月	全年
多年平均降雨量/mm	39.7	57	89.6	176.2	232.5	212.5	167.8	178.1	96.2	50.4	35.9	33.3	1371.5
多年平均蒸发量/mm	65.6	55.2	72.5	87.9	128.1	138.5	176.2	165.9	156.3	138	99.7	79.7	1363.5
多年平均气温/℃	11.8	12.8	16.7	21.0	25.0	27.0	28.3	27.8	26.5	23.1	18	13.7	21.1
多年极端最高气温/℃	30.4	34.5	34.3	35.6	36.8	37.7	39.7	39.1	38.5	36.0	33.0	30.4	39.7
多年极端最低气温/℃	−0.6	−0.6	1.7	7.1	13	16.6	20.3	19.8	15.3	7.2	2.4	−1.2	−1.2
多年平均相对湿度/%	74	80	81	84	83	83	80	82	78	74	72	71	79
多年最大风速/(m/s)	12	8	10	13.5	13	15	13.4	14.5	12.3	10	14	7.7	15
多年平均风速/(m/s)	1.5	1.6	1.6	1.5	1.3	1.2	1.3	1.2	1.3	1.4	1.5	1.5	1.4
最多风向	NNE	NE	NE	E	E	E	E	E	NE	NE	NE	NE	NE

7.1.2 防洪工程及工程调度原则

7.1.2.1 防洪体系

根据国务院国函〔2007〕40号文件批复同意的《珠江流域防洪规划》，西江下游黔浔江防护保护区防洪工程体系由龙滩水库、大藤峡水利枢纽等防洪工程，结合沿江防洪堤组成。规划梧州市的堤防标准为50年一遇，沿江平南县、藤县城区堤防标准为20年一遇，其他一般堤防为10年一遇。龙滩水库、大藤峡水利枢纽和沿江防洪堤进行堤库联合运行，可将梧州市防洪标准提高到100年一遇～200年一遇，平南县、藤县城区防洪标准提高到30年一遇～50年一遇，一般防洪区防洪标准提高到20年一遇～50年一遇。

根据国务院国函〔2013〕37号文件批复同意的《珠江流域综合规划（2012—2030年）》，黔浔江中下游防洪工程体系中的防洪水库包括已建的龙滩水库和在建的大藤峡水利枢纽。龙滩水库设置防洪库容50亿m^3（远景70亿m^3），对全流域型或中上游型洪水具有较好的调控作用，可将下游重点防洪保护对象的防洪标准由50年一遇提高到100年一遇以上；但受控制流域面积的限制，龙滩水库不能调控来自流域暴雨中心柳江、桂江的洪水，对中下游型洪水的调控作用甚微，必须与大藤峡水库联合运用，才能较好地解决西江洪水问题。大藤峡水利枢纽设置防洪库容15亿m^3，其主要防洪任务是与龙滩水库联合运用，将梧州站100年一遇洪峰流量削减为50年一遇，兼顾削减100年一遇以上洪水的洪峰；将浔江、西江沿岸县城的防洪标准由20年一遇提高至30年一遇～50年一遇。

7.1.2.2 防洪水库及其调度原则

桂平至苍梧浔江段已建的水利梯级为长洲水利枢纽，上游黔江河段已建天生桥一级、天生桥二级、平班、龙滩、岩滩、大化、百龙滩、乐滩、桥巩9个梯级，在建的有大藤峡水利枢纽；郁江干流上已建成百色水利枢纽等17座梯级枢纽工程。以上已建的主要梯级中，具有较大调节性能的为天生桥一级、龙滩和百色水利枢纽。此外，桂平至苍梧浔江段主要支流白沙河建有六陈水库1座大型水库，大湟江、蒙江等主要支流共建有11座中型水库。龙滩水库以及在建的大藤峡水利枢纽，以及浔江干流已建梯级、浔江主要支流河段已建各梯级的情况如下。

1. 龙滩水库

龙滩水电站位于红水河上游，是红水河梯级开发中的龙头工程。工程开发任务以发电为主，兼有防洪、改善航运等综合利用效益。坝址多年平均流量1610m^3/s，坝址以上流域面积98500km^2，占迁江水文站流域面积的76.6%，占红水河总流域面积的72%，占梧州以上西江流域面积的30%，正常蓄水位375m时，相应库容162.1亿m^3，死水位330m，相应库容50.6亿m^3，调节库容111.5亿m^3；正常蓄水位400m时，相应库容272.7亿m^3，死水位340m，相应库容67.4亿m^3，调节库容205.3亿m^3，具有年调节能力。龙滩水电站于2001年7月开工建设，2006年9月30

日下闸蓄水，2009年年底工程已全部建成投产。龙滩水库防洪调度原则见表7.1-7。

表7.1-7　　龙滩水库防洪调度原则

判别条件		控泄流量
梧州涨水	梧州 $Q<25000m^3/s$	$6000m^3/s$
	梧州 $Q>25000m^3/s$	$4000m^3/s$
梧州退水	梧州 $Q>42000m^3/s$	$4000m^3/s$
	梧州 $Q<42000m^3/s$	入库流量
龙滩水库水位超过正常蓄水位（防洪高水位）		敞泄

根据西江控制站梧州站大洪峰出现的时间（绝大多数发生在5—8月），龙滩水库预留防洪库容至8月底，9月1日后水库回蓄允许蓄至正常蓄水位，龙滩水库各时期预留防洪库容情况见表7.1-8。龙滩水库在7月15日以前预留防洪库容为50亿m^3，7月16日—8月31日预留防洪库容30亿m^3。

表7.1-8　　龙滩水库各时期预留防洪库容情况表（正常蓄水位375m）

资料来源	时间	防洪库容/亿m^3
《珠江流域防洪规划》及《珠江流域综合规划（2012—2030年）》	5月	50
	6月	50
	7月1—15日	50
	7月16日—8月31日	30
	9月	0

注　采用《珠江流域综合规划（2012—2030年）》成果。

2. 大藤峡水利枢纽

大藤峡水利枢纽位于西江中游黔江段，控制流域面积19.86万km^2，占西江梧州站以上流域面积的60.7%。工程以防洪、航运、发电、水资源配置为主，结合灌溉等综合利用。在工程运用上，汛期服从于防洪调度，枯水期服从于水资源配置调度。水库正常蓄水位61m（56黄海高程），防洪起调水位47.6m，防洪高水位61m，总库容34.3亿m^3，防洪库容16.07亿m^3。大藤峡水库具有控制流域面积大、距西江下游及珠江三角洲防洪保护区距离近的优势，其主要防洪任务是与龙滩水库联合运用，将梧州站100年一遇洪峰流量削减为50年一遇，兼顾削减100年一遇以上洪水的洪峰；结合北江飞来峡的调度运用，使广州市有效防御西、北江1915年型洪水，将西江中下游和西北江三角洲重点防洪保护对象的防洪标准由50年一遇提高到100年一遇～200年一遇，兼顾提高西江、浔江和西北江三角洲其他保护区的防洪标准。

大藤峡水库的防洪调度规则如下：

（1）若龙滩水库前3d动用的防洪库容在10亿m^3以上，则大藤峡水库按入库流量减少 3500m^3/s 下泄，当水库水位达到 61m 时［当坝址流量 $Q<45700m^3/s$（50 年一遇），同时大湟江口流量 $Q<44600m^3/s$、梧州流量 $Q<48500m^3/s$ 时，控制大藤峡水库水位不超过 57.6m］，按入库流量下泄。

（2）若龙滩水库前 3d 动用的防洪库容在 10 亿 m^3 以下，则大藤峡水库按入库流量减少 6000m^3/s 下泄，当水库水位达到 61m 时［当坝址流量 $Q<45700m^3/s$（50 年一遇），同时大湟江口流量 $Q<44600m^3/s$、梧州流量 $Q<48500m^3/s$ 时，控制大藤峡水库水位不超过 57.6m］，按入库流量下泄。

（3）对后汛期洪水，大藤峡水库按入库流量减少 3500m^3/s 下泄，当水库水位达到 61m 时［当坝址流量 $Q<45700m^3/s$（50 年一遇），同时大湟江口流量 $Q<44600m^3/s$、梧州流量 $Q<48500m^3/s$ 时，控制大藤峡水库水位不超过 57.6m］，按入库流量下泄。

3. 长洲水利枢纽

长洲水利枢纽位于珠江流域西江干流大藤峡至高要的浔江下游河段，下距梧州市 12km，坝址以上集水面积 308600km^2，是一座以发电为主，兼顾航运、灌溉等综合效益的水利工程。

长洲水利枢纽于 2008 年 12 月建成运行，属低水头水利枢纽，洪水流量大，水库调节库容小，泄洪频繁，其泄水闸为开敞式，堰顶高程 4m，共有 41 孔，每孔净宽 16m，当流量达到 21000m^3/s 及以上时，41 孔全开，水库基本恢复到天然状态。

4. 六陈水库

六陈水库坝址位于平南县六陈镇境内，距平南县城 50km，距六陈圩 1.5km，坐落在珠江流域西江水系白沙河上游，是一座以灌溉为主，兼顾发电、防洪、供水等综合利用的大（2）型水利工程。水库坝址以上集水面积 448km^2，水库总库容 3.19 亿 m^3，有效库容 1.713 亿 m^3，电站装机容量 4800kW。设计灌溉面积 2.04 万 hm^2，有效灌溉面积 1.72 万 hm^2。

5. 金田水库

金田水库位于桂平市北部金田镇茶林村、大湟江支流紫荆河上，是一座以灌溉为主，结合防洪、发电、养殖等综合利用的中型水库，工程于 1976 年 12 月建成，集水面积 240km^2，总库容 6630 万 m^3，有效库容 4787 万 m^3，属年调节水库。设计灌溉面积 8713.33hm^2，有效灌溉面积 7200hm^2。

6. 茶山水库

茶山水库位于广西壮族自治区蒙山县县城西北面，距县城约 3km，工程地处珠江流域浔江水系蒙江上游湄江支流。水库集水面积 130km^2，设计总库容 6243 万 m^3，其中调洪库容 243 万 m^3，兴利库容 5600 万 m^3，死库容 400 万 m^3，属多年调节水库。茶山水库是一座以灌溉为主，兼顾防洪、发电、供水、养殖等综合利用的中型水库工程。

浔江干流及主要支流已建梯级情况见表 7.1-9。

表 7.1-9　浔江干流及主要支流已建梯级情况表

序号	水库名称	河流名称	控制流域面积 /km^2	建成年份	调节性能	总库容 /万 m^3	兴利库容 /万 m^3
1	长洲水利枢纽	浔江	307200	2008	日调节	/	/
2	东平水库	秦川河	130.9	1958	多年调节	5740	4200
3	六陈水库	白沙河	448	1961	多年调节	33270	17130
4	塘坪水库	黄塘河	64	1971	年调节	2413	2125
5	大任水库	大壬河	83.5	1980	年调节	4153	3262
6	官成水库	乌江	242	1973	年调节	2245	1997
7	寻旺水库	南津河	27.74	1955	年调节	1260	645
8	田贵水库	思旺河	80	1988	多年调节	5360	4844
9	白石水库	白石河	54.7	1960	多年调节	1705	1027
10	社坡河水库	社坡河	98.2	1960	年调节	5325	3190
11	罗贤水库	寺背河	25	1957	年调节	2260	1432
12	茶山水库	长坪河	130	1987	多年调节	6243	5120
13	赤水水库	义昌河	22	1994	多年调节	1115	1034
14	金田水库	紫荆河	240	1976	年调节	6630	4787
15	马皮水库	社坡河	8.81	1956	年调节	1251	950
16	黄垌水库	蒙江	24.2	1960	年调节	1093	771

7.1.2.3　防洪堤

1. 桂平市

经统计，研究范围内桂平境内沿浔江两岸（从郁江汇合口至与平南县交界处）及其主要支流大湟江共建有堤防 11 段，已建防洪堤总长 164km，保护人口 25.5 万人，保护耕地 1.79 万 hm^2。其中，位于浔江左岸的分别为黔江北堤、浔江西堤、浔江三步堤，浔江支流大湟江两岸的江口堤、大樟堤，以及大湟江支流南木河两岸的南木堤、金田堤、六平堤、和合堤；位于浔江右岸的为郁浔东堤、木圭堤。

2. 平南县防洪堤

平南县堤防工程沿浔江两岸布置，共形成南、北两岸 6 个防洪保护区。截至 2013 年年底，建成沿江防洪堤总长 95.55km，防洪涵闸 186 座（其中大型水闸 1 座、中型水闸 7 座），防洪堤建成标准 5 年一遇～20 年一遇，保护沿江 12 个乡镇（总面积 462.85km^2，耕地 2.62 万 hm^2，人口 53.84 万人），全县 85%的工业设施在防洪保护区内。其中：北岸（浔江左岸）自上而下分为思丹、城金塘和白马共 3 个防区，防洪堤总长58.31km，保护耕地1.69万hm^2、人口35.86万人，有中小涵闸92座；南岸（浔江右岸）自上而下分为下渡、芳岭和河武共3个防区，防洪堤总长37.24km，保护耕地9340hm^2、人口17.98万人，有大、中、小涵闸94座。由于浔江平南县境内河段两岸地势较为平坦，各防护区已建的防洪堤从上到下基本连成一片。

3. 藤县防洪堤

经统计，研究范围内藤县境内沿浔江两岸共建有堤防37段，总长23.077km，共保护人口12.24万人，保护耕地面积5873.33hm^2。其中，藤州镇境内13段，长9.148km，均位于浔江右岸；天平镇境内5段，长0.631km，位于浔江右岸；蒙江镇境内7段，长1.046km，位于浔江左岸及支流蒙江两岸；和平镇境内3段，长10.8km，位于浔江支流蒙江两岸；塘步镇境内9段，位于浔江右岸，长1.267km。

4. 苍梧县防洪堤

苍梧县原旧城区所在地龙圩镇已划入梧州市市辖区龙圩区管辖范围，故苍梧县境内防洪堤主要位于浔江左岸，集中在岭脚镇，除了当地百姓自发兴建的土堤外，均属于长洲水利枢纽库区防护工程；主要由安平河堤、人和堤、底地堤、表水堤组成，总长2.995km，共保护人口3万人，保护耕地面积243.67hm^2。

5. 梧州市防洪堤

根据国务院国函〔2013〕37号文件批复同意的《珠江流域综合规划（2012—2030年）》，梧州市堤防主要为河西、河东两区防洪堤及部分城郊堤防，规划河东、河西堤防标准为50年一遇，城郊堤防标准为20年一遇。规划防洪堤总长69km。

1994年6—7月梧州两次大洪水后，水利部珠江水利委员会勘测设计研究院（含南宁分院）和梧州市防洪工程建设指挥部于1994年8月编制了《广西梧州市城市防洪规划修订报告》，广西壮族自治区以"桂政函〔1995〕45号"文批复，制定了梧州市城市防洪规划总体方案为：梧州市区的防洪分13片，其中，河西、河东片列为近期（2000年）工程，按$P=2\%$标准建设；长洲、龙圩、三龙、钱鉴、塘源、莲花山等6片为中期（2000—2010年）工程，按$P=5\%$续建或新建堤防，远期加高到$P=2\%$标准；其余的平浪、德安、儒岩、大漓等片为远期（2011—2020年）工程，按$P=5\%$标准建设；高旺片为非工程防洪。

研究范围内涉及的梧州市城区防洪堤主要有长洲片、龙圩片。现状具体情况为：长洲片长洲水利枢纽以上堤防包括龙华堤、正阳堤两段。龙华堤由龙华上堤和龙华下堤组成，防洪标准为10年一遇洪水，堤长497m，坝顶高程26.60m，保护土地面积85hm^2。

6. 洪水风险区划范围内已建防洪堤

经初步统计，研究范围内已建防洪堤共60处，总长287.13km，保护人口97.58万人，保护耕地面积5.04万hm^2。研究范围内防洪堤基本情况见表7.1-10，研究范围内浔江段重要堤防基本情况见表7.1-11。

表 7.1-10　　研究范围内防洪堤基本情况

县（市、区）	堤防数量	堤长 /km	保护人口 /万人	保护耕地面积 /hm^2
桂平市	11	164	25.5	17933.33
平南县	6	95.55	53.84	26233.33
藤县	37	23.08	12.24	5873.33
苍梧县	4	4	3	246.67
长洲区	2	0.5	3	86.67
合计	60	287.13	97.58	50373.33

7.1.3　社会经济

桂平至苍梧浔江段防洪保护区范围，上起桂平市三江口，下至苍梧县城区长洲水利枢纽坝址处，保护区范围面积 1068km^2，涉及河段长 170km，主要涉及贵港市的桂平市、平南县，梧州市的长洲区、藤县、苍梧县。

1. 桂平市

桂平市隶属于贵港市，位于广西东南部，北回归线横贯市境中部，地处低纬地区。大瑶山盘亘于市境西北部，郁江、黔江在境内交汇，从此起点顺浔江可至梧州、广州以至港澳；溯郁江、黔江可达南宁、柳州。郁江、浔江沿岸是广西最大的冲积平原，重要的糖、粮生产基地。

桂平市是国务院批准的全国最早对外开放市（县）之一，1994 年 5 月 18 日经国务院批准成立县级市，掀开了桂平发展史上新的一页。1996 年 6 月地级市贵港市成立以后，桂平市成为其所辖的县级市，辖 21 个镇和 5 个乡，市人民政府驻西山镇。桂平市是东西经济走廊中的重要港口和交通枢纽及重点旅游城市，扼桂东南与桂西北水路交通要冲，面向广东沿海地区，背连八桂各地，在广西经济中起着承东启西、南北交流的重要作用。桂平市东接贵港市平南县，南临玉林市，西面与贵港市港南区接壤，北连武宣县、金秀县。桂平市距自治区首府南宁市陆路 255km，水路 438km；距梧州市陆路 158km，水路 194km；距广州陆路 399km，水路 607km。

全市总面积 4071km^2，2012 年年末全市总人口 191.81 万人，其中农村人口 173 万人，有壮、瑶等少数民族人口 15.43 万人；耕地面积 6.78 万 hm^2，农田有效灌溉面积 5.45 万 hm^2，粮食播种面积 10.42 万 hm^2，经济作物种植面积 3.09 万 hm^2。2012 年实现地区生产总值 217.25 亿元，其中第一、二、三产业增加值分别为 49.24 亿元、109.16 亿元（其中工业增加值 98.93 亿元）、58.84 亿元，人均生产总值 14345 元；财政收入 9.61 亿元，城镇居民人均可支配收入 18494 元，农村居民人均纯收入 6867 元；全社会固定资产投资 150.2 亿元。

桂平市辖 21 个镇和 5 个乡，研究范围内主要涉及大湾镇、白沙镇、下湾镇、社

表 7.1-11 研究范围内浔江段重要堤防基本情况

市（县、区）	河岸	堤名	干堤长度/km	防护效益			设计水位/m	堤顶高程/m	警戒水位/m	现状标准（洪水重现期）/年
				人口/万人	耕地/hm²	工农业总产值/亿元				
桂平市	左岸	浔江西堤	25.40	3.50	4553.33	0.49	36.95～40.61	40.40～43.00	31.74（大湟江口站）	10
		三布堤	7.36	0.98	840.00	0.09	36.67～37.72	37.83～39.56		10
		江口堤	15.90	20.80	8746.67	0.58	35.95～37.71	38.71～39.05		20
	右岸	木圭堤	20.35	2.15	1573.33	0.24	35.07～35.66	37.65～38.96		10
平南县	左岸	平南城区	11.45	12.60		4.66		32.65～36.85	27.73（平南站）	20
		思丹堤	32.14	19.08	9440.00	7.06		34.25～38.95		10
		城金塘堤	9.50					34.88～35.40		10
		白马堤	5.31					34.50～34.90		20
	右岸	下渡堤	15.66	13.62	6593.33	5.04		36.60～38.98		10
		芳岭堤	9.24					35.62～36.10		10
		河武堤	12.25					34.60～35.00		10
藤县	右岸	藤县城区堤	3.35	4.50	233.33	2.83	28.41	30.12	23（藤县站）	20
		无辽河堤	0.13	1.30	953.33	0.80	28.32	30.42		20
		黄冲河堤	0.39	1.42	920.00	2.32	28.3	31.22		20
		下陆河堤	0.12	0.64	686.67	0.59	27.92	29.52		20
		南安堤	0.14	1.32	873.33	0.68	27.92	29.02		20
苍梧县	右岸	龙圩堤（城区堤）	3.74	5.67	1373.33	3.18	27.28	27.80～30.00	18.03（梧州站）	50
长洲区		长洲堤	18.20	2.84			24.25	25.25		10

步镇、蒙圩镇、西山镇、寻旺镇共7个乡镇。

2. 平南县

平南县位于广西东南部，浔江中游，东靠藤县，南连容县，西接桂平市，北与金秀县、蒙山县为界，为东部沿海发达地区和资源丰富的西部地区结合部，是大西南东向出海的最便捷通道，地理位置优越。平南县所处的“西江黄金水道”为广西东西南北交通的要冲，是桂东、桂中、南北钦防线的连接部。它东可承接广东的产业转移，西可融入环北部湾经济圈，北可与桂中经济区互补优势，具有一轴联两翼的区位优势。

平南县辖17个镇、4个乡，县人民政府驻地平南镇，行政区域面积2984km^2。2012年年末，全县总人口146.7万人，其中农村人口132.04万人，有壮、汉、瑶、苗、侗、仫佬、毛南、回、水、满、蒙古、高山、藏、黎等少数民族人口11.03万人；耕地面积6.1万hm^2，农田有效灌溉面积2.65万hm^2，粮食播种面积6.8万hm^2，经济作物种植面积2.04万hm^2。2012年实现地区生产总值159.28亿元，其中第一产业42.95亿元，第二产业58.31亿元（其中工业增加值51.75亿元），第三产业58.03亿元，人均生产总值13964元；财政收入9.51亿元，规模以上工业企业103个，总产值105.5亿元；全社会固定资产投资116.95亿元，城镇居民人均可支配收入19087元，农民人均纯收入6976元。

平南县城区地处县境内的中部，位于浔江中上游，是全县的政治、经济、商业和文化中心，是县党政机关所在地。浔江自西向东穿平南县城区而过，将城区分成江北、江南两大区，城区沿江带状分布。平南县城区面积90km^2，城市建设用地14.41km^2，人口16万人。

平南县辖17个镇、4个乡，研究范围内主要涉及思界乡、思旺镇、官城镇、安怀镇、平南镇、丹竹镇、赤马乡、上渡镇、大成乡、大安镇、武林镇。

3. 藤县

藤县位于广西东部，辖15个镇、2个乡，行政区域面积3946km^2。2012年年末总人口103.57万人，其中农村人口92.73万人；耕地面积3.17万hm^2，农田有效灌溉面积2.3万hm^2，粮食播种面积5.11万hm^2，经济作物种植面积4.96万hm^2。全县的经济以农业为主，2012年全县实现地区生产总值160.86亿元，其中第一、二、三产业增加值分别为38.43亿元、94.57亿元、27.85亿元；财政收入13.35亿元，全社会固定资产投资163.00亿元；规模以上工业企业95个，总产值达203.12亿元；城镇居民人均可支配收入19032元，农民人均纯收入6312元。

藤县县城藤城镇位于浔江下游南岸、北流河与浔江交汇口处，距梧州市55km，浔江和北流河穿城而过，将城区分割成三个区：河西区、河东区、江北区。县城水陆交通发达：南梧二级公路在城外旁经过，新建的桂梧高速、南梧高速公路距县城仅四十多公里；浔江航道可上达贵港、南宁、柳州，下至梧州、广州、港澳等地。藤县城区是全县的政治、文化、科技与信息中心，同时也是藤县南部的经济、交通中心，现状城区面积 9.5 km^2，人口 9.0 万人。

藤县下辖 15 个镇、2 个乡，研究范围内主要涉及藤州镇、和平镇、天平镇、蒙江镇、塘步镇。

4. 苍梧县

苍梧县位于广西东部，辖 12 个镇，行政区域面积 3475km^2，2012 年年末总人口 60.79 万人，其中农村人口 54.05 万人，有壮、瑶等 10 个少数民族人口 0.58 万人；耕地面积 2.08 万 hm^2，农田有效灌溉面积 1.83 万 hm^2，粮食播种面积 3.97 万 hm^2，经济作物种植面积 0.72 万 hm^2。2012 年实现地区生产总值 146.16 亿元，其中第一产业 20.14 亿元，第二产业 100.9 亿元，第三产业 25.11 亿元，人均生产总值 26397 元。2012 年财政收入 11.8 亿元，全社会固定资产投资 178.12 亿元；规模以上工业企业 65 个，总产值达 213.63 亿元；城镇居民人均可支配收入 20209 元，农民人均纯收入 6668 元。

县人民政府驻地龙圩镇位于西江水系的浔江右岸，距梧州市约 12km，是苍梧县政治、经济和文化中心，现状城区面积 15.5km^2，城区人口 8.5 万人。

2013 年 2 月，国务院以国函〔2013〕25 号《国务院关于同意广西壮族自治区调整梧州市部分行政区划的批复》，批复同意梧州市行政区调整方案，原苍梧县城区龙圩镇作为梧州市龙圩区，苍梧县人民政府驻地由龙圩镇政贤路 18 号迁至石桥镇东安街 1 号。

苍梧县下辖 12 个镇，研究范围主要涉及龙圩镇、岭脚镇。

5. 长洲区

长洲区属梧州市区，位于梧州市市区西部，东与万秀区接壤，西接苍梧县和藤县，行政区域面积 377.74km^2，下辖大塘街道、兴龙街道、长洲镇，共 37 个村委会。2012 年年末总人口 14.77 万人，常住人口 54.29 万人，2012 年实现地区生产总值 18.28 亿元。

研究范围内经济社会情况见表 7.1-12～表 7.1-16。

表 7.1-12　　经济社会情况：综合

区域名称	区域面积/km^2	地区生产总值/万元	区域名称	区域面积/km^2	地区生产总值/万元
西山镇	301.00	1000930.00	石咀镇	72.00	98729.00
江口镇	153.00	150576.00	寻旺乡	108.00	104226.00
金田镇	153.00	138119.00	垌心乡	112.00	46486.00
马皮乡	63.00	70362.00	木乐镇	87.00	385115.00
木圭镇	111.00	118320.00	平南镇	112.00	452900.00
南木镇	221.00	189898.00	安怀镇	209.00	140539.00
社坡镇	103.00	71920.00	大安镇	124.00	102587.00

续表

区域名称	区域面积/km²	地区生产总值/万元	区域名称	区域面积/km²	地区生产总值/万元
丹竹镇	158.00	149362.00	蒙江镇	297.00	234960.00
东华乡	82.00	60721.00	塘步镇	238.00	160773.00
官城镇	203.00	143990.00	天平镇	349.00	187241.00
上渡镇	94.00	83087.00	金鸡镇	250.00	111787.00
思界乡	45.00	41985.00	埌南镇	201.00	146894.00
思旺镇	167.00	118147.00	太平镇	279.00	250820.00
武林镇	43.00	56417.00	岭脚镇	323.00	313277.00
大新镇	125.00	105552.00	龙圩镇	158.00	402053.00
大洲镇	113.00	96973.00	大坡镇	332.00	250168.00
镇隆镇	157.00	106184.00	新地镇	301.00	239643.00
藤州镇	368.00	444257.00	长洲镇	36.00	1239638.00
和平镇	173.00	224636.00	龙湖镇	67.00	153468.00

表 7.1-13　经济社会情况：人民生活

区域名称	常住人口/人	乡村居民人均纯收入/(元/人)	乡村居民人均居住面积/(m²/人)	城镇居民人均可支配收入/(元/人)	城镇居民人均居住面积/(m²/人)
西山镇	230000	9088.00	40.27	20343.00	55.90
江口镇	73618	8204.00	40.98	21553.00	61.03
金田镇	68751	8179.00	37.35	19642.00	55.62
马皮乡	37798	7635.00	38.14	20058.00	59.67
木圭镇	60576	8137.00	40.65	19752.00	55.93
南木镇	90514	7366.00	36.79	19350.00	61.67
社坡镇	53000	7224.00	40.00	17569.00	59.00
石咀镇	44218	7602.00	40.23	19972.00	59.91
寻旺乡	60932	7614.00	38.32	16830.00	60.56
垌心乡	18120	7735.00	39.56	20322.00	58.92
木乐镇	61135	6200.00	37.54	19745.00	60.55
平南镇	160660	9623.00	45.44	21556.00	63.95
安怀镇	55456	7450.00	41.80	20003.00	77.90
大安镇	89188	8433.00	36.79	19388.00	68.57

续表

区域名称	常住人口/人	乡村居民人均纯收入/(元/人)	乡村居民人均居住面积/(m^2/人)	城镇居民人均可支配收入/(元/人)	城镇居民人均居住面积/(m^2/人)
丹竹镇	78358	7975.00	37.17	19585.00	69.26
东华乡	29225	7628.00	38.87	20482.00	72.43
官城镇	77344	7301.00	37.20	19604.00	69.33
上渡镇	66386	7376.00	37.58	19804.00	70.04
思界乡	24990	7657.00	39.01	20559.00	72.71
思旺镇	76301	7309.00	37.24	19623.00	69.40
武林镇	22728	7673.00	39.09	20600.00	75.79
大新镇	90480	7212.00	36.75	19364.00	68.48
大洲镇	31736	7611.00	40.98	20436.00	72.27
镇隆镇	69540	7354.00	42.29	19746.00	69.83
藤州镇	159655	6672.00	47.46	24815.00	41.87
和平镇	80285	5157.00	36.25	18955.00	46.64
蒙江镇	86999	5252.00	44.06	18791.00	56.69
塘步镇	65567	7408.00	36.94	19315.00	47.52
天平镇	82472	5610.00	36.15	18902.00	46.50
金鸡镇	71583	5903.00	36.66	19168.00	47.16
埌南镇	48880	6148.00	37.72	19722.00	54.40
太平镇	104615	5899.00	35.11	18361.00	45.17
岭脚镇	59596	6228.00	35.10	18056.00	35.10
龙圩镇	84044	7043.00	39.10	23230.00	31.80
大坡镇	58303	6400.00	31.95	19250.00	36.50
新地镇	70563	6399.00	47.53	21000.00	39.22
长洲镇	47953	6342.00	41.84	21503.00	36.30
龙湖镇	11326	8595.00	31.98	22800.00	36.60

表7.1-14 经济社会情况：第一产业

区域名称	耕地面积/hm^2	农业总产值/万元	种植业产值/万元	林业产值/万元	渔业产值/万元	牧业产值/万元	副业产值/万元
西山镇	3170.00	58582.00	54832.00	270.00	982.00	5483.00	2498.00
江口镇	4254.00	29877.00	14042.00	1793.00	3286.00	9561.00	1195.00

续表

区域名称	耕地面积 /hm²	农业总产值 /万元	种植业产值 /万元	林业产值 /万元	渔业产值 /万元	牧业产值 /万元	副业产值 /万元
金田镇	3298.00	23166.00	10888.00	1390.00	2548.00	7413.00	927.00
马皮乡	1723.00	12102.00	5688.00	726.00	1331.00	3873.00	484.00
木圭镇	3092.00	21716.00	10207.00	1303.00	2389.00	6949.00	869.00
南木镇	2608.00	18320.00	9893.00	1099.00	2198.00	4763.00	366.00
社坡镇	2851.00	47764.00	38211.00	306.00	1337.00	3821.00	4089.00
石咀镇	2217.00	19944.00	7319.00	934.00	1713.00	4983.00	623.00
寻旺乡	4287.00	45125.00	44186.00	380.00	1070.00	4419.00	3069.00
垌心乡	776.00	6700.00	2562.00	327.00	600.00	1744.00	218.00
木乐镇	2357.00	16553.00	7780.00	993.00	1821.00	5297.00	662.00
平南镇	3142.00	37576.00	14279.00	14279.00	14279.00	14279.00	14279.00
安怀镇	2458.00	29396.00	11170.00	1764.00	3821.00	10876.00	1764.00
大安镇	3807.00	45529.00	17301.00	17301.00	17301.00	17301.00	17301.00
丹竹镇	3809.00	45553.00	17310.00	17310.00	17310.00	17310.00	17310.00
东华乡	1734.00	20737.00	7880.00	7880.00	7880.00	7880.00	7880.00
官城镇	3517.00	42061.00	15983.00	15983.00	15983.00	15983.00	15983.00
上渡镇	3090.00	36954.00	14043.00	14043.00	14043.00	14043.00	14043.00
思界乡	1185.00	14177.00	5387.00	5387.00	5387.00	5387.00	5387.00
思旺镇	4090.00	48913.00	18587.00	18587.00	18587.00	18587.00	18587.00
武林镇	1034.00	12366.00	4699.00	4699.00	4699.00	4699.00	4699.00
大新镇	3138.00	37528.00	14261.00	14261.00	14261.00	14261.00	14261.00
大洲镇	1000.00	11960.00	4545.00	4545.00	4545.00	4545.00	4545.00
镇隆镇	3608.00	43149.00	16397.00	16397.00	16397.00	16397.00	16397.00
藤州镇	3326.00	43818.00	26291.00	5258.00	1753.00	9202.00	1315.00
和平镇	3011.00	39668.00	23801.00	4760.00	1587.00	8330.00	1190.00
蒙江镇	3177.00	41855.00	25113.00	5023.00	1674.00	8790.00	1256.00
塘步镇	2863.00	37719.00	22631.00	4526.00	1509.00	7921.00	1132.00
天平镇	2789.00	36744.00	22046.00	4409.00	1470.00	7716.00	1102.00
金鸡镇	2259.00	29761.00	17857.00	3571.00	1190.00	6250.00	893.00
埌南镇	1942.00	25585.00	15351.00	3070.00	1023.00	5373.00	768.00
太平镇	3035.00	39985.00	23991.00	4798.00	1599.00	8397.00	1200.00

续表

区域名称	耕地面积/hm²	农业总产值/万元	种植业产值/万元	林业产值/万元	渔业产值/万元	牧业产值/万元	副业产值/万元
岭脚镇	3833.00	36629.00	18681.00	5128.00	1465.00	9523.00	1831.00
龙圩镇	2332.00	22285.00	11365.00	3120.00	891.00	5794.00	1114.00
大坡镇	4264.00	40747.00	20781.00	5705.00	1630.00	10594.00	2037.00
新地镇	4468.00	42697.00	21775.00	5978.00	1708.00	11101.00	2135.00
长洲镇	406.00	18437.00	9956.00	1106.00	2212.00	4794.00	369.00
龙湖镇	117.00	11647.00	4426.00	2096.00	1048.00	3844.00	233.00

表7.1-15 经济社会情况：第二产业

区域名称	第二产业单位数量/个	固定资产/万元	流动资产/万元	工业产值/万元
西山镇	29	131008.00	256442.00	458951.00
江口镇	5	17886.00	35199.00	74395.00
金田镇	5	16704.00	32872.00	76171.00
马皮乡	3	9183.00	18072.00	63869.00
木圭镇	4	14717.00	28963.00	62358.00
南木镇	7	21991.00	43278.00	72945.00
社坡镇	1	14109.00	27617.00	5884.00
石咀镇	3	10743.00	21142.00	44717.00
寻旺乡	4	7486.00	14654.00	31361.00
垌心乡	1	4402.00	8664.00	5618.00
木乐镇	5	14853.00	29231.00	350000.00
平南镇	22	50848.00	44082.00	386993.00
安怀镇	5	17552.00	15216.00	54545.00
大安镇	8	28228.00	24471.00	73806.00
丹竹镇	7	24800.00	21500.00	61201.00
东华乡	3	9250.00	8019.00	24015.00
官城镇	7	24479.00	21222.00	80021.00
上渡镇	6	21011.00	18215.00	67267.00
思界乡	2	7909.00	6857.00	19086.00
思旺镇	7	24149.00	20936.00	78807.00
武林镇	2	7193.00	6236.00	16453.00

续表

区域名称	第二产业单位数量/个	固定资产/万元	流动资产/万元	工业产值/万元
大新镇	8	28636.00	24826.00	85310.00
大洲镇	3	10044.00	8708.00	26938.00
镇隆镇	6	22009.00	19080.00	60938.00
藤州镇	18	40370.00	46949.00	350673.00
和平镇	9	20300.00	23609.00	96571.00
蒙江镇	10	21998.00	25583.00	84682.00
塘步镇	7	16579.00	19281.00	76868.00
天平镇	9	20853.00	24252.00	62470.00
金鸡镇	8	18100.00	21050.00	53097.00
埌南镇	5	12360.00	14374.00	41855.00
太平镇	12	26452.00	30763.00	82201.00
岭脚镇	12	148905.00	161269.00	95893.00
龙圩镇	17	209991.00	227426.00	120607.00
大坡镇	12	145675.00	157770.00	96653.00
新地镇	14	176307.00	190946.00	94267.00
长洲镇	22	175457.00	276299.00	1265000.00
龙湖镇	8	90704.00	112132.00	64908.00

表 7.1-16 经济社会情况：第三产业

区域名称	第三产业单位数量/个	固定资产/万元	主营收入/万元
西山镇	61	25508.00	27515.00
江口镇	8	1500.00	3214.00
金田镇	7	1401.00	3001.00
马皮乡	8	770.00	1650.00
木圭镇	13	1234.00	2644.00
南木镇	12	1844.00	3951.00
社坡镇	14	1313.00	2814.00
石咀镇	10	901.00	1930.00
寻旺乡	11	9070.00	9292.00
垌心乡	4	369.00	791.00
木乐镇	13	1246.00	2669.00

续表

区域名称	第三产业单位数量/个	固定资产/万元	主营收入/万元
平南镇	40	23547.00	24752.00
安怀镇	11	2605.00	5092.00
大安镇	10	4189.00	8190.00
丹竹镇	16	3681.00	7195.00
东华乡	6	1373.00	2684.00
官城镇	15	3633.00	7102.00
上渡镇	13	3118.00	6096.00
思界乡	5	1174.00	2295.00
思旺镇	15	3584.00	7006.00
武林镇	5	1068.00	2087.00
大新镇	18	4250.00	8308.00
大洲镇	6	1491.00	2914.00
镇隆镇	14	3267.00	6385.00
藤州镇	33	18039.00	18345.00
和平镇	12	9077.00	4705.00
蒙江镇	13	9119.00	5182.00
塘步镇	10	7229.00	3659.00
天平镇	5	10351.00	9861.00
金鸡镇	11	8985.00	9087.00
埌南镇	8	6135.00	3473.00
太平镇	16	13130.00	10434.00
岭脚镇	14	9866.00	10247.00
龙圩镇	34	22015.00	25861.00
大坡镇	24	17435.00	19003.00
新地镇	29	20521.00	23317.00
长洲镇	22	18364.00	20397.00
龙湖镇	20	15773.00	17835.00

7.1.4 历史洪水及灾害

7.1.4.1 西江洪水特点、分布及组成

西江是珠江的主流，思贤滘以上的流域面积为 35.31 万 km^2，占珠江流域总面积

的77.8%。西江水系支流众多，源远流长，水量充沛，较大洪水多发生在5—8月。根据干流武宣、梧州站实测洪水发生时间及量级变化情况，一般可将7月底—8月初作为前、后汛期洪水的分界点，年最大洪水多发生在前汛期，其发生概率分别占武宣、梧州站年最大洪水发生概率的82.0%、77.5%，尤以6月、7月洪水最盛，分别占到全年总量的72.1%、69.0%；后汛期洪水一般发生在8—9月（个别年份11月也有洪水发生），尤以8月发生洪水最多，分别占武宣站和梧州站后汛期洪水的75.4%、71.9%。

由于西江流域面积较大，各地区的气候条件存在一定的差异，干、支流洪水的发生时间有从东北向西南逐步推迟的趋势。造成流域内连续暴雨或大暴雨的天气系统主要是地面冷锋或静止锋、高空切变线、西南低涡和台风等。以上天气系统造成的流域降雨历时长、范围广、强度大，由于流域面积大，暴雨频繁，较大洪水往往由几场连续暴雨形成，具有峰高、量大、历时长的特点，洪水过程以多峰型为主，下游控制断面梧州水文站的多峰型洪水过程约占80%以上。一次较大的洪水过程一般历时30～40天，年最大场洪水的洪量平均值一般占年径流量的27%，最高可达48%。

西江洪水主要来源于中上游的黔江以上，梧州站年最大30天洪量的平均组成情况为：干流武宣站占64.2%，郁江贵港站占21.5%，桂江京南站占6.9%，武宣—梧州区间占7.4%。形成西江较大洪水的干、支流洪水遭遇情况大致有3种：①红水河洪水与柳江洪水遭遇；②黔江洪水与郁江洪水，浔江洪水与桂江洪水遭遇；③黔江一般洪水与郁江、桂江和武宣—梧州区间较大洪水遭遇。西江防洪控制断面梧州站历年实测最大洪峰流量为53700m^3/s（2005年6月），调查历史洪水最大洪峰流量为54500m^3/s（1915年7月）。

近年来，西江水系的郁江、浔江及西江干流沿岸的部分河段进行了较大规模的堤防建设，减轻了一般洪水对沿江两岸的威胁，同时也改变了河道原来的洪水汇流特性，使得河道对洪水的槽蓄能力减弱，洪水归槽作用明显。

浔江河段属于西江流域下游，汛期为5—10月，大洪水多出现在6—8月，一般每年9月进入后汛期，到10月下旬汛期基本结束。洪水特点是峰高、量大、历时长、洪水过程多呈复峰型，一般较大的洪水过程历时30～40天。

郁江及黔浔江的主要水文站年最大洪水出现概率见表7.1-17。

表7.1-17　郁江及黔浔江的主要水文站年最大洪水出现概率统计表

河段名称	代表站	统计年数/a	最大洪水出现概率/%							
			4月	5月	6月	7月	8月	9月	10月	合计
黔江	武宣站	61		9.8	37.7	34.4	14.8	3.3		100
浔江	大湟江口站	60		9.4	26.4	32.1	22.7	9.4		100
郁江	贵港站	59			10.2	32.2	32.2	22.0	3.4	100
西江	梧州站	90	1.1	6.7	33.3	34.5	20	3.3	1.1	100

7.1.4.2 典型历史洪水分析

《西江洪水调度方案》中对珠江流域“15.7”“47.6”“47.8”“49.7”“68.6”“74.7”“79.9”“88.9”“94.6”“96.7”“98.6”“05.6”共12场典型洪水进行了详细分析。从洪水发生的时间来划分，“47.8”“79.9”“88.9”洪水亦属于晚发型洪水典型，其余洪水为主汛期洪水。从武宣、大湟江口、梧州3个防洪控制站的洪水量级上看，“47.6”“47.8”“68.6”“74.7”“79.9”洪水不足10年一遇；“49.7”“88.9”“94.6”“96.7”洪水为10年一遇～50年一遇；“15.7”“98.6”“05.6”洪水在100年一遇以上。从典型洪水的地区组成和遭遇特性出发，各场典型洪水大致可划分为三大类型。

1. 全流域型洪水

将黔江、郁江、桂江的大洪水遭遇组成的西江大洪水称为全流域型洪水，典型洪水包括“15.7”“47.8”“68.6”“74.7”“79.9”“94.6”洪水。该类型洪水迁江、柳州站Q_m和W_{7d}均占梧州站的30%左右，贵港、马江站Q_m和W_{7d}的比例比较大，而武宣站Q_m和W_{7d}占梧州站的75%左右，大湟江口站（加甘王水道）（简称江口站）Q_m和W_{7d}占梧州站的85%左右。全流域型洪水武宣、江口、梧州3个控制站的洪水量级比较一致。

2. 上中游型洪水

将洪水组成中黔江以上洪量占比较大的洪水称为上中游型洪水，典型洪水包括“49.7”“88.9”“96.7”洪水。该类型洪水武宣站Q_m和W_{7d}占梧州站的85%以上，江口站Q_m和W_{7d}占梧州站的95%以上。另外，所选的三场典型洪水中柳江洪水均较大，“96.7”洪水更为柳江发生洪水的典型。该类型洪水郁江和桂江洪水均较小。上中游洪水武宣、江口站的洪水量级比梧州站的高1个量级左右。

3. 中下游型洪水

将黔江以上洪量比例较小、黔江以下区间洪量比例较大的洪水称为中下游型洪水，典型洪水包括“47.6”“98.6”“05.6”洪水。该类型洪水武宣站Q_m和W_{7d}占梧州站的60%左右，江口站Q_m和W_{7d}占梧州站的75%左右。中下游型洪水梧州的洪水量级比武宣、江口站的大2～3个量级。

7.1.4.3 浔江干流段历史洪水

1. 大湟江口水文站段

（1）历史洪水调查。从1953年开始先后有多个单位对大湟江口河段进行了历史洪水调查与分析。1969年大藤峡水利枢纽规划以来，东北水利电力勘测设计院在前人调查的基础上，对该河段的历史洪水进行了复查考证工作，在大湟江口河段查测到的历史洪水有1902年、1924年和1949年。水利部珠江水利委员会勘测设计研究院1999年编制的《珠江流域主要水文站设计洪水、设计潮位及水位-流量关系复核报告》中，采用水位-流量关系法推求各场历史洪水洪峰流量，并考虑实测系列中1994年大洪水（洪峰流量43900m^3/s），对大湟江口水文站历史大洪水进行排位，成果列于表7.1-18。该历史洪水整编成果已广泛用于长洲水利枢纽、平南城区防洪排涝工程等工程设计。

表7.1-18　　大湟江口水文站历史洪水成果表

年份	洪峰流量/(m^3/s)		最高洪水位/m	排　位（1902年以来）	洪水重现期/年
	大湟江口站	大湟江口站+甘王水道			
1949	44900	48800	37.91	第1位	111
1924	44900	48800	37.88	第2位	56
1994	43900	47900	—	第3位	37
1902	43000	46400	37.38	第4位	28

（2）历史洪水重现期。大湟江口站历史洪水的考证期为1902年，排首位的1949年历史洪水重现期按实际年法计算至2012年，$N=(2012-1902+1)=111$（年）。

2. 梧州水文站段

（1）历史洪水调查。1957年珠江水利工程总局、1972年广东省水利电力勘测设计院、1974年广西梧州地区水文分站、1986年珠江水利委员会水电电力勘测设计院、1991年广西电力工业勘测设计研究院先后对黔浔江梧州河段进行了历史洪水调查，共调查到该河段1915年、1949年两场历史洪水，两场大洪水梧州站均有实测水位。根据水文站水位-流量综合关系曲线，推算出以上两场洪水的洪峰流量分别为54500m^3/s和51900m^3/s。

除以上两场历史调查洪水外，梧州水文站实测系列中1998年、2005年洪水也较大。根据《珠江流域综合规划水文成果复核专题报告》，1998年后浔江、西江干流沿岸已陆续建成防洪堤。梧州站1998年实测洪水为半归槽洪水，实测洪峰流量为52900m^3/s，还原成天然洪峰流量为47900 m^3/s；2005年实测洪峰流量53700m^3/s，为部分归槽洪水，还原成天然洪峰流量为48500m^3/s。

（2）历史洪水流量及重现期。除调查历史洪水外，各调查整编单位还查阅了各地县志、水文志等大量历史文献，各水利水电部门及调查单位对史料洪水记载与洪水调查成果进行大量分析论证和整理、汇编刊印工作。将历次调查分析成果加以综合分析后，认为梧州河段以1915年洪水为1784年以来第1位，考证期取1784年，重现期取225年，鉴于1784—1900年间无洪水资料，无法确定1949年、1998年、2005年这3场大洪水的排位，故本次仅将1915年作为特大值处理，历史洪水成果见表7.1-19。

3. 浔江河段历史洪水调查水面线

广西壮族自治区水利电力勘测设计研究院1996年在编制《郁江、浔江河道（南宁至梧州）涉及洪水水面线研究》时，曾调查并实测了浔江梧州水文站至郁江口河段1949年和1994年历史洪水水面线，在该成果基础上，结合已建防洪堤查勘，补充调查了浔江河段1998年和2005年洪水水面线，成果见表7.1-20。

表7.1-19　　梧州水文站历史洪水成果表

年份	天然洪水/(m^3/s)	排　位	洪水重现期/年
1915	54500	1784年以来第1位	225
1949	51900	不排位	
1998	47900		
2005	48500		

表7.1-20　　浔江河段历史水面线成果表

断面编号	断面名称	起点距/km	历史洪水水位（1956年黄海高程基面，下同）/m			
			1949年	1994年	1998年	2005年
1	梧州水文站	0	26.04	26.69	27.25	27.49
2	桂江口下游	2.2	26.24	26.89	27.67	27.89
3	火柴厂	4.4	26.44	27.14	27.73	27.91
4	长洲坝址	14.8	27.29	27.69	28.21	28.49
5	泗恩洲	17.2	27.44	27.79	28.24	28.58
6	发疯洲	21.0	27.69	27.89	28.36	28.78
7	赤水圩	23.2	27.89	27.94	28.47	28.83
8	维良村	25.4	27.94	27.99	28.62	28.92
9	龙潭村	28.0	28.09	28.19	28.67	29.09
10	安东船标站	31.4	28.29	28.54	29.06	29.39
11	下安	33.4	28.39	28.79	29.23	29.61
12	上河村	36.2	28.54	28.94	29.37	29.74
13	白沙	38.4	28.64	29.14	29.49	29.80
14	藤县航标站	40.8	28.84	29.24	29.57	29.93
15	狮子洲	43.1	29.04	29.29	29.74	29.99
16	三合屯	45.4	29.24	29.39	29.82	30.1
17	中胜	47.6	29.44	29.49	29.84	30.17
18	北流河口	49.6	29.64	29.59	29.96	30.29
19	藤县水位站	51.8	29.84	29.64	29.98	30.32
20	霞岭	55.6	30.24	29.99	30.58	30.91
21	上登简	57.6	30.39	30.19	30.64	30.96
22	牛儿冲口	59.2	30.54	30.29	30.75	30.99

续表

断面编号	断面名称	起点距/km	历史洪水水位（1956年黄海高程基面，下同）/m			
			1949年	1994年	1998年	2005年
23	天佑	62.4	30.84	30.49	30.89	31.15
24	保宁村	64.2	31.04	30.64	30.96	31.29
25	思礼洲	66.5	31.24	30.79	31.02	31.5
26	夏郡	69.0	31.49	30.94	31.32	31.59
27	泗州	71.8	31.74	31.19	31.56	31.75
28	蒙江口	74.0	31.94	31.39	31.74	32.00
29	蒙江圩	74.4	31.99	31.44	31.79	32.02
30	塘冲渡头	76.5	32.19	31.64	31.93	32.17
31	佛子垌	78.8	32.39	31.74	32.14	32.44
32	党洲	81.6	32.64	31.94	32.3	32.52
33	旺家村	84.2	32.89	32.19	32.44	32.72
34	石东	86.9	33.14	32.54	32.57	32.86
35	旧地岭	88.8	33.34	32.89	32.76	33.09
36	新马圩	91.2	33.54	33.09	33.16	33.66
37	龙石沟	94.4	33.94	33.64	33.63	33.99
38	南蛇滩	97.0	34.29	33.79	33.82	34.26
39	红泥岭	100.2	34.69	33.99	34.16	34.36
40	长岐塘	102.4	34.94	34.14	34.27	34.49
41	丹竹圩	104.0	35.14	34.24	34.43	34.66
42	三河乡	106.6	35.29	34.44	34.57	34.78
43	独木	108.6	35.44	34.59	34.79	34.92
44	大成	112.4	35.64	34.89	35.09	35.17
45	平南磷肥厂	114.4	35.74	35.04	35.32	35.36
46	黎村	117.5	35.89	35.34	35.55	35.56
47	苏合塘	119.4	35.99	35.54	35.72	35.77
48	平南县城	122.0	36.09	35.74	35.79	35.98
49	平南水位站	123.0	36.14	35.84	35.88	36.03
50	平南木材公司	125.0	36.34	36.04	36.06	36.14

续表

断面编号	断面名称	起点距/km	历史洪水水位（1956年黄海高程基面，下同）/m			
			1949年	1994年	1998年	2005年
51	潭洞	127.7	36.59	36.24	36.35	36.39
52	上冲	130.2	36.84	36.49	36.64	36.55
53	古雍	133.2	37.14	36.74	36.79	36.81
54	思介	135.9	37.34	37.09	37.02	37.16
55	相思洲	138.4	37.54	37.34	37.22	37.45
56	瓦岭顶	141.9	37.74	37.69	37.49	37.70
57	万江	144.2	37.94	37.89	37.69	37.86
58	江口镇	146.4	38.04	38.14	37.85	38.09
59	大湟江口水文站	148.0	38.24	38.34	38.08	38.28
60	围杆	150.5	38.49	38.54	38.39	38.49
61	双坝	153.0	38.84	38.79	38.57	38.79
62	大福	154.8	39.04	38.94	38.77	38.92
63	瓦窑坑	156.6	39.24	39.14	39.16	39.19
64	石咀航标站	159.0	39.54	39.44	39.52	39.37
65	石咀圩	162.3	39.94	39.89	39.75	39.58
66	三鼎	165.0	40.29	40.34	40.28	40.05
67	龙塘	166.9	40.49	40.54	40.39	40.29
68	地头	169.1	40.74	40.89	40.80	40.79
69	东塔	171.2	41.04	41.19	41.09	41.32
70	郁江口	173.2	41.14	41.49	41.23	41.49

7.1.4.4 主要支流历史洪水

1. 蒙江大化水文站

广西水文总站组织洪水调查组于1959年10月26—30日到大化水文站河段进行历史洪水查测工作，调查到1915年大洪水，采用水位-流量外延法推算其洪峰流量为4230m^3/s。大化水文站1959年开始整编有实测资料，实测系列中最大值为1959年洪水，洪峰流量4170m^3/s。故认为1915年洪水为大化水文站第一大洪水，按实际年法，计算其重现期为$N=(2012-1915+1)=98$（年）。

2. 金鸡水文站

1957年4月，广州勘测设计院水文组进行了北流江金鸡洲至里塘村河段历史洪水调查。调查到河段最大洪水为1915年，其次为1941年。根据调查到的水位采用水位-流量外延法推算出两场洪水的洪峰流量分别为8100m³/s和6900m³/s。按实际年法分析重现期，1915年洪水重现期为$N=(2012-1915+1)=98$（年）。1941年历史洪水与1970年实测洪峰流量（6780m³/s）相近，不计其重现期。

7.1.4.5 洪水灾害情况调查

1. 浔江平南河段

浔江平南河段长约19km。平南城区大部分地面高程为29～34m，地势开阔平坦。浔江的洪水多由几次连续暴雨形成（暴雨主要由台风类型天气形成），其特点是峰高、量大、历时较长。黔江、郁江两干流汇合后，大多呈双峰或多峰到达大湟江口站、平南站。较大的洪水过程大都持续30～40天，较大洪水过程的七天洪量，一般占整个洪水过程总量的30%～40%，15天洪量占60%以上，历年最大30天洪量占全年总水量的20%～30%，最大可达40%左右。当地雨洪及外江洪水出现时间一般自当年的3月下旬或4月初开始至10月结束，5—9月为暴雨洪水集中季节，外江洪水则以6—8月为特大洪水多发季节。从浔江的洪水统计资料看，特大洪水主要与黔江同步，几次有记录的特大洪水都发生在6—7月。

浔江洪水频繁，据平南水文站实测，新中国成立后浔江洪水位超过34.0m的年份有1949年、1976年、1988年、1994年、1998年、2005年，洪水位超过33.0m的有9年，可见洪水灾害频繁。1949年7月3日洪水最大，最高洪水位36.00m（黄海高程，下同），洪峰流量44900.0m³/s，受灾人口18万多人，受淹耕地28.0万亩，损失稻谷1800万斤。1962年7月4日，洪水位达34.05m，受灾人口2.3万多人，受淹耕地11.74万亩。1976年7月4日，洪水位34.75m，受灾农田3.44万亩，倒塌房屋1808间，直接经济损失1.04亿元。1994年6月19日，洪水位35.68m，全县防洪堤决堤2.6km，漫顶67.7km，受灾人口51.4万人，水稻受灾面积34.6万亩，其他作物受灾面积13.4万亩，倒塌房屋5.4万间，工矿企业停产890家，死亡24人，造成直接经济损失32.17亿元。1998年6月20日，最高水位35.10m，受灾人口6.5万人，水稻受淹面积4.5万亩，直接经济损失1.45亿元。2005年6月23日的大洪水是近年发生的最大洪水，洪水位35.95m，水稻受灾30多万亩，受灾人口30多万人，山区以及沿江乡镇外洪内涝同时发生，在历史上罕见。

1949年以来平南县部分洪涝灾害情况见表7.1-21。

表7.1-21　　1949年以来平南县部分洪涝灾害情况

年份	洪涝出现时间	洪涝等级	灾情简况
1949	7月	特大	农田受灾28万亩，受灾群众18万多人，占全县人口的1/2，倒塌房屋65间，损失稻谷900万kg
1951	6月底至7月初		河水泛滥，全县受灾106588亩

续表

年份	洪涝出现时间	洪涝等级	灾 情 简 况
1952	6 月初		农田受灾 68844 亩，成灾 20653 亩，六陈至大安白沙河天车堰 1407 处因阻洪浸田全拆除
1953			二次水灾，一次五月中，二次在六月中，农田受灾面积 82027 亩，冲垮水坝 95 处，崩屋 14 间
1954	7 月 1—3 日	中	6 月底至 7 月初，西江水猛涨，51 个乡受淹稻田 70288 亩，8424 户受淹，淹死 8 人
1955	6 月		6 月，沿江正值水稻扬花，发生水灾，受灾面积 9 万亩，崩屋 99 间，死 2 人，伤 4 人
1956	5 月 29 日—6 月 2 日 6 月 21—23 日	中	连日暴雨，沿江一带淹田 62790 亩，崩屋 30 间，损失稻谷 1800 万斤
1957	6 日 20—22 日	中	连日大雨，山洪成灾，受灾水稻 19412 亩，旱地 2241 亩，冲走木材 $353m^3$，死 3 人
1958	9 月 19—23 日		河水泛滥成灾，受灾面积 9498 亩
1959	6 月 21—24 日	中	受灾 82608 亩，崩屋 2182 间，损失稻谷 2500 万斤
1960	5 月 14—17 日		连日大雨，西江水涨 2.5～3m，受灾 15552 亩
1961	6 月 15—18 日 8 月 6—9 日	中	沿江一带水灾，全年受灾面积共 82603 亩
1962	6 月 30 日—7 月 7 日	大	受灾耕地 117420 亩，冲垮房屋 2446 间，水利工程 198 处，死 12 人，损失粮食 4455 万斤
1964	8 月 14—16 日	中	受灾 3 万亩，死 4 人
1965	4 月 20—24 日		特大暴雨，日雨量是 1953 年平南有雨量记录以来最大一次，局部受灾面积 13681 亩
1966	6 月 23 日 8 月 4—7 日	大	西江水位高达 32.69m，外洪内涝，维持一月之久，受灾 92653 亩，死 8 人，损失粮食 1477 万斤
1967	8 月 9—12 日	中	受台风影响，连续三日大暴雨，受淹 43120 亩，崩屋 24 间，死 1 人
1968	6 月 26 日—7 月 2 日 7 月 18 日	大	6 月至 7 月，西江水位三次上涨，由于政府大力组织群众加固加高防洪堤闸，早稻仍获好收成
1970	7 月 17—18 日	大	无情况记录
	7 月 26—29 日		
	8 月 1—7 日	中	

续表

年份	洪涝出现时间	洪涝等级	灾 情 简 况
1974	7月4—5日 7月26—29日	大	受淹面积26686亩，崩屋44间，死41人
1976	7月11—16日	特大	西江水位34.75m，县组织17万人抗洪，全县受灾面积34439亩，倒塌房屋1808间
1978	5月20—21日	中	全年受灾面积27653亩
1979	7月2—6日 7月23—29日	中	全县受灾面积64474亩，崩屋365间
1980	8月16日	中	无情况记录
1988	8月27日—9月10日	特大	受灾人口38.4万人，耕地23.6万亩，崩屋1808间，损失1.04亿元，最高水位34.96m
1994	6月16—25日	特大	最高水位35.68m，为新中国成立以来最高水位，全县防洪堤决堤2.6km，漫顶67.7km，受灾人口51.4万人，水稻受灾面积34.6万亩，其他作物受灾面积13.4万亩，倒塌房屋5.4万间，直接经济损失32.17亿元
1998	6月20日	特大	最高水位35.10m，受灾人口6.5万人，水稻受淹面积4.5万亩，直接经济损失1.45亿元
2005	6月23日	特大	水稻受灾30多万亩，30多万人受灾，山区以及沿江乡镇外洪内涝同时发生，在历史上罕见

2. 藤县河段

藤县历年发生大洪水的年份主要有1915年、1998年、2005年、2008年。

(1) 1998年洪水。受高空低槽、冷空气、切变线天气系统的共同影响，6月15—25日，藤县各地普降大暴雨，局部特大暴雨，致使西江水位急剧上涨，藤县县城水位自6月20日10时突破19m警戒线后，至6月28日6时水位达到29.23m，超过警戒水位10.23m。此次洪水是藤县有水位记载以来的第二大洪水，仅次于1915年的洪水（30.45m）。在西江洪水暴涨的同时，支流北流河、蒙江上游地区也下大暴雨，使蒙江、北流河同时发生大洪水，24日23时蒙江洪峰流量达到4300m^3/s，北流河25日22时洪峰流量达到2200m^3/s。全县水库水位急剧上涨。此次洪灾的特点是上涨速度快，汛情复杂，水位高，涨幅大，受灾面积大，持续时间长。洪水造成巨大的损失，全县有20个乡镇234个村、街，共计56.6万人受灾，24.8万人被洪水围困，损坏房屋35.1万间，倒塌房屋1.655万间，农作物受灾面积20476hm^2（其中粮食作物15005hm^2），大批工矿企业停产，物资被淹，交通、邮电、城建设施损毁严重，据不完全统计，全县因洪灾造成的直接经济损失达到8.98亿元。

在此次洪涝灾害中，造成藤县沿江34处堤防漫堤决口，其中藤县损毁较严重的重点防洪堤有：①无辽河防洪堤，当外江洪水达到28.6m时，堤内坡出现了7m长的大滑坡，经突击抢险，保住了大坝；②南安防洪堤，26日9时洪水越过坝顶，至22时左右洪水从防浪墙顶漫进，同时左坝土坝出现裂缝，大坝下游左岸导墙产生2～5cm宽的横向裂缝；③黄冲河防洪堤，26日上午外江洪水距坝顶只有0.5m，大坝大面积渗水，局部漏水，经过县防汛指挥部组织抢险，加高大坝1m多，避免了漫堤溃坝的危险。

（2）2005年洪水。2005年6月20日8时至22日8时，藤县境内普降大雨、暴雨至特大暴雨，蒙江流域大化站降雨量达到284mm，水晏站降雨量214mm，21日0时至20时，县内太平站降雨量159.7mm，大任水库降雨量180mm，黄垌水库降雨量201mm，造成山洪暴发，河水急剧上涨，蒙江流域太平水位站21日21时42分洪峰水位43.03m，超警戒水位6.53m，为200年一遇的特大洪水，导致交通、通信、供电中断，大量农田冲毁，房屋连片倒塌。内涝加上浔江上游普降大雨，致使藤县浔江水位急剧上涨，洪水泛滥成灾。6月23日11时县城浔江洪峰水位29.59m，超过警戒水位10.59m，为100年一遇洪水。洪水给藤县造成了极大的经济损失，据统计全县共有19个乡镇236个村委会受灾，受灾人口664083人，紧急转移安置193055人；因灾倒塌民房61082间，损坏房屋360587间；因灾死亡2人；全县农作物受灾21601hm^2，其中粮食作物15948hm^2；全县因灾停产厂矿企业694家。全县因灾造成直接经济损失11.17亿元，其中农业直接经济损失3.72亿元。

2005年洪水造成藤县堤防损坏28处，共计17.5km，堤防决口6处，共计0.82km。

（3）2008年洪水。2008年6月10—14日，藤县境内普降大暴雨，10日8时至14日8时，蒙江大化站降雨量258.5mm，水晏站降雨量327mm，县内太平站降雨量230.5mm，大任水库降雨量241mm，黄垌水库降雨量220mm，山洪暴发，水库排洪，导致交通、通信、供电中断，大量农田被冲毁，房屋倒塌。内涝加上浔江上游普降大雨、暴雨，致使藤县浔江水位急剧上涨，泛滥成灾。藤县北部的大黎、平福、太平、和平、蒙江，南部的滕州、岭景、象棋、金鸡、塘步、天平等乡镇都出现较大的山洪，受灾严重，蒙江、太平镇水位从6月10日16时的36.14m起涨，到13日16时洪峰到达，洪峰水位40.23m；北流河金鸡镇水位从6月10日8时的33.03m起涨，到13日23时洪峰到达，洪峰水位34.63m；浔江藤城水位从6月10日8时的19.21m起涨，到6月15日21时洪峰到达，洪峰水位28.04m，接近20年一遇洪水。据不完全统计，藤县各方面因此次洪灾直接损失3.238亿元。

在此次洪涝灾害中，藤县县域内的防洪工程遭受严重水毁，全县共有21条防洪堤总长5.2km受损，其中有11条防洪堤漫堤决堤，有5条防洪堤漫堤，遭受不同程度的损坏，有6条防洪堤经抢险后抵御了此次洪水。漫堤决堤的11条分别为：①滕州镇老虎冲堤，溃决长度90m，外江水位25.5m；②滕州镇落尾堤，溃决长度80m，外江水位达25.7m；③滕州镇雾水角堤，溃决长度50m，外江水位达到25.6m；

④滕州镇潭寺冲堤，出险堤段外江水位达到25.56m；⑤和平镇木依桥堤，出险堤段长30m，外江水位达40.27m；⑥天平镇屋窑出险堤段长100m，外江水位达到26m；⑦天平镇加塘堤，坝体长100m，外江水位25.7m；⑧莲子冲堤，坝体左边长83m，大坝溃决；⑨塘步镇大桥冲堤，坝体右侧长40m，外江洪水水位达到24m；⑩塘步镇大元堤，出险堤段长42m，外江水位达到25.5m；⑪蒙江棍塘堤，出险堤段长75m，外江水位达到29.8m。此外，全县在此次洪水中漫堤但未决堤的有5条，分别为：①猫儿河堤，漫堤顶水深1.3m；②架塘基堤，漫堤顶水深2m；③桥拱堤，漫堤顶水深1.2m；④罗塘堤，漫堤顶水深1m；⑤新城堤，漫堤顶水深0.5m。

3. 苍梧县河段

浔江苍梧县河段历年大洪水主要发生年份有1915、1976、1988、1992、1994、2005、2008年，其中1915年最大，2005年次之。1915年，下小河河口浔江水位达到28.68m。本次仅收集有1988年、1992年、1994年、2005年、2008年历史洪水相关资料。

（1）1988年洪水。1988年9月2日，苍梧县洪水继续上涨，到上午8时，龙圩水位为24.24m，下午3时达24.44m。据统计，全县受灾7911户36820人，受淹晚稻33206亩，甘蔗800亩，旱作物20600亩；受淹鱼塘906亩。

（2）1992年洪水。1992年，苍梧县一直处于低温阴雨天气，根据气象部门统计，1—4月总降雨量达到645.2mm，比去年同期增加414mm，特别是4月7—8日全县出现了一次大的降雨过程，降雨量达154.4mm，全县各地出现了不同程度的灾情。据4月12日统计，全县受灾17个乡镇191个村公所861个村小组18791户，受灾人数达30291人，山体滑坡冲垮民房11间，约1450m^2；因屋崩受伤9人，冲毁旱地作物600亩，冲毁小型桥梁44座，冲毁水利设施286处，其中河堤52处1675m，造成经济损失307.86万元。

（3）1994年洪水。1994年6月，苍梧县发生大洪水，11个乡镇135个村受灾，受灾人口22.5万人，紧急转移7230人，损坏房屋23000间，其中倒塌房屋18400间，造成直接经济损失38571.5万元。农作物受灾面积9533hm^2，其中粮食作物7000hm^2，经济作物2533hm^2，死亡牲畜3436头、家禽35万羽，造成农林牧渔业直接经济损失18549.5万元，全县受洪水影响停产工矿企业143个，路基毁坏174km，输电线路损坏186km，通信线路损坏87km，工业交通运输业损失35913.4万元。洪水损坏堤防12.835km，堤防决口21个，长度2.671km，损坏护岸105处，损坏水闸4座，损坏机电泵站89座，水利设施经济损失达6275万元。

（4）2005年洪水。2005年6月中旬，苍梧县遭受了严重的洪涝灾害，全县14个镇全部受灾，最为严重的是京南、长发、人和、龙圩等镇。西江流域的人和镇水位从20日起暴涨，到22日下午水位达到29.68m，超过1998年29.28m的水位。县城龙圩镇6月23日上午水位28.1m，超过1998年28.08m的水位。据统计，全县受灾人口21.8万人，转移人口6.37万人，受淹民房8216户，其中损坏房屋3313户7828

间，倒塌房屋 1546 户 8272 间，受淹厂房 338 间，受淹市场门店 4391 间，损坏学校房屋 112 间，倒塌学校房屋 10 间，直接经济损失 1.1 亿元。这次洪水造成农作物受灾面积 10.65 万亩（其中粮食作物 9 万亩），鱼塘受淹 5000 亩，直接经济损失 4.9 亿元；厂房仓库受淹 38 间，全县直接经济损失 9.8 亿元，因洪灾造成工矿企业停产 147 家；公路中断 35 条，毁坏公路路基 153km，损坏输电线路 175km，损坏通信线路 90km 等，直接经济损失 2.3 亿元。洪水冲毁塘坝 120 座，损坏灌溉设施 220 处，损坏机电泵站 76 座，损坏机电井 10 眼，直接经济损失 1.5 亿元。

（5）2008 年洪水。由于受连续强降雨天气影响，6 月 10 日起，桂江、浔江水位急剧上涨，龙圩浔江水位 6 月 15 日达 25.37m，为 20 年一遇以上洪水，到 21 日上午 8 时龙圩浔江水位与下小河持平，均为 20.28m。据不完全统计，全县各镇均出现不同程度的灾情，受灾最为严重的是京南、岭脚、龙圩、沙头等镇。全县主要受灾情况：农作物受灾面积 64500 亩（其中粮食作物 48000 亩），受灾人口 11.6 万人，受淹房屋 5860 间，倒塌房屋 2500 间，安全转移安置人口 24781 人，乡村公路塌方 1150 多处，总计长 49km，工矿企业停产 115 个。此次洪涝灾害造成直接经济损失 2.01 亿元。

2008 年 6 月洪涝灾害损坏了堤防 49 处，长 760m，其中，造成堤防决口 2 处，分别为长洲水利枢纽人和防护堤冲毁 13m（外江水位为 23.9m）和京南电站库区新寨堤冲毁 20m（外江水位 32.53m）；损坏护岸 74 处、机电井 12 眼、机电泵站 12 座，冲毁防护片防洪堤 2 处，损毁塘坝 78 座、灌溉设施 430 处等。洪水造成水利设施直接经济损失 2800 万元。

7.2 洪水模拟

7.2.1 模型构建

一维模型范围包括郁江、黔江、浔江，以及浔江两岸的大湟江、甘王水道、白沙河、蒙江、北流河等支流（图 7.2-1）。一维模型共设置了 473 个断面，断面间距 500～1000m。模型考虑了长洲水利枢纽的调度运行，即通过闸坝概化的方式处理长洲水利枢纽调度规则。

二维模型范围包括浔江河段左、右岸两侧可能淹没的区域，主要县市包括平南、藤县、苍梧和梧州。结合浔江沿程 100 年一遇最高洪水位，并增加一定裕度，区域边界取相应的地形等高线进行封闭，即桂平至大湟江口河段两侧区域取 50m 地形等高线，大湟江口至平南河段两侧区域取 45m 地形等高线，平南至藤县河段两侧区域取 40m 地形等高线，苍梧河段两侧区域取 35m 地形等高线。最终确定二维模型研究范围约 2159km^2。

二维模型采用非结构三角形网格，控制边长为 50～500m。二维模型网格及地形见图 7.2-2。

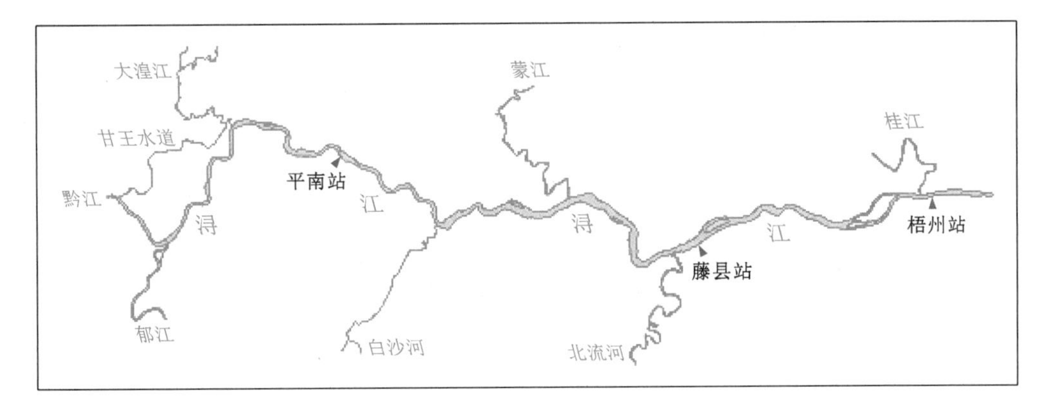

图 7.2-1 一维模型范围

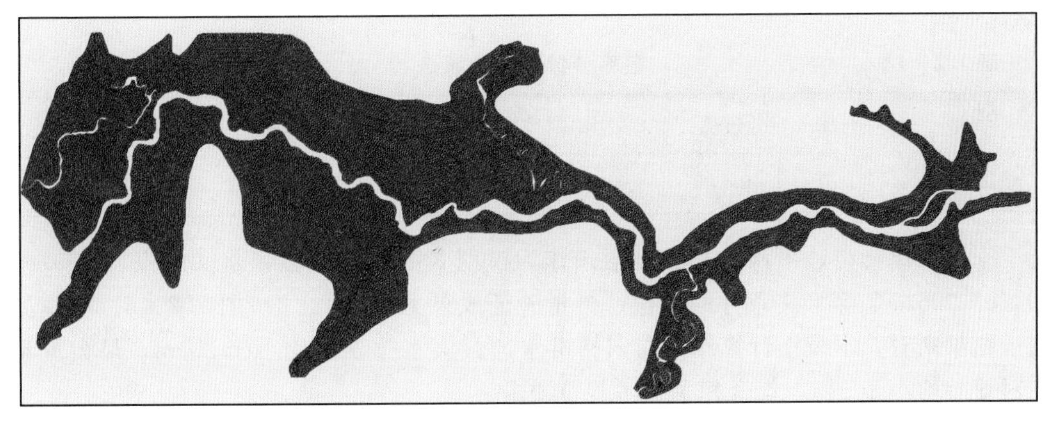

(a) 网格示意图

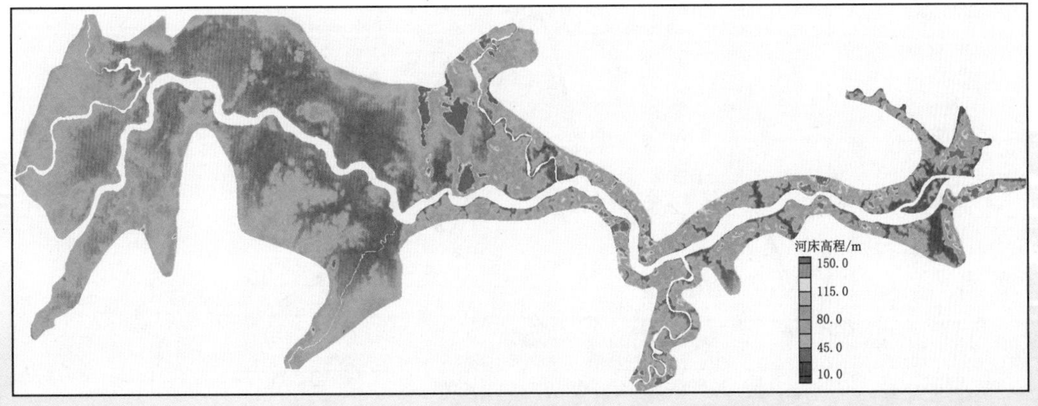

(b) 网格地形示意图

图 7.2-2 二维模型网格及地形

基于1∶10000的DEM数据，进行网格地形插值。在此基础上，结合收集到的堤顶高程资料，对堤防位置的网格节点高程进行修正，使网格节点高程与堤防高程一致。

将一维和二维模型通过堤防进行侧向耦合，建立浔江河段防洪保护区漫堤及溃堤洪水演进计算模型。

7.2.2 模型参数确定及验证

在洪水分析模型中，模型待率定的主要参数为糙率系数。糙率系数的取值直接影响洪水风险分析模型的计算精度。从物理机制上考虑，影响糙率的因素众多，它与底床、岸壁的粗糙程度、河道断面形状、水力半径或水深、水流状态等有关。

在本次研究中，一维河网模型的糙率，采用大湟江口、平南、藤县、梧州等站点"05.6""94.6""96.7"实测的水位、流量进行率定验证。

二维模型中，根据二维模拟计算范围内下垫面条件，确定计算区域内各个单元的糙率（表7.2-1）。

表7.2-1　　糙率参数选择参照表

下垫面	村庄	树丛	旱田	水田	道路	空地	河道
糙率（n）	0.07	0.065	0.06	0.05	0.035	0.035	0.025—0.035

采用大湟江口、平南、藤县、梧州作为模型参数率定及验证水文站点。"05.6""94.6""96.7"等水文条件的水位、流量验证成果见图7.2-3～图7.2-5。从模型验证结果来看，本模型计算结果与归槽洪水的最大水位误差均小于20cm，最大流量相对误差均小于5%，符合相关技术规范要求。

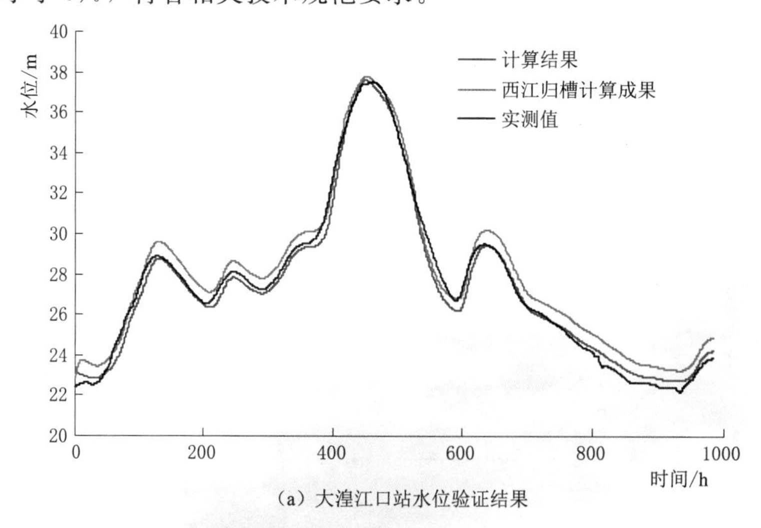

(a) 大湟江口站水位验证结果

图7.2-3（一）"05.6"洪水验证结果

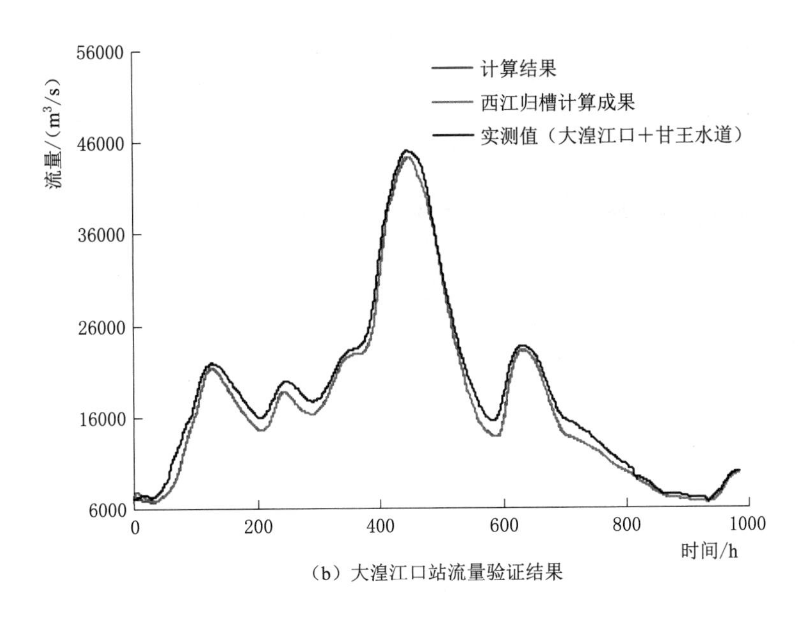

(b) 大湟江口站流量验证结果

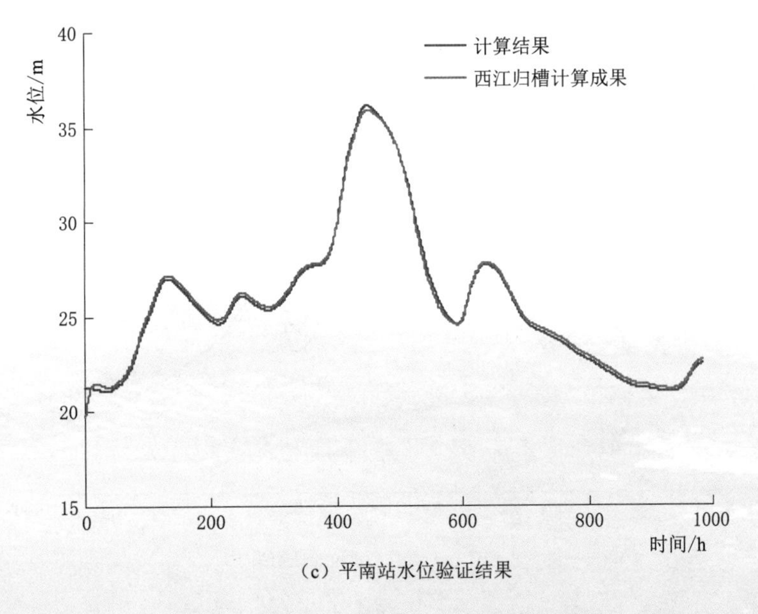

(c) 平南站水位验证结果

图 7.2-3（二） "05.6"洪水验证结果

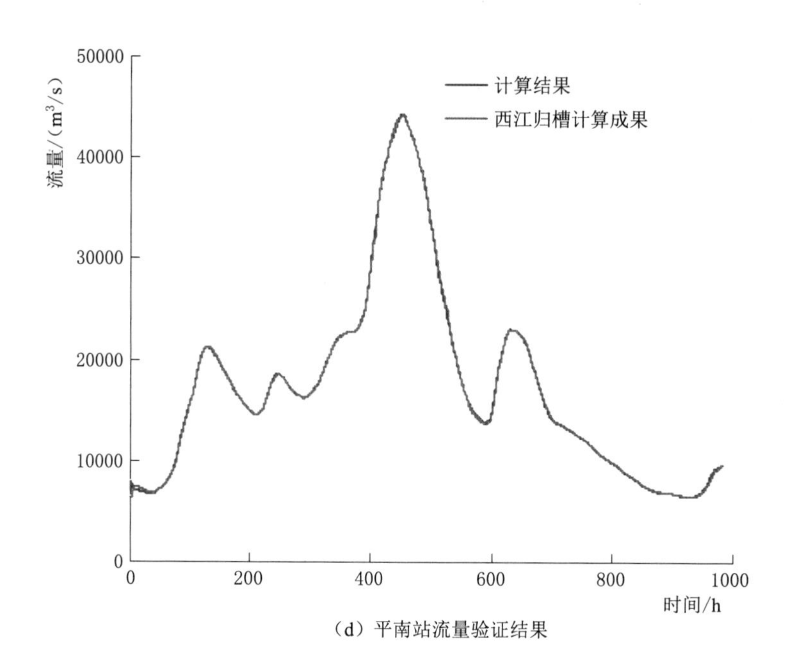

(d) 平南站流量验证结果

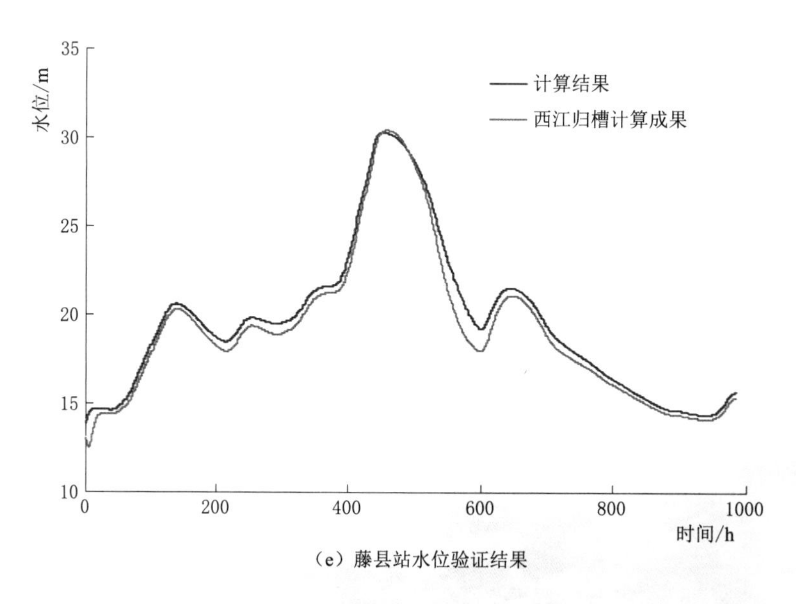

(e) 藤县站水位验证结果

图 7.2-3(三) "05.6"洪水验证结果

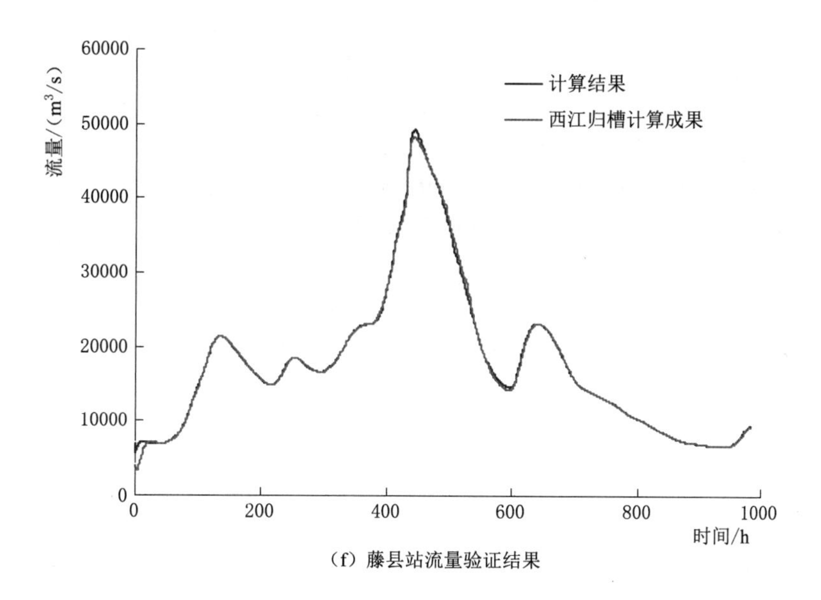

(f) 藤县站流量验证结果

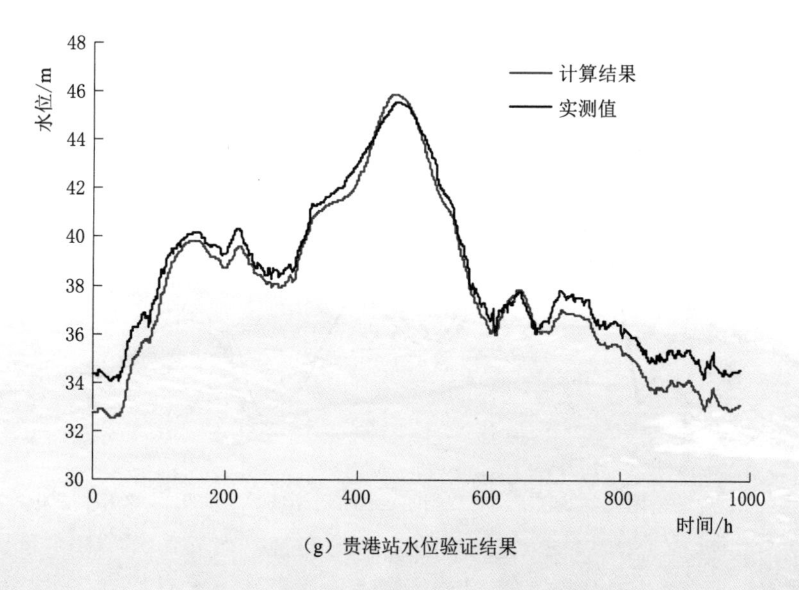

(g) 贵港站水位验证结果

图 7.2-3（四） “05.6”洪水验证结果

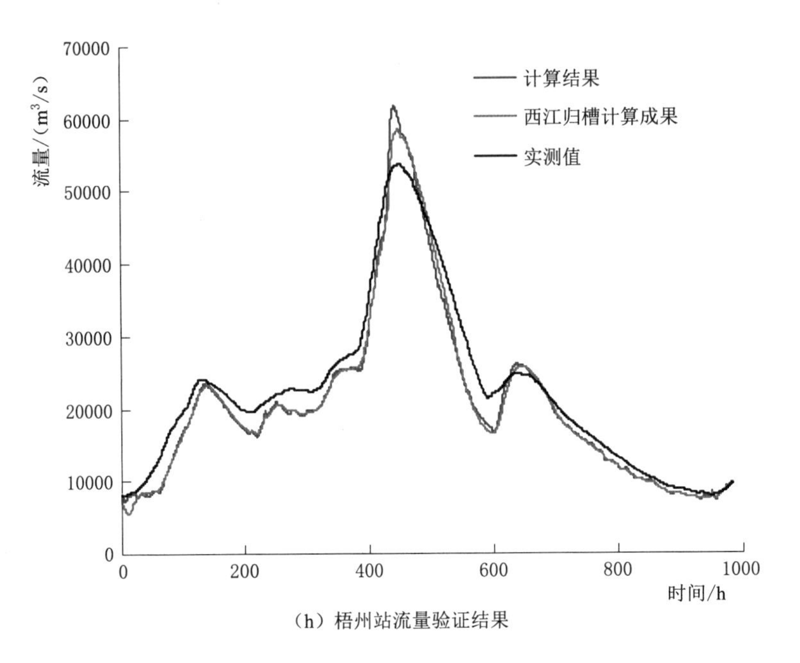

(h) 梧州站流量验证结果

图 7.2-3(五) “05.6”洪水验证结果

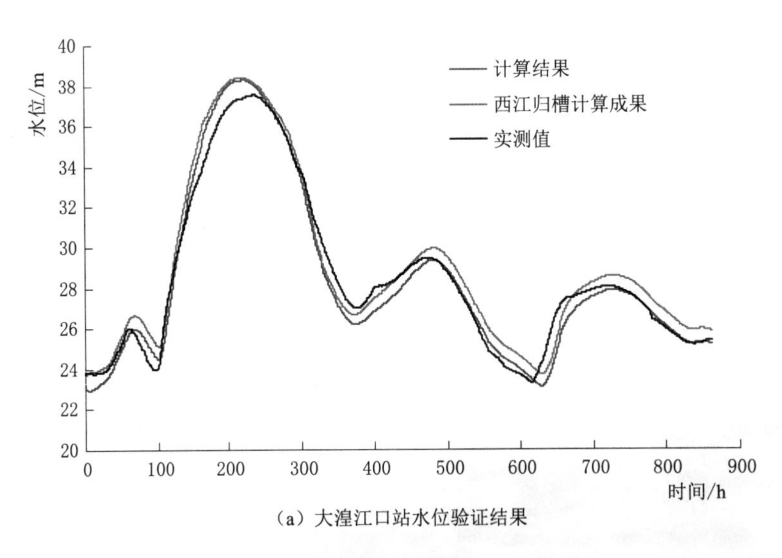

(a) 大湟江口站水位验证结果

图 7.2-4(一) “94.6”洪水验证结果

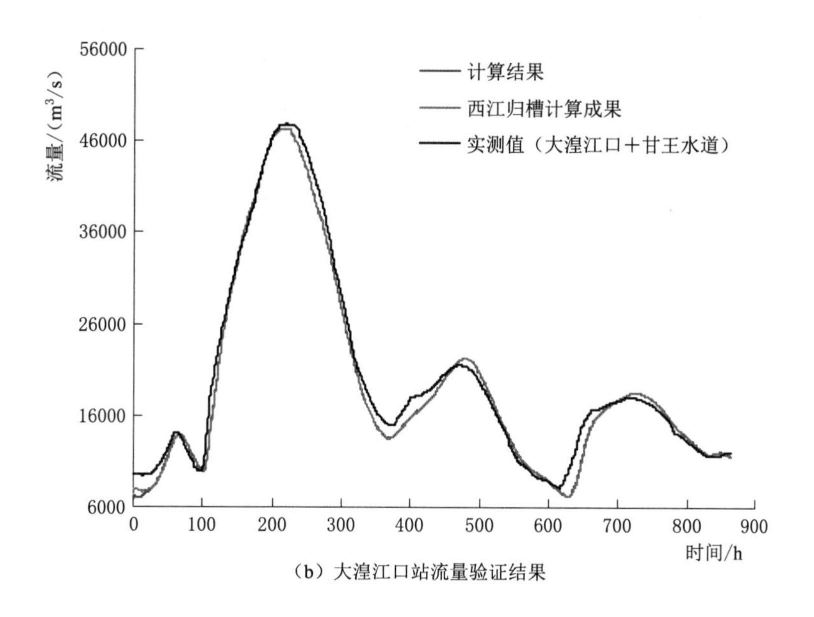

（b）大湟江口站流量验证结果

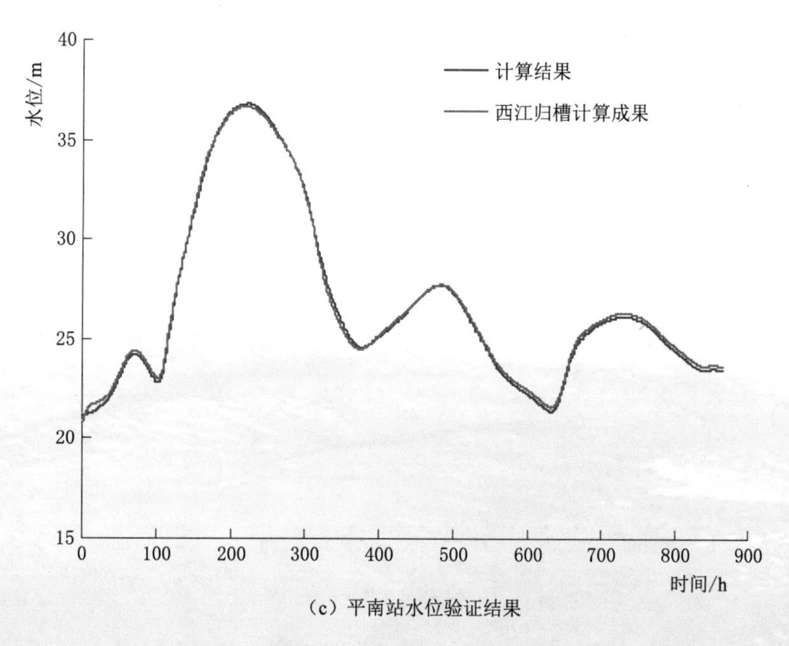

（c）平南站水位验证结果

图 7.2-4（二） “94.6”洪水验证结果

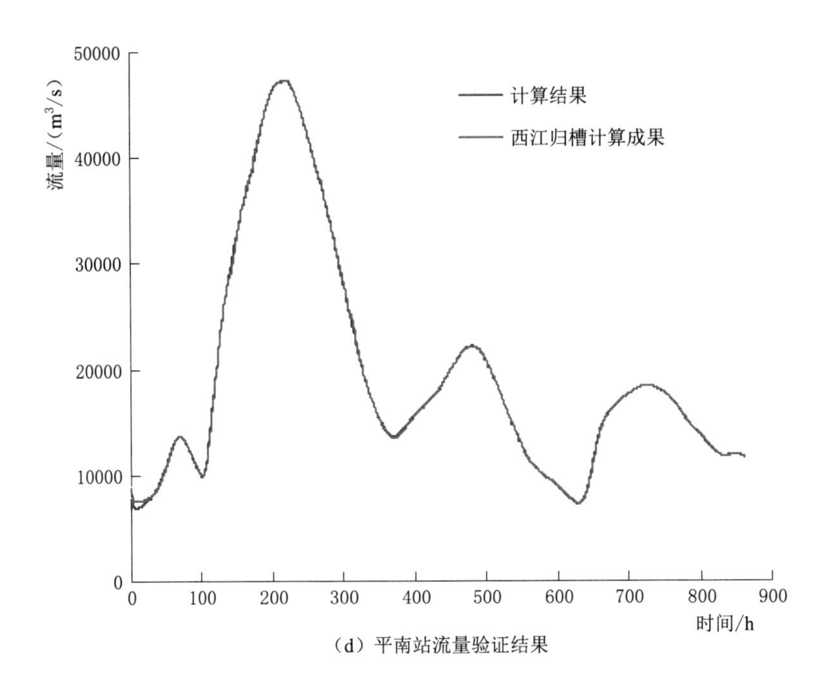

(d) 平南站流量验证结果

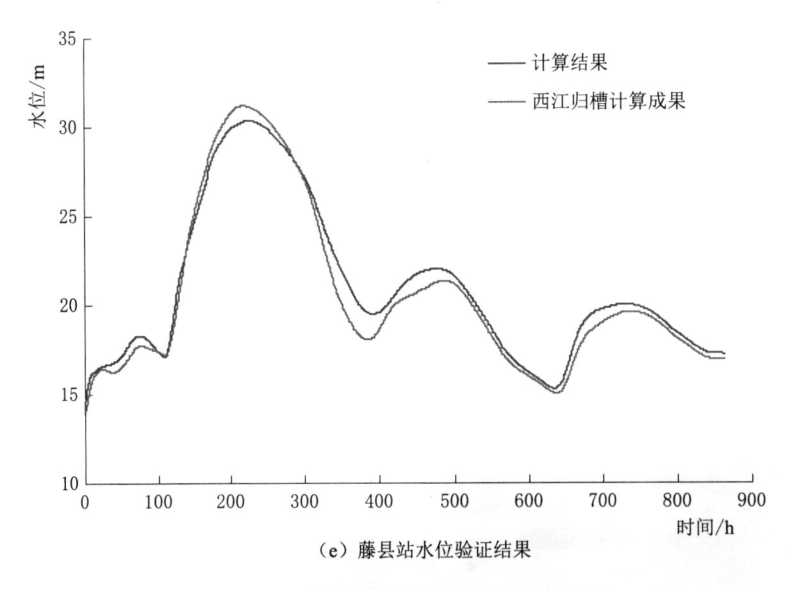

(e) 藤县站水位验证结果

图7.2-4(三) "94.6"洪水验证结果

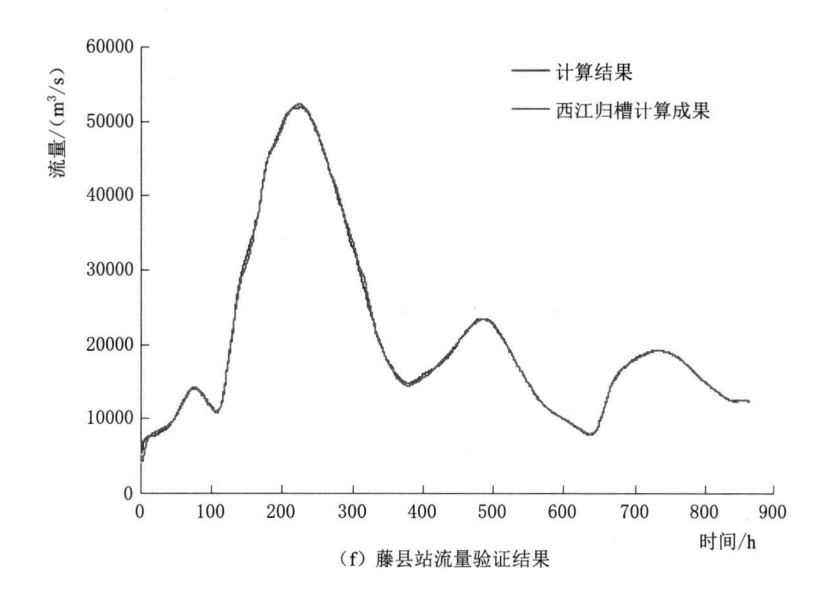

(f) 藤县站流量验证结果

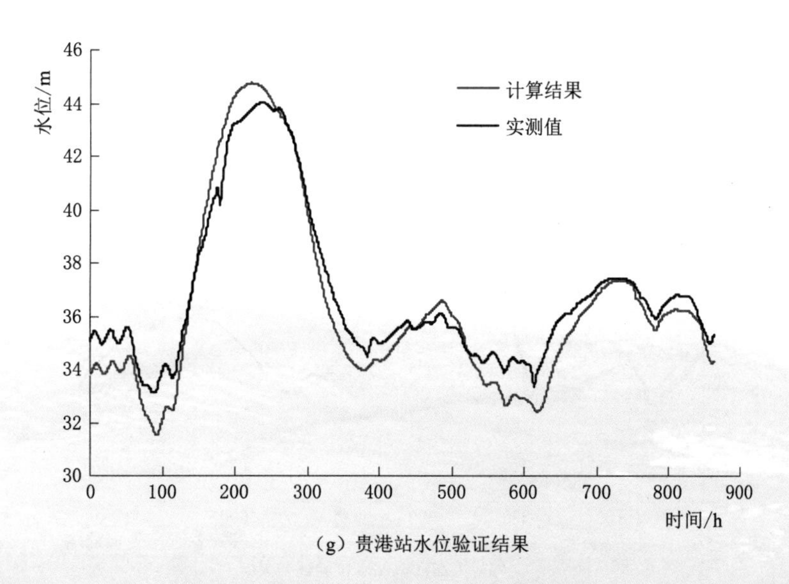

(g) 贵港站水位验证结果

图 7.2-4（四） “94.6”洪水验证结果

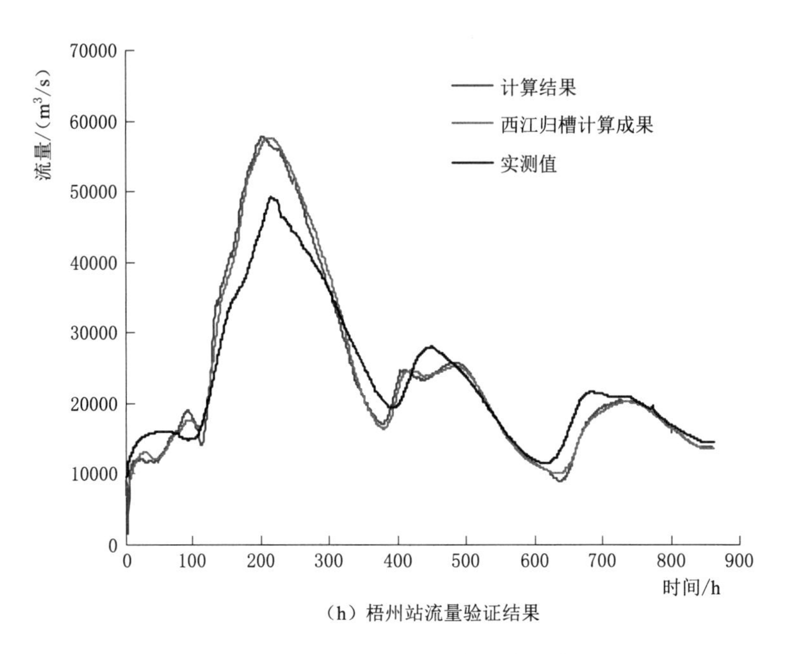

(h) 梧州站流量验证结果

图7.2-4(五) “94.6”洪水验证结果

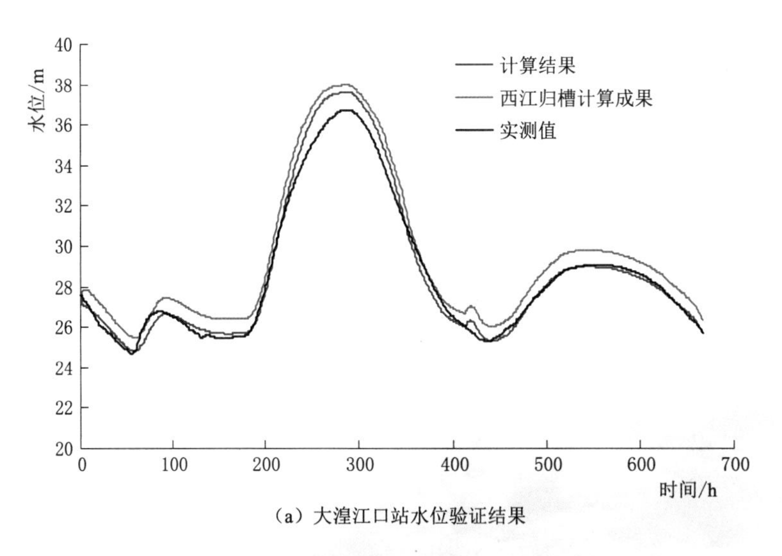

(a) 大湟江口站水位验证结果

图7.2-5(一) “96.7”洪水验证结果

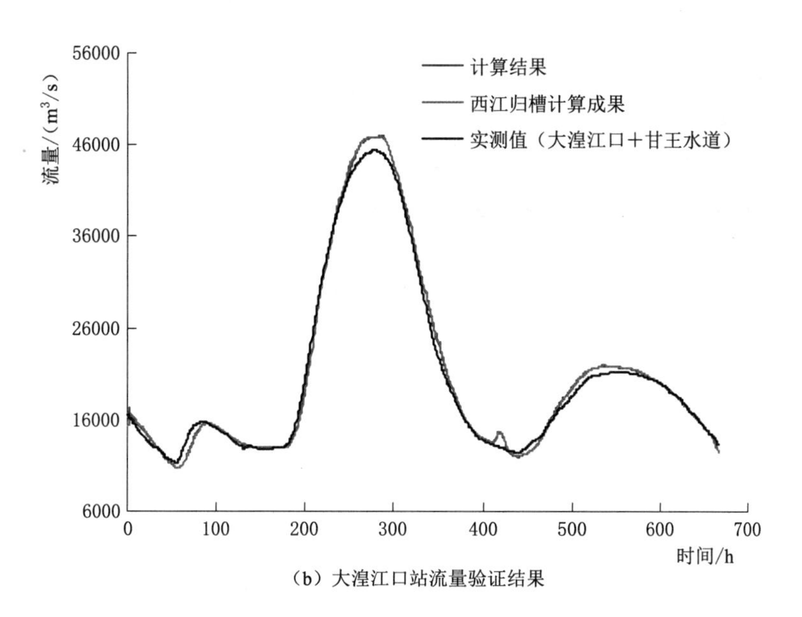

（b）大湟江口站流量验证结果

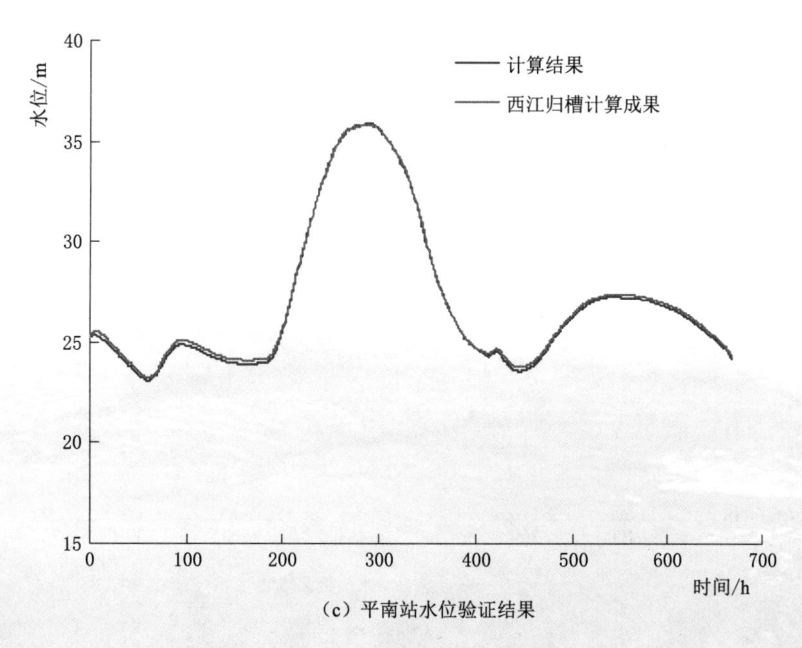

（c）平南站水位验证结果

图 7.2-5（二） “96.7”洪水验证结果

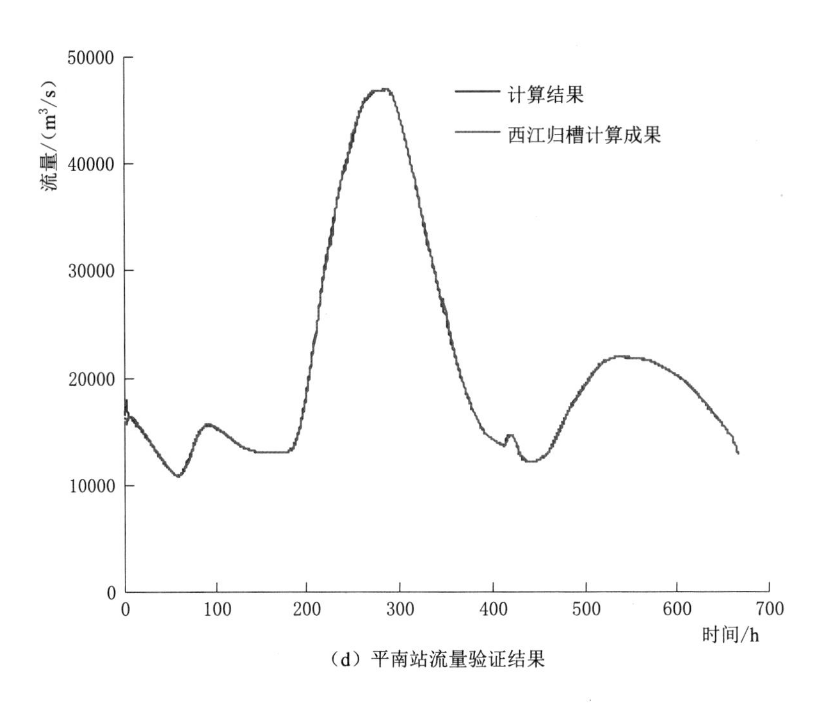

(d) 平南站流量验证结果

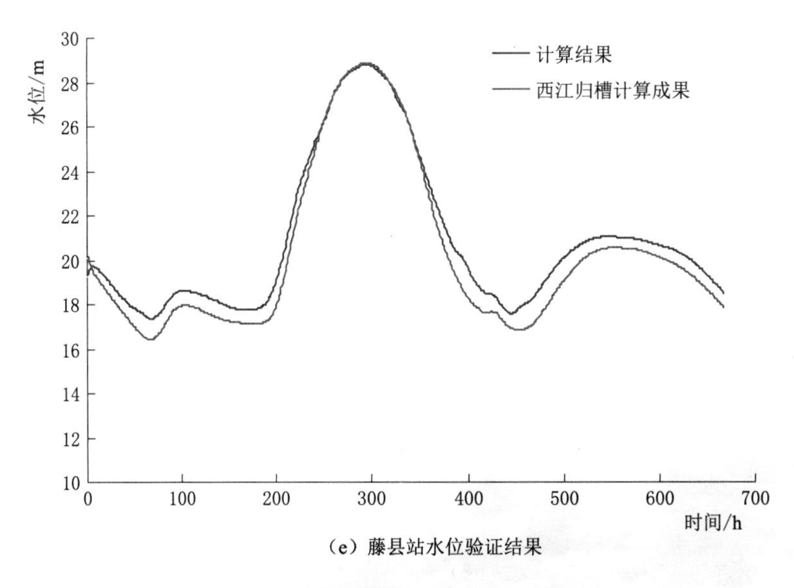

(e) 藤县站水位验证结果

图7.2-5(三) "96.7"洪水验证结果

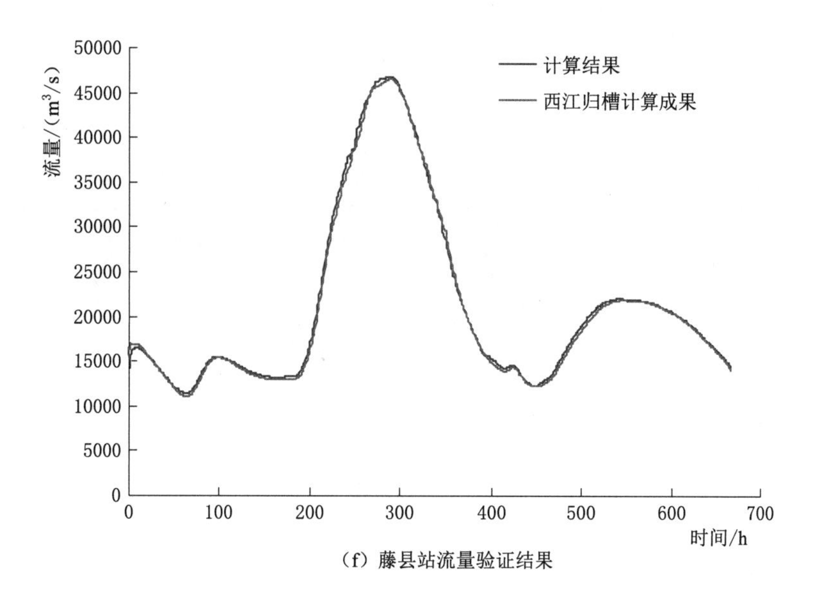

(f) 藤县站流量验证结果

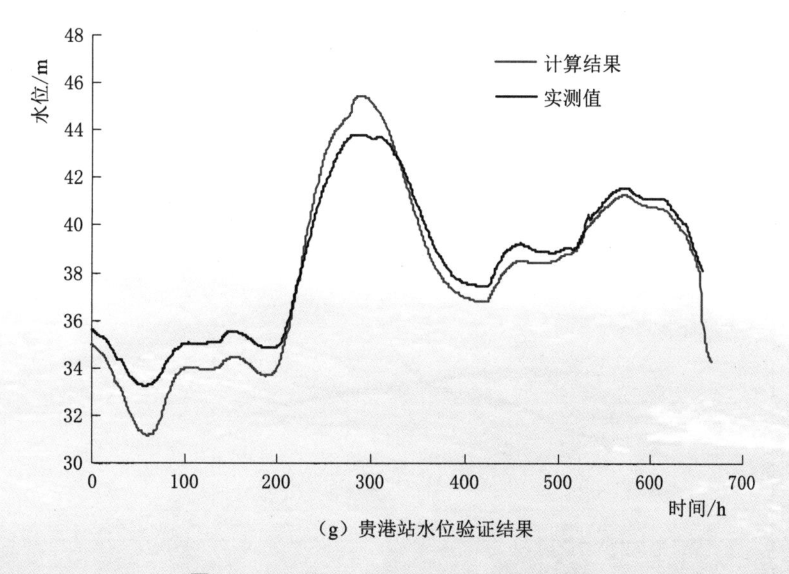

(g) 贵港站水位验证结果

图 7.2-5 (四) "96.7"洪水验证结果

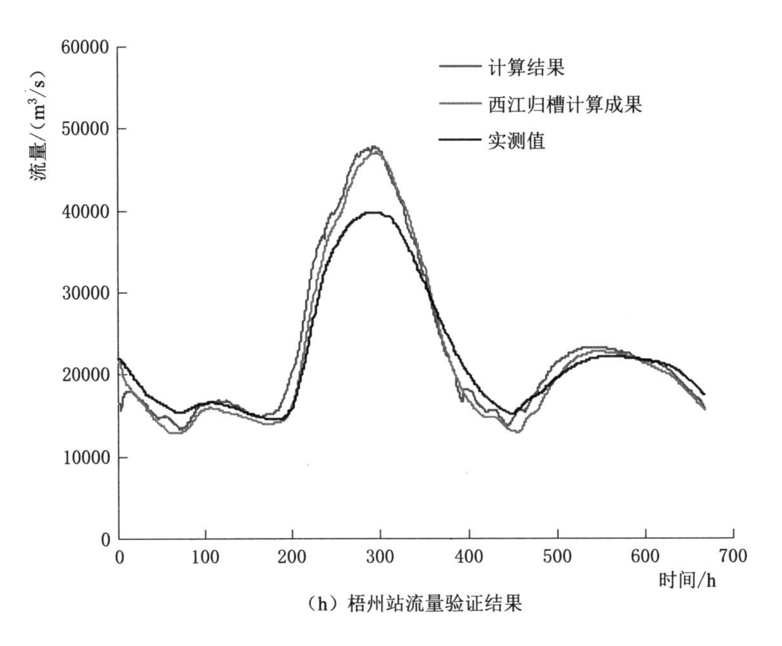

(h) 梧州站流量验证结果

图7.2-5(五) "96.7"洪水验证结果

7.2.3 模型计算速度测试

本算例为西江浔江段防洪保护区溃漫堤洪水模拟。边界条件为:100年一遇+溃口,即黔浔江干流发生100年一遇设计洪水(2005年型洪水,大湟江口洪峰流量为48200m^3/s),区间支流发生相应洪水,设置了平南县白马防洪堤,平南县城区乌江闸段防洪堤,藤县底冲堤,河西堤、以及苍梧县人和堤、大元堤6个溃口。模拟时段长度为15d(360h),武宣、贵港站的流量过程见图7.2-6。

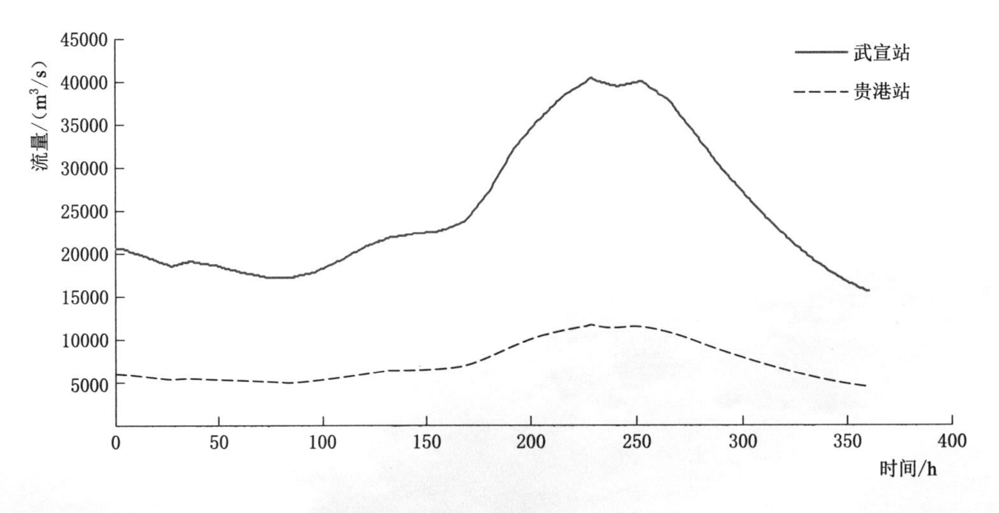

图7.2-6 武宣、贵港站的流量过程

需要说明的是，经对比，并行计算结果与串行计算结果一致，验证了并行模型计算的准确性。

本算例考虑了不同方法组合对模型加速性能的影响，组合情况见表 7.2-2。

表 7.2-2　　不同加速方法组合情况

方法代号	低阶精度格式	有效计算单元自适应动态调整	GPU 并行计算
A	×	×	×
B	√	×	×
C	√	√	×
D	√	×	√
E	√	√	√

注　×代表模型无该项改进，√代表模型有该项改进。

不同加速方法组合后的计算耗时及加速比见表 7.2-3。

表 7.2-3　　不同加速方法组合后的计算耗时及加速比

方法代号	A	B	C	D	E
计算耗时/h	4.1	2.7	0.45	0.43	0.28
加速比	1	1.52	9.11	9.53	14.64

注　加速比以方法 A 计算耗时为基准，即方法 A 计算耗时与某方法计算耗时之比。

由表 7.2-3 可知：

(1) A 与 B 对比表明，低阶精度格式较传统二阶精度格式的计算效率较高，加速比约为 1.5 倍。

(2) B 与 D 对比表明，有效计算网格数量为 41961 时，GPU 并行加速比可达 6.28 倍（2.7÷0.43），表明 GPU 在任务密集型计算中可达到较为理想的加速效果。

(3) C 与 E 对比表明，考虑有效计算单元自适应动态调整方法后，由于计算网格数量锐减，GPU 加速比仅为 1.6 倍（0.45÷0.28），表明 GPU 在计算网格数量较少的情况下，加速效果一般。

(4) B 与 C 对比表明，有效计算单元自适应动态调整方法显著提升了串行计算速度，提升效率约 6 倍（2.7÷0.45）；分析其原因为：本方案网格数量为 41961，淹没范围最大时的受淹网格数量为 10410 个，约占总网格数量的 1/4。由于初始时刻受淹网格数量为 0，随着溃漫堤洪水的传播，受淹网格数量逐步增大。因此，串行计算模式下，计算单元自适应动态调整方法提升效率可达 6 倍。

(5) D 与 E 对比表明，有效计算单元自适应动态调整方法在一定程度上提升了并行计算速度，提升效率约 1.5 倍（0.43÷0.28）。分析其原因为：GPU 适合任务密集型的计算，当考虑有效计算单元自适应动态调整方法后，计算网格数量锐减，

GPU 加速效果不显著（甚至在计算网格数量少于 1000 时 GPU 计算效率要低于 CPU 计算），导致 E 相对 D 仅有 1.5 倍的加速比。

综上，同时采用本章提出的两个算法改进方法，可显著提升洪水演进模型计算效率，加速比达 14.64。对于本算例而言，模拟西江浔江段防洪保护区 100 年一遇洪水及溃口条件下 15 天的洪水演进过程，总耗时约 17min，满足了洪水演进的高速计算需求。

7.2.4 洪水演进高速模拟系统

在一维-二维耦合水动力并行计算模型的基础上，遵循可重用、标准化、易操作、易维护的原则，基于三维 GIS 平台，采用 C/S 体系结构与 Web 服务交互方式，构建了防洪保护区洪水演进高速模拟系统。

由于三维洪水动态模拟对客户端机器性能要求较高，基于浏览器的 B/S 模式体系结构难以满足三维 GIS 平台的洪水演进可视化需求，因此，本系统采用 C/S 体系结构与 Web 服务交互方式，将水动力模型计算功能布设在服务端，以实现对各种客户端支持的同时能比较充分利用服务器的计算资源。本系统由数据层、模型层、业务层、表示层等四部分组成，系统架构见图 7.2-7。数据层提供所有结构化、非结构化数据的存储。模型层提供模型在线计算功能，提供模型参数、边界、溃堤等设置接口，提供模型运行控制、计算结果处理等 API。业务层向各种终端提供多类型服务，包括接收影像、地形、矢量等 GIS 服务，综合信息查询服务，计算方案管理服务等。业务层和模型层构成了系统的应用支撑平台。表示层用于展示业务处理结果，提供人机交互功能。

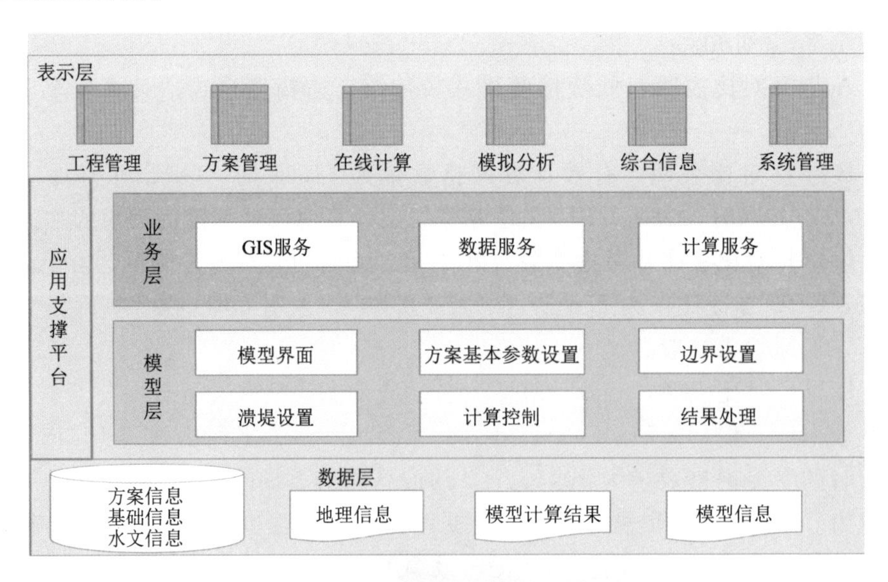

图 7.2-7 洪水演进高速模拟系统架构图

洪水演进高速模拟系统是以方案信息、水文信息、模型计算结果信息、地理信息等作为支撑，通过总控程序构成运行环境，辅以友好的人机界面和人机对话过程，有效地实现工程管理、方案管理、在线计算、洪水模拟分析、综合信息、系统管理功能。其中，新建方案中，方案基本参数设置包括方案模拟起始时间、计算结果输出步长、模型计算参数等；边界设置即是确定方案的水文边界序列；溃堤设置包括模拟方案溃口的位置、发展时间、溃口形状、溃口水位、溃口高程等。模型启动计算后首先连接服务器，将设置的参数传递到服务端，再由服务端对相应模型数据进行修改，然后开始服务端模型计算。

洪水演进高速模拟系统界面见图 7.2-8。

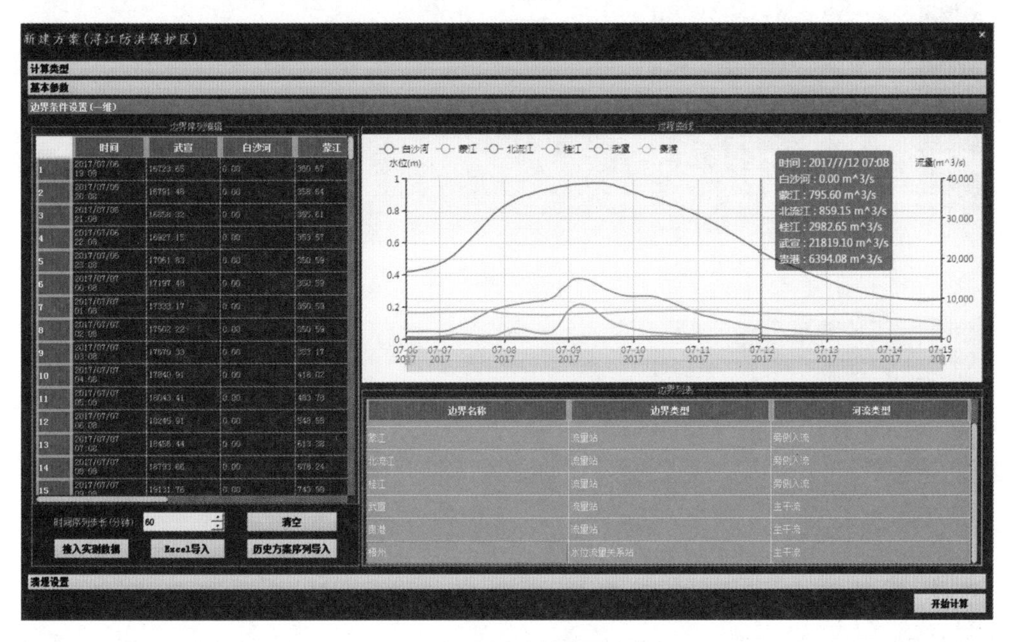

（a）河道边界条件设置界面

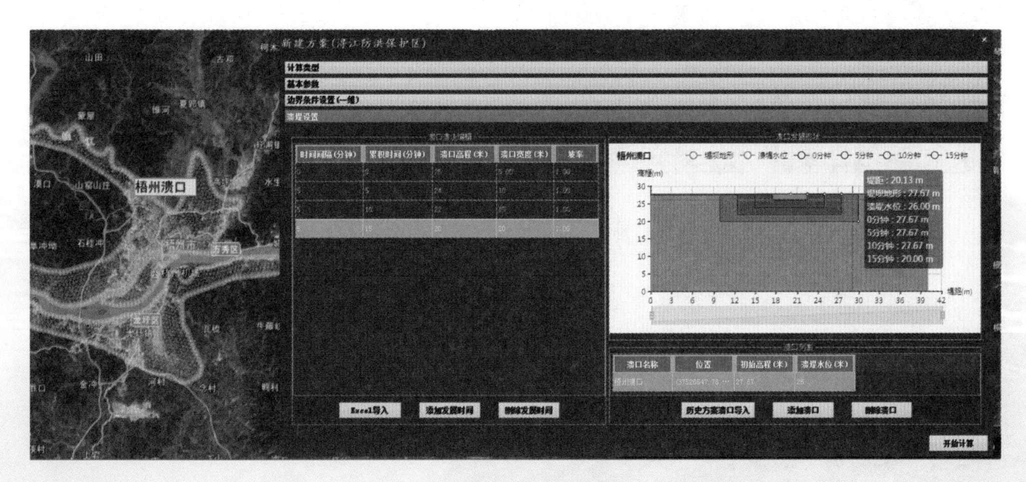

（b）溃口参数设置界面

图 7.2-8（一） 洪水演进高速模拟系统界面

（c）三维展示界面

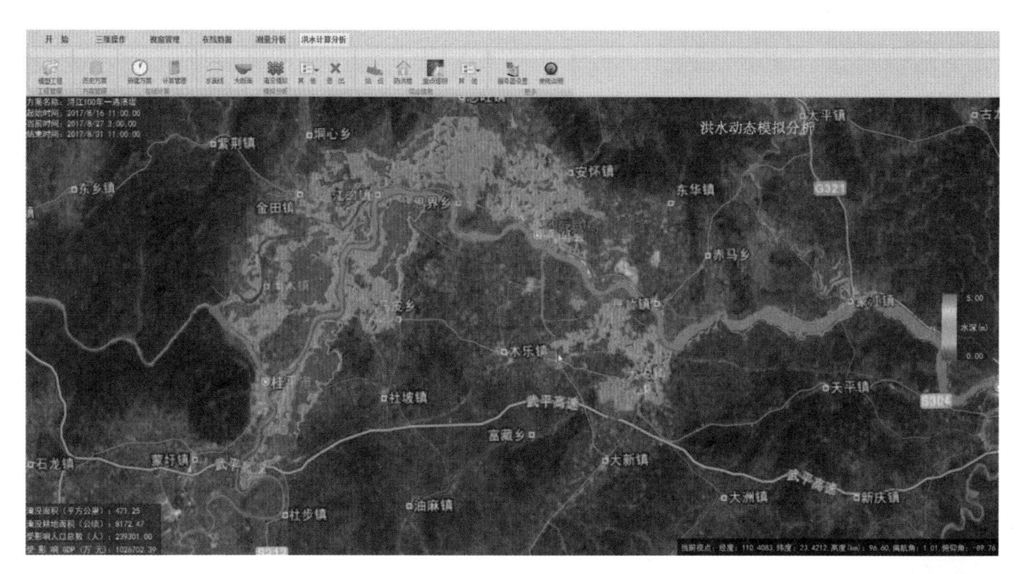

（d）洪水淹没展示界面

图 7.2-8（二）　洪水演进高速模拟系统界面

7.3 洪灾评估

7.3.1 方案分析

为了分析浔江河段洪水的地区组成和遭遇特性，本次选择3种不同年型典型洪水作为河网边界条件，计算分析浔江河段防洪保护区洪水淹没情况，分别是上中游型洪水“96.7”、中下游型洪水“05.6”及全流域型洪水“94.6”。浔江河段防洪保护区洪水分析方案汇总见表7.3-1，溃口参数见表7.3-2，洪水影响分析统计成果见表7.3-3。

表7.3-1　　浔江河段防洪保护区洪水分析方案汇总表

方案编号	方案名称	方案说明
1	2005.6（溃堤）洪水	珠江流域浔江防洪保护区发生2005.6（溃堤）洪水
2	10年一遇洪水（2005.6年型溃堤）	珠江流域浔江防洪保护区发生10年一遇洪水（2005.6年型溃堤）
3	20年一遇洪水（2005.6年型溃堤）	珠江流域浔江防洪保护区发生20年一遇洪水（2005.6年型溃堤）
4	50年一遇洪水（2005.6年型溃堤）	珠江流域浔江防洪保护区发生50年一遇洪水（2005.6年型溃堤）
5	100年一遇洪水（2005.6年型溃堤）	珠江流域浔江防洪保护区发生100年一遇洪水（2005.6年型溃堤）
6	1994.6（溃堤）洪水	珠江流域浔江防洪保护区发生1994.6（溃堤）洪水
7	10年一遇洪水（1994.6年型溃堤）	珠江流域浔江防洪保护区发生10年一遇洪水（1994.6年型溃堤）
8	20年一遇洪水（1994.6年型溃堤）	珠江流域浔江防洪保护区发生20年一遇洪水（1994.6年型溃堤）
9	珠江流域浔江防洪保护区50年一遇洪水（1994.6年型溃堤）	珠江流域浔江防洪保护区发生50年一遇洪水（1994.6年型溃堤）
10	100年一遇洪水（1994.6年型溃堤）	珠江流域浔江防洪保护区发生100年一遇洪水（1994.6年型溃堤）
11	1996.7（溃堤）洪水	珠江流域浔江防洪保护区发生1996.7（溃堤）洪水
12	10年一遇洪水（1996.7年型溃堤）	珠江流域浔江防洪保护区发生10年一遇洪水（1996.7年型溃堤）
13	20年一遇洪水（1996.7年型溃堤）	珠江流域浔江防洪保护区发生20年一遇洪水（1996.7年型溃堤）
14	50年一遇洪水（1996.7年型溃堤）	珠江流域浔江防洪保护区发生50年一遇洪水（1996.7年型溃堤）
15	100年一遇洪水（1996.7年型溃堤）	珠江流域浔江防洪保护区发生100年一遇洪水（1996.7年型溃堤）
16	2005.6（漫堤）洪水	珠江流域浔江防洪保护区发生2005.6（漫堤）洪水

续表

方案编号	方案名称	方案说明
17	10年一遇洪水（2005.6年型漫堤）	珠江流域浔江防洪保护区发生10年一遇洪水（2005.6年型漫堤）
18	20年一遇洪水（2005.6年型漫堤）	珠江流域浔江防洪保护区发生20年一遇洪水（2005.6年型漫堤）
19	50年一遇洪水（2005.6年型漫堤）	珠江流域浔江防洪保护区发生50年一遇洪水（2005.6年型漫堤）
20	100年一遇洪水（2005.6年型漫堤）	珠江流域浔江防洪保护区发生100年一遇洪水（2005.6年型漫堤）
21	1994.6（漫堤）洪水	珠江流域浔江防洪保护区发生1994.6（漫堤）洪水
22	10年一遇洪水（1994.6年型漫堤）	珠江流域浔江防洪保护区发生10年一遇洪水（1994.6年型漫堤）
23	20年一遇洪水（1994.6年型漫堤）	珠江流域浔江防洪保护区发生20年一遇洪水（1994.6年型漫堤）
24	50年一遇洪水（1994.6年型漫堤）	珠江流域浔江防洪保护区发生50年一遇洪水（1994.6年型漫堤）
25	100年一遇洪水（1994.6年型漫堤）	珠江流域浔江防洪保护区发生100年一遇洪水（1994.6年型漫堤）
26	1996.7（漫堤）洪水	珠江流域浔江防洪保护区发生1996.7（漫堤）洪水
27	10年一遇洪水（1996.7年型漫堤）	珠江流域浔江防洪保护区发生10年一遇洪水（1996.7年型漫堤）
28	20年一遇洪水（1996.7年型漫堤）	珠江流域浔江防洪保护区发生20年一遇洪水（1996.7年型漫堤）
29	50年一遇洪水（1996.7年型漫堤）	珠江流域浔江防洪保护区发生50年一遇洪水（1996.7年型漫堤）
30	100年一遇洪水（1996.7年型漫堤）	珠江流域浔江防洪保护区发生100年一遇洪水（1996.7年型漫堤）

表7.3-2　浔江河段防洪保护区溃口参数表

溃口所在堤防名称	溃口宽度/m	溃口深度/m
三布堤	157	3.80
江口堤	143	4.90
白马堤	390	6.59
河东堤（西江段）	450	4.64

续表

溃口所在堤防名称	溃口宽度/m	溃口深度/m
浔江左岸新安堤	510	8.80
浔江左岸莲洞堤段	485	8.75
郁浔东堤（石咀镇）	270	2.63
木奎堤	178	5.90
下渡堤段	310	4.70
浔江右岸良义基堤～南安堤	150	8.00
浔江右岸大元堤及石垢堤	440	7.52

表 7.3-3　浔江河段防洪保护区洪水影响分析统计成果

方案编号	方案名称	受淹区人口/万人	GDP/万元	淹没面积/km²	受淹耕地面积/hm²
1	珠江流域浔江防洪保护区 2005.6（溃堤）洪水	43.77	388329	580	348
2	珠江流域浔江防洪保护区 10 年一遇洪水（2005.6 年型溃堤）	0.30	4746	5.5	4.3
3	珠江流域浔江防洪保护区 20 年一遇洪水（2005.6 年型溃堤）	15.94	162219	247	154
4	珠江流域浔江防洪保护区 50 年一遇洪水（2005.6 年型溃堤）	35.47	307205	465	288
5	珠江流域浔江防洪保护区 100 年一遇洪水（2005.6 年型溃堤）	44.68	396786	591	354
6	珠江流域浔江防洪保护区 1994.6（溃堤）洪水	50.11	428416	674	402
7	珠江流域浔江防洪保护区 10 年一遇洪水（1994.6 年型溃堤）	38.55	330578	508	316
8	珠江流域浔江防洪保护区 20 年一遇洪水（1994.6 年型溃堤）	43.77	388329	580	348
9	珠江流域浔江防洪保护区 50 年一遇洪水（1994.6 年型溃堤）	58.58	507753	780	472
10	珠江流域浔江防洪保护区 100 年一遇洪水（1994.6 年型溃堤）	66.10	580794	897	535
11	珠江流域浔江防洪保护区 1996.7（溃堤）洪水	43.56	371605	577	351

续表

方案编号	方案名称	受淹区人口/万人	GDP/万元	淹没面积/km²	受淹耕地面积/hm²
12	珠江流域浔江防洪保护区10年一遇洪水（1996.7年型溃堤）	47.62	406286	636	380
13	珠江流域浔江防洪保护区20年一遇洪水（1996.7年型溃堤）	57.20	493629	768	462
14	珠江流域浔江防洪保护区50年一遇洪水（1996.7年型溃堤）	66.82	576509	911	540
15	珠江流域浔江防洪保护区100年一遇洪水（1996.7年型溃堤）	71.12	626874	977	568
16	珠江流域浔江防洪保护区2005.6（漫堤）洪水	34.60	310452	432	258
17	珠江流域浔江防洪保护区10年一遇洪水（2005.6年型漫堤）	3.99	50534	70	34
18	珠江流域浔江防洪保护区20年一遇洪水（2005.6年型漫堤）	12.82	126068	180	108
19	珠江流域浔江防洪保护区50年一遇洪水（2005.6年型漫堤）	29.23	259377	353	216
20	珠江流域浔江防洪保护区100年一遇洪水（2005.6年型漫堤）	35.34	314991	443	266
21	珠江流域浔江防洪保护区1994.6（漫堤）洪水	47.77	411135	604	366
22	珠江流域浔江防洪保护区10年一遇洪水（1994.6年型漫堤）	30.29	259680	369	230
23	珠江流域浔江防洪保护区20年一遇洪水（1994.6年型漫堤）	38.52	325973	487	294
24	珠江流域浔江防洪保护区50年一遇洪水（1994.6年型漫堤）	57.12	493443	748	457
25	珠江流域浔江防洪保护区100年一遇洪水（1994.6年型漫堤）	64.40	563519	869	521
26	珠江流域浔江防洪保护区1996.7（漫堤）洪水	33.48	281957	411	256
27	珠江流域浔江防洪保护区10年一遇洪水（1996.7年型漫堤）	40.73	344246	527	324

续表

方案编号	方案名称	受淹区人口/万人	GDP/万元	淹没面积/km²	受淹耕地面积/hm²
28	珠江流域浔江防洪保护区20年一遇洪水（1996.7年型漫堤）	53.68	461568	712	429
29	珠江流域浔江防洪保护区50年一遇洪水（1996.7年型漫堤）	66.29	569973	904	535
30	珠江流域浔江防洪保护区100年一遇洪水（1996.7年型漫堤）	71.12	626874	977	568

以珠江流域浔江防洪保护区100年一遇洪水（全流域型1994.6年型洪水）为例，溃、漫堤条件下，不同水深的洪水影响分析统计成果见表7.3-4和表7.3-5。

表7.3-4 不同水深洪水影响分析统计成果

[100年一遇洪水（1994.6年型溃堤）]

乡镇名称	水深等级	人口/万人	GDP/万元	淹没面积/km²	淹没耕地面积/hm²
平南镇	合计	13.96	68025	67.93	40.32
	(0，0.5)	0.35	1689	1.69	0.65
	[0.5，1.0)	0.23	1100	1.10	0.59
	[1.0，1.5)	0.30	1460	1.46	0.72
	[1.5，2.0)	0.35	1683	1.68	0.72
	[2.0，2.5)	0.40	1968	1.96	0.95
	[2.5，3.0)	0.40	1967	1.96	0.98
	≥3.0	11.93	58158	58.08	35.71
官成镇	合计	2.25	20147	43.68	28.08
	(0，0.5)	0.05	473	1.03	0.33
	[0.5，1.0)	0.05	450	0.98	0.37
	[1.0，1.5)	0.08	710	1.54	0.60
	[1.5，2.0)	0.07	591	1.28	0.40
	[2.0，2.5)	0.09	840	1.82	0.89
	[2.5，3.0)	0.11	1017	2.20	1.14
	≥3.0	1.80	16066	34.83	24.35
丹竹镇	合计	5.44	64661	81.77	46.75
	(0，0.5)	0.21	2449	3.10	0.99

续表

乡镇名称	水深等级	人口 /万人	GDP /万元	淹没面积 /km²	淹没耕地面积 /hm²
丹竹镇	[0.5, 1.0)	0.22	2581	3.26	1.33
	[1.0, 1.5)	0.16	1954	2.47	1.06
	[1.5, 2.0)	0.16	1850	2.34	1.03
	[2.0, 2.5)	0.21	2556	3.23	1.44
	[2.5, 3.0)	0.16	1903	2.41	1.07
	≥3.0	4.32	51368	64.96	39.83
大新镇	合计	1.45	15843	19.24	12.44
	(0, 0.5)	0.10	1071	1.30	0.46
	[0.5, 1.0)	0.09	1001	1.22	0.57
	[1.0, 1.5)	0.09	1029	1.25	0.66
	[1.5, 2.0)	0.09	949	1.15	0.75
	[2.0, 2.5)	0.15	1653	2.01	1.20
	[2.5, 3.0)	0.14	1537	1.87	1.14
	≥3.0	0.79	8603	10.44	7.66
马皮乡	合计	1.50	20101	21.86	14.88
	(0, 0.5)	0.09	1192	1.30	0.77
	[0.5, 1.0)	0.04	553	0.60	0.32
	[1.0, 1.5)	0.05	686	0.75	0.34
	[1.5, 2.0)	0.10	1290	1.40	0.79
	[2.0, 2.5)	0.17	2225	2.42	1.51
	[2.5, 3.0)	0.12	1665	1.81	1.24
	≥3.0	0.93	12490	13.58	9.91
石咀镇	合计	3.15	28548	40.84	27.06
	(0, 0.5)	0.12	1072	1.53	0.71
	[0.5, 1.0)	0.13	1204	1.72	0.94
	[1.0, 1.5)	0.15	1344	1.92	1.15
	[1.5, 2.0)	0.23	2073	2.97	1.78
	[2.0, 2.5)	0.27	2428	3.47	2.05
	[2.5, 3.0)	0.30	2752	3.94	2.47
	≥3.0	1.95	17675	25.29	17.96

续表

乡镇名称	水深等级	人口 /万人	GDP /万元	淹没面积 /km²	淹没耕地面积 /hm²
寻旺乡	合计	2.75	43218	48.41	32.18
	(0, 0.5)	0.04	576	0.65	0.32
	[0.5, 1.0)	0.04	594	0.67	0.24
	[1.0, 1.5)	0.06	950	1.06	0.43
	[1.5, 2.0)	0.15	2317	2.60	1.24
	[2.0, 2.5)	0.18	2833	3.17	1.59
	[2.5, 3.0)	0.21	3350	3.75	1.95
	≥3.0	2.07	32598	36.51	26.41
南木镇	合计	4.69	41072	89.05	56.99
	(0, 0.5)	0.32	2816	6.11	2.99
	[0.5, 1.0)	0.33	2867	6.22	3.24
	[1.0, 1.5)	0.26	2280	4.94	2.89
	[1.5, 2.0)	0.33	2893	6.27	3.60
	[2.0, 2.5)	0.35	3063	6.64	3.81
	[2.5, 3.0)	0.36	3169	6.87	4.08
	≥3.0	2.74	23984	52.00	36.38
塘步镇	合计	0.21	2501	7.98	1.58
	(0, 0.5)	0.00	55	0.18	0.02
	[0.5, 1.0)	0.01	118	0.38	0.03
	[1.0, 1.5)	0.01	142	0.45	0.07
	[1.5, 2.0)	0.01	65	0.21	0.02
	[2.0, 2.5)	0.01	77	0.25	0.02
	[2.5, 3.0)	0.00	55	0.17	0.02
	≥3.0	0.17	1989	6.34	1.40
龙圩镇	合计	1.30	23649	17.50	6.87
	(0, 0.5)	0.08	1474	1.09	0.26
	[0.5, 1.0)	0.07	1324	0.98	0.20
	[1.0, 1.5)	0.08	1392	1.03	0.24
	[1.5, 2.0)	0.06	1145	0.85	0.18
	[2.0, 2.5)	0.07	1341	0.99	0.34

续表

乡镇名称	水深等级	人口/万人	GDP/万元	淹没面积/km²	淹没耕地面积/hm²
龙圩镇	[2.5，3.0)	0.07	1199	0.89	0.31
	≥3.0	0.87	15774	11.67	5.34
旺甫镇	合计	0.00	8	0.04	0.00
	(0，0.5)	0.00	1	0.01	0.00
	[0.5，1.0)	0.00	0	0.00	0.00
	[1.0，1.5)	0.00	0	0.00	0.00
	[1.5，2.0)	0.00	1	0.00	0.00
	[2.0，2.5)	0.00	0	0.00	0.00
	[2.5，3.0)	0.00	0	0.00	0.00
	≥3.0	0.00	6	0.03	0.00
天平镇	合计	0.01	127	0.48	0.01
	(0，0.5)	0.00	5	0.02	0.00
	[0.5，1.0)	0.00	10	0.04	0.00
	[1.0，1.5)	0.00	6	0.02	0.00
	[1.5，2.0)	0.00	4	0.02	0.00
	[2.0，2.5)	0.00	4	0.01	0.00
	[2.5，3.0)	0.00	0	0.00	0.00
	≥3.0	0.01	98	0.37	0.01
倒水镇	合计	0.94	11318	10.47	2.07
	(0，0.5)	0.04	522	0.48	0.10
	[0.5，1.0)	0.04	448	0.41	0.09
	[1.0，1.5)	0.03	403	0.37	0.08
	[1.5，2.0)	0.04	513	0.47	0.09
	[2.0，2.5)	0.03	389	0.36	0.09
	[2.5，3.0)	0.04	440	0.41	0.10
	≥3.0	0.72	8603	7.97	1.52
江口镇	合计	4.94	43614	67.25	31.07
	(0，0.5)	0.27	2365	3.65	1.08
	[0.5，1.0)	0.26	2333	3.60	1.26
	[1.0，1.5)	0.28	2430	3.75	1.38

续表

乡镇名称	水深等级	人口/万人	GDP/万元	淹没面积/km²	淹没耕地面积/hm²
江口镇	[1.5，2.0)	0.30	2653	4.09	1.43
	[2.0，2.5)	0.35	3094	4.77	1.60
	[2.5，3.0)	0.41	3606	5.56	1.96
	≥3.0	3.07	27133	41.83	22.36
安怀镇	合计	0.98	8751	30.61	20.53
	(0，0.5)	0.05	445	1.56	0.99
	[0.5，1.0)	0.06	553	1.93	1.42
	[1.0，1.5)	0.07	594	2.08	1.26
	[1.5，2.0)	0.07	623	2.18	1.29
	[2.0，2.5)	0.06	552	1.93	1.06
	[2.5，3.0)	0.06	512	1.79	1.18
	≥3.0	0.61	5472	19.14	13.33
东华乡	合计	1.04	9217	19.08	13.37
	(0，0.5)	0.06	556	1.15	0.71
	[0.5，1.0)	0.05	431	0.89	0.50
	[1.0，1.5)	0.06	493	1.02	0.68
	[1.5，2.0)	0.03	260	0.54	0.26
	[2.0，2.5)	0.04	366	0.76	0.56
	[2.5，3.0)	0.06	491	1.02	0.59
	≥3.0	0.74	6620	13.70	10.07
蒙江镇	合计	0.37	4238	12.37	3.37
	(0，0.5)	0.01	112	0.33	0.06
	[0.5，1.0)	0.01	163	0.48	0.04
	[1.0，1.5)	0.01	143	0.42	0.08
	[1.5，2.0)	0.02	211	0.61	0.11
	[2.0，2.5)	0.01	152	0.44	0.09
	[2.5，3.0)	0.03	287	0.84	0.27
	≥3.0	0.28	3170	9.25	2.72
岭脚镇	合计	0.02	803	3.61	1.17
	(0，0.5)	0.00	34	0.15	0.00

续表

乡镇名称	水深等级	人口 /万人	GDP /万元	淹没面积 /km²	淹没耕地面积 /hm²
岭脚镇	[0.5，1.0)	0.00	38	0.17	0.00
	[1.0，1.5)	0.00	45	0.20	0.07
	[1.5，2.0)	0.00	48	0.22	0.02
	[2.0，2.5)	0.00	0	0.00	0.00
	[2.5，3.0)	0.00	18	0.08	0.00
	≥3.0	0.02	620	2.79	1.08
武林镇	合计	1.29	15895	18.75	12.61
	(0，0.5)	0.05	659	0.78	0.36
	[0.5，1.0)	0.05	592	0.70	0.39
	[1.0，1.5)	0.04	523	0.62	0.38
	[1.5，2.0)	0.04	450	0.53	0.30
	[2.0，2.5)	0.04	497	0.59	0.31
	[2.5，3.0)	0.04	471	0.56	0.33
	≥3.0	1.03	12703	14.97	10.54
大安镇	合计	5.34	47570	52.50	33.24
	(0，0.5)	0.31	2736	3.02	1.16
	[0.5，1.0)	0.20	1819	2.01	0.95
	[1.0，1.5)	0.20	1784	1.97	0.82
	[1.5，2.0)	0.16	1404	1.55	0.72
	[2.0，2.5)	0.19	1685	1.86	1.02
	[2.5，3.0)	0.14	1250	1.38	0.71
	≥3.0	4.14	36892	40.71	27.86
思旺镇	合计	1.14	5372	20.32	12.22
	(0，0.5)	0.00	0	0.00	0.00
	[0.5，1.0)	0.00	0	0.00	0.00
	[1.0，1.5)	0.01	43	0.16	0.02
	[1.5，2.0)	0.02	104	0.39	0.13
	[2.0，2.5)	0.03	146	0.55	0.19
	[2.5，3.0)	0.03	146	0.55	0.17
	≥3.0	1.05	4933	18.67	11.71

续表

乡镇名称	水深等级	人口 /万人	GDP /万元	淹没面积 /km²	淹没耕地面积 /hm²
思界乡	合计	2.02	18049	26.02	14.55
	(0，0.5)	0.02	192	0.28	0.07
	[0.5，1.0)	0.03	252	0.36	0.12
	[1.0，1.5)	0.04	327	0.47	0.14
	[1.5，2.0)	0.04	378	0.55	0.24
	[2.0，2.5)	0.07	618	0.89	0.47
	[2.5，3.0)	0.17	1529	2.20	1.14
	≥3.0	1.65	14753	21.27	12.37
木圭镇	合计	2.66	23429	43.43	29.48
	(0，0.5)	0.13	1187	2.20	0.94
	[0.5，1.0)	0.12	1062	1.97	0.87
	[1.0，1.5)	0.16	1370	2.54	1.30
	[1.5，2.0)	0.15	1318	2.44	1.20
	[2.0，2.5)	0.21	1845	3.42	1.97
	[2.5，3.0)	0.14	1207	2.24	1.19
	≥3.0	1.75	15440	28.62	22.01
上渡镇	合计	5.85	38578	95.71	60.61
	(0，0.5)	0.27	1767	4.39	1.60
	[0.5，1.0)	0.26	1702	4.22	1.78
	[1.0，1.5)	0.26	1723	4.27	2.10
	[1.5，2.0)	0.29	1931	4.79	2.58
	[2.0，2.5)	0.30	1959	4.86	2.73
	[2.5，3.0)	0.42	2781	6.90	4.17
	≥3.0	4.05	26715	66.28	45.65
镇隆镇	合计	1.03	9183	21.95	12.94
	(0，0.5)	0.08	754	1.80	0.84
	[0.5，1.0)	0.11	950	2.27	1.17
	[1.0，1.5)	0.08	749	1.79	1.01
	[1.5，2.0)	0.09	837	2.00	1.05
	[2.0，2.5)	0.09	797	1.91	1.00

续表

乡镇名称	水深等级	人口/万人	GDP/万元	淹没面积/km²	淹没耕地面积/hm²
镇隆镇	[2.5，3.0)	0.06	501	1.20	0.73
	≥3.0	0.52	4595	10.98	7.14
木乐镇	合计	1.05	9217	16.01	11.31
	(0，0.5)	0.17	1480	2.57	1.50
	[0.5，1.0)	0.09	814	1.41	0.87
	[1.0，1.5)	0.11	989	1.72	1.18
	[1.5，2.0)	0.14	1202	2.09	1.44
	[2.0，2.5)	0.07	582	1.01	0.64
	[2.5，3.0)	0.07	661	1.15	0.81
	≥3.0	0.40	3489	6.06	4.87
藤州镇	合计	0.15	1601	3.39	0.83
	(0，0.5)	0.01	78	0.17	0.01
	[0.5，1.0)	0.01	93	0.20	0.03
	[1.0，1.5)	0.01	142	0.30	0.05
	[1.5，2.0)	0.01	64	0.14	0.03
	[2.0，2.5)	0.01	96	0.20	0.01
	[2.5，3.0)	0.01	60	0.13	0.03
	≥3.0	0.09	1068	2.26	0.67
西山镇	合计	0.37	3102	10.79	7.98
	(0，0.5)	0.01	50	0.17	0.11
	[0.5，1.0)	0.01	83	0.29	0.17
	[1.0，1.5)	0.02	163	0.57	0.40
	[1.5，2.0)	0.02	132	0.46	0.31
	[2.0，2.5)	0.03	251	0.87	0.65
	[2.5，3.0)	0.03	252	0.88	0.69
	≥3.0	0.25	2171	7.55	5.65
金田镇	合计	0.23	2062	4.21	1.13
	(0，0.5)	0.05	460	0.94	0.26
	[0.5，1.0)	0.05	412	0.84	0.21
	[1.0，1.5)	0.02	214	0.44	0.07

续表

乡镇名称	水深等级	人口 /万人	GDP /万元	淹没面积 /km²	淹没耕地面积 /hm²
金田镇	[1.5，2.0)	0.02	170	0.35	0.09
	[2.0，2.5)	0.02	215	0.44	0.08
	[2.5，3.0)	0.01	100	0.20	0.05
	≥3.0	0.06	491	1.00	0.37
龙湖镇	合计	0.01	868	0.76	0.00
	(0，0.5)	0.00	57	0.05	0.00
	[0.5，1.0)	0.00	67	0.06	0.00
	[1.0，1.5)	0.00	44	0.04	0.00
	[1.5，2.0)	0.00	31	0.03	0.00
	[2.0，2.5)	0.00	23	0.02	0.00
	[2.5，3.0)	0.00	15	0.01	0.00
	≥3.0	0.01	631	0.55	0.00
长洲镇	合计	0.00	27	0.02	0.00
	(0，0.5)	0.00	8	0.01	0.00
	[0.5，1.0)	0.00	0	0.00	0.00
	[1.0，1.5)	0.00	0	0.00	0.00
	[1.5，2.0)	0.00	2	0.00	0.00
	[2.0，2.5)	0.00	4	0.00	0.00
	[2.5，3.0)	0.00	0	0.00	0.00
	≥3.0	0.00	13	0.01	0.00

表 7.3-5　不同水深洪水影响分析统计成果

[100 年一遇洪水（1994.6 年型漫堤）]

乡镇名称	水深等级	人口 /万人	GDP /万元	淹没面积 /km²	淹没耕地面积 /hm²
平南镇	合计	13.91	67832	67.74	40.27
	(0，0.5)	0.34	1682	1.68	0.66
	[0.5，1.0)	0.23	1136	1.13	0.60
	[1.0，1.5)	0.34	1663	1.66	0.78
	[1.5，2.0)	0.34	1672	1.67	0.73
	[2.0，2.5)	0.39	1893	1.89	0.90

续表

乡镇名称	水深等级	人口 /万人	GDP /万元	淹没面积 /km²	淹没耕地面积 /hm²
平南镇	[2.5，3.0)	0.47	2270	2.27	1.20
	≥3.0	11.80	57516	57.44	35.40
官成镇	合计	2.23	19921	43.18	27.91
	(0，0.5)	0.06	575	1.25	0.45
	[0.5，1.0)	0.08	693	1.50	0.54
	[1.0，1.5)	0.05	489	1.06	0.42
	[1.5，2.0)	0.10	914	1.98	0.97
	[2.0，2.5)	0.14	1213	2.63	1.29
	[2.5，3.0)	0.09	785	1.70	0.93
	≥3.0	1.71	15252	33.06	23.31
丹竹镇	合计	4.32	51401	65.00	36.05
	(0，0.5)	0.16	1957	2.47	0.95
	[0.5，1.0)	0.14	1699	2.15	0.69
	[1.0，1.5)	0.11	1286	1.63	0.72
	[1.5，2.0)	0.13	1504	1.90	0.74
	[2.0，2.5)	0.15	1824	2.31	0.91
	[2.5，3.0)	0.14	1606	2.03	0.90
	≥3.0	3.49	41525	52.51	31.14
大新镇	合计	1.44	15844	19.23	12.44
	(0，0.5)	0.11	1191	1.45	0.54
	[0.5，1.0)	0.09	952	1.15	0.54
	[1.0，1.5)	0.10	1115	1.35	0.78
	[1.5，2.0)	0.10	1124	1.36	0.81
	[2.0，2.5)	0.15	1622	1.97	1.20
	[2.5，3.0)	0.12	1356	1.65	1.01
	≥3.0	0.77	8484	10.30	7.56
马皮乡	合计	1.53	20516	22.32	15.08
	(0，0.5)	0.05	710	0.77	0.37
	[0.5，1.0)	0.06	828	0.90	0.49
	[1.0，1.5)	0.04	498	0.54	0.34

续表

乡镇名称	水深等级	人口 /万人	GDP /万元	淹没面积 /km²	淹没耕地面积 /hm²
马皮乡	[1.5，2.0)	0.04	530	0.58	0.25
	[2.0，2.5)	0.05	722	0.79	0.40
	[2.5，3.0)	0.13	1737	1.89	1.19
	≥3.0	1.16	15491	16.85	12.04
石咀镇	合计	3.22	29116	41.66	27.48
	(0，0.5)	0.10	891	1.28	0.60
	[0.5，1.0)	0.09	825	1.18	0.52
	[1.0，1.5)	0.12	1044	1.49	0.77
	[1.5，2.0)	0.13	1163	1.66	0.97
	[2.0，2.5)	0.19	1745	2.50	1.47
	[2.5，3.0)	0.27	2420	3.46	2.04
	≥3.0	2.32	21028	30.09	21.11
寻旺乡	合计	2.76	43255	48.45	32.18
	(0，0.5)	0.03	410	0.46	0.23
	[0.5，1.0)	0.03	472	0.53	0.20
	[1.0，1.5)	0.05	755	0.85	0.34
	[1.5，2.0)	0.10	1544	1.73	0.69
	[2.0，2.5)	0.18	2779	3.11	1.65
	[2.5，3.0)	0.17	2698	3.02	1.43
	≥3.0	2.20	34597	38.75	27.64
南木镇	合计	4.57	40069	86.87	55.95
	(0，0.5)	0.38	3311	7.18	3.65
	[0.5，1.0)	0.28	2461	5.34	2.97
	[1.0，1.5)	0.28	2480	5.38	2.96
	[1.5，2.0)	0.34	2991	6.48	3.62
	[2.0，2.5)	0.35	3073	6.66	3.80
	[2.5，3.0)	0.35	3106	6.73	4.27
	≥3.0	2.59	22647	49.10	34.68
塘步镇	合计	0.23	2507	8.01	1.57
	(0，0.5)	0.01	59	0.19	0.02

续表

乡镇名称	水深等级	人口 /万人	GDP /万元	淹没面积 /km²	淹没耕地面积 /hm²
塘步镇	[0.5，1.0)	0.01	125	0.40	0.03
	[1.0，1.5)	0.01	125	0.40	0.06
	[1.5，2.0)	0.01	89	0.29	0.04
	[2.0，2.5)	0.01	78	0.25	0.02
	[2.5，3.0)	0.01	78	0.25	0.03
	≥3.0	0.17	1953	6.23	1.37
龙圩镇	合计	1.45	26383	19.52	7.22
	(0，0.5)	0.06	1100	0.81	0.17
	[0.5，1.0)	0.07	1258	0.93	0.18
	[1.0，1.5)	0.05	914	0.68	0.12
	[1.5，2.0)	0.05	821	0.61	0.09
	[2.0，2.5)	0.05	915	0.68	0.20
	[2.5，3.0)	0.05	898	0.66	0.10
	≥3.0	1.12	20477	15.15	6.36
天平镇	合计	0.01	127	0.48	0.01
	(0，0.5)	0.00	5	0.02	0.00
	[0.5，1.0)	0.00	10	0.04	0.00
	[1.0，1.5)	0.00	8	0.03	0.00
	[1.5，2.0)	0.00	2	0.01	0.00
	[2.0，2.5)	0.00	4	0.01	0.00
	[2.5，3.0)	0.00	0	0.00	0.00
	≥3.0	0.01	98	0.37	0.01
倒水镇	合计	0.94	11325	10.48	2.07
	(0，0.5)	0.04	529	0.49	0.10
	[0.5，1.0)	0.04	432	0.40	0.09
	[1.0，1.5)	0.03	402	0.37	0.08
	[1.5，2.0)	0.04	519	0.48	0.09
	[2.0，2.5)	0.03	367	0.34	0.08
	[2.5，3.0)	0.04	422	0.39	0.10
	≥3.0	0.72	8654	8.01	1.53

续表

乡镇名称	水深等级	人口 /万人	GDP /万元	淹没面积 /km²	淹没耕地面积 /hm²
江口镇	合计	4.64	40955	63.14	29.71
	(0，0.5)	0.30	2660	4.10	1.36
	[0.5，1.0)	0.30	2649	4.08	1.47
	[1.0，1.5)	0.35	3093	4.77	1.59
	[1.5，2.0)	0.41	3607	5.56	1.86
	[2.0，2.5)	0.40	3509	5.41	2.11
	[2.5，3.0)	0.39	3436	5.30	2.12
	≥3.0	2.49	22001	33.92	19.20
安怀镇	合计	0.96	8705	30.44	20.40
	(0，0.5)	0.06	506	1.77	1.13
	[0.5，1.0)	0.06	576	2.01	1.48
	[1.0，1.5)	0.07	638	2.23	1.23
	[1.5，2.0)	0.07	649	2.27	1.30
	[2.0，2.5)	0.05	472	1.65	0.98
	[2.5，3.0)	0.05	478	1.67	1.06
	≥3.0	0.60	5386	18.84	13.22
东华乡	合计	1.02	9218	19.08	13.38
	(0，0.5)	0.06	556	1.15	0.71
	[0.5，1.0)	0.06	549	1.14	0.65
	[1.0，1.5)	0.04	375	0.78	0.53
	[1.5，2.0)	0.04	400	0.83	0.45
	[2.0，2.5)	0.04	335	0.69	0.48
	[2.5，3.0)	0.06	546	1.13	0.69
	≥3.0	0.72	6457	13.36	9.87
蒙江镇	合计	0.37	4230	12.34	3.36
	(0，0.5)	0.01	116	0.34	0.07
	[0.5，1.0)	0.02	176	0.51	0.05
	[1.0，1.5)	0.01	144	0.42	0.08
	[1.5，2.0)	0.02	225	0.66	0.12
	[2.0，2.5)	0.01	156	0.45	0.08

续表

乡镇名称	水深等级	人口/万人	GDP/万元	淹没面积/km²	淹没耕地面积/hm²
蒙江镇	[2.5，3.0)	0.03	299	0.87	0.28
	≥3.0	0.27	3114	9.09	2.68
岭脚镇	合计	0.02	802	3.61	1.17
	(0，0.5)	0.00	23	0.10	0.00
	[0.5，1.0)	0.00	48	0.22	0.00
	[1.0，1.5)	0.00	45	0.20	0.07
	[1.5，2.0)	0.00	48	0.22	0.02
	[2.0，2.5)	0.00	0	0.00	0.00
	[2.5，3.0)	0.00	18	0.08	0.00
	≥3.0	0.02	620	2.79	1.08
武林镇	合计	1.30	15853	18.68	12.58
	(0，0.5)	0.06	694	0.82	0.37
	[0.5，1.0)	0.05	564	0.66	0.39
	[1.0，1.5)	0.04	544	0.64	0.39
	[1.5，2.0)	0.04	470	0.55	0.29
	[2.0，2.5)	0.04	471	0.56	0.33
	[2.5，3.0)	0.04	500	0.59	0.34
	≥3.0	1.03	12610	14.86	10.47
大安镇	合计	5.29	47223	52.12	33.18
	(0，0.5)	0.31	2734	3.02	1.25
	[0.5，1.0)	0.19	1711	1.89	0.91
	[1.0，1.5)	0.21	1902	2.10	0.89
	[1.5，2.0)	0.14	1276	1.41	0.70
	[2.0，2.5)	0.18	1635	1.80	0.94
	[2.5，3.0)	0.15	1337	1.48	0.75
	≥3.0	4.11	36628	40.42	27.74
思旺镇	合计	1.13	5374	20.34	12.23
	(0，0.5)	0.00	23	0.09	0.02
	[0.5，1.0)	0.00	21	0.08	0.00
	[1.0，1.5)	0.03	125	0.47	0.16

续表

乡镇名称	水深等级	人口/万人	GDP/万元	淹没面积/km²	淹没耕地面积/hm²
思旺镇	[1.5，2.0)	0.03	157	0.59	0.21
	[2.0，2.5)	0.03	150	0.57	0.20
	[2.5，3.0)	0.08	357	1.35	0.55
	≥3.0	0.96	4541	17.19	11.09
思界乡	合计	1.98	17730	25.55	14.40
	(0，0.5)	0.03	266	0.38	0.12
	[0.5，1.0)	0.04	364	0.52	0.17
	[1.0，1.5)	0.05	470	0.68	0.35
	[1.5，2.0)	0.10	924	1.33	0.64
	[2.0，2.5)	0.24	2181	3.14	1.79
	[2.5，3.0)	0.32	2837	4.09	2.04
	≥3.0	1.20	10688	15.41	9.29
木圭镇	合计	2.66	23602	43.75	29.65
	(0，0.5)	0.10	842	1.56	0.65
	[0.5，1.0)	0.13	1147	2.13	0.94
	[1.0，1.5)	0.11	996	1.85	1.03
	[1.5，2.0)	0.15	1350	2.50	1.15
	[2.0，2.5)	0.14	1280	2.37	1.19
	[2.5，3.0)	0.15	1345	2.49	1.41
	≥3.0	1.88	16642	30.85	23.28
上渡镇	合计	5.75	37971	94.19	60.06
	(0，0.5)	0.29	1896	4.70	1.82
	[0.5，1.0)	0.26	1742	4.32	1.86
	[1.0，1.5)	0.28	1868	4.63	2.53
	[1.5，2.0)	0.28	1864	4.62	2.46
	[2.0，2.5)	0.39	2564	6.36	3.78
	[2.5，3.0)	0.45	2968	7.36	4.74
	≥3.0	3.80	25069	62.20	42.87
镇隆镇	合计	1.00	8914	21.30	12.76
	(0，0.5)	0.07	627	1.50	0.79

续表

乡镇名称	水深等级	人口 /万人	GDP /万元	淹没面积 /km²	淹没耕地面积 /hm²
	[0.5，1.0)	0.10	867	2.07	1.11
	[1.0，1.5)	0.09	794	1.90	1.08
镇隆镇	[1.5，2.0)	0.11	973	2.33	1.23
	[2.0，2.5)	0.08	697	1.66	0.87
	[2.5，3.0)	0.05	482	1.15	0.74
	≥3.0	0.50	4474	10.69	6.94
	合计	1.00	8834	15.34	10.85
	(0，0.5)	0.15	1302	2.26	1.20
	[0.5，1.0)	0.13	1138	1.98	1.28
木乐镇	[1.0，1.5)	0.12	1101	1.91	1.43
	[1.5，2.0)	0.09	789	1.37	0.87
	[2.0，2.5)	0.09	783	1.36	0.92
	[2.5，3.0)	0.06	543	0.94	0.67
	≥3.0	0.36	3178	5.52	4.48
	合计	0.15	1601	3.40	0.82
	(0，0.5)	0.01	78	0.17	0.01
	[0.5，1.0)	0.01	93	0.20	0.03
藤州镇	[1.0，1.5)	0.01	129	0.27	0.04
	[1.5，2.0)	0.01	85	0.18	0.03
	[2.0，2.5)	0.01	88	0.19	0.01
	[2.5，3.0)	0.01	60	0.13	0.03
	≥3.0	0.09	1068	2.26	0.67
	合计	0.35	3103	10.78	7.96
	(0，0.5)	0.00	35	0.12	0.06
	[0.5，1.0)	0.00	44	0.15	0.09
西山镇	[1.0，1.5)	0.01	110	0.38	0.25
	[1.5，2.0)	0.02	158	0.55	0.38
	[2.0，2.5)	0.03	224	0.78	0.53
	[2.5，3.0)	0.03	234	0.81	0.65
	≥3.0	0.26	2298	7.99	6.00

续表

乡镇名称	水深等级	人口/万人	GDP/万元	淹没面积/km²	淹没耕地面积/hm²
金田镇	合计	0.12	1117	2.27	0.66
	(0，0.5)	0.01	101	0.20	0.05
	[0.5，1.0)	0.01	119	0.24	0.03
	[1.0，1.5)	0.02	203	0.41	0.14
	[1.5，2.0)	0.02	164	0.33	0.07
	[2.0，2.5)	0.01	72	0.15	0.00
	[2.5，3.0)	0.01	77	0.16	0.03
	≥3.0	0.04	381	0.78	0.34

7.3.2 洪灾评估系统

以浔江防洪保护区为试点，建设了珠江洪灾评估系统。该系统是珠江水利委员会防汛抗旱指挥系统二期工程的重要组成部分，为评估分析珠江流域洪灾灾情、指导抗灾减灾工作提供技术手段。系统在数据汇集平台、应用支撑平台和防汛抗旱综合数据库的支撑下，与防洪调度系统、防汛业务管理系统和防汛会商支持系统一起组成有机的整体，实现与水情应用、抗旱管理应用的资源共享或交互操作，分析各种洪灾损失，评估灾情等级，为珠江流域防汛减灾决策的制定提供依据。珠江洪灾评估系统有以下特点：

(1) 功能全面。系统包括灾前评估、灾中评估和灾后评估模块，可为灾前调度、灾中抢险、灾后重建提供技术支撑。

(2) 实时高效。可实时获取雨水情数据，进行灾前、灾中快速评估。

(3) 无缝衔接。可与流域洪水风险图集成与管理系统、洪水高速计算系统等实现无缝衔接，也可基于已有洪水风险图成果或洪水淹没实时计算结果进行洪灾评估。

珠江洪灾评估系统由综合信息、灾前评估、灾中评估、灾后评估和系统管理模块组成，功能结构如图 7.3-1 所示。综合信息模块包括气象信息、雨情信息、水情信息、预报信息、历史洪水信息、洪水风险图等子模块，实现相应信息的查询与展示。灾前评估模块包括相似洪水评估和洪水风险图评估、灾前评估成果 3 个子模块，该模块是通过相似洪水评估及洪水风险图评估两种方法预测受淹区域、判断洪水特性及统计风险信息。灾中评估模块包括实测洪水评估、遥感监测评估、灾中评估成果 3 个子模块，该模块以浔江段防洪保护区为试点区域，根据河道水位站的实测水位信息或淹没区的遥感影像资料，对淹没范围内的洪水影响及损失进行评估。灾后评估模块包括灾情统计、灾情对比、场次评估、年度评估、灾后评估成果、评估报告

6个子模块，该模块对流域片内各省（自治区）上报的灾情信息进行综合查询、对比统计、洪涝灾害等级评估，并与中央系统对接、上报灾情等。

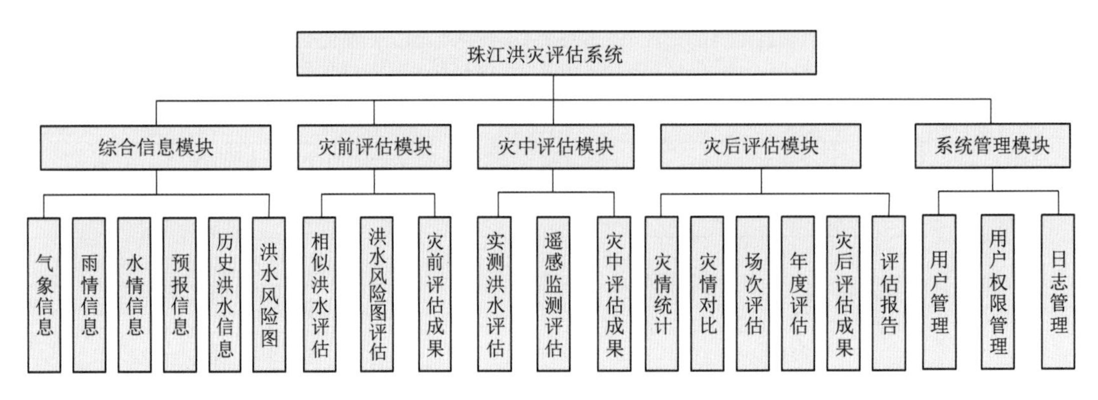

图7.3-1 洪灾评估系统功能结构图

系统主要功能包括以下几项：

（1）相似洪水评估。通过得到某个站点的实时洪峰或3日、7日洪量，经过相似洪水评估模型进行洪水特性分析，并与历史洪水比较，获取洪水特性相近的历史场次洪灾，进而确定受淹区域，判断洪水特性及统计风险信息。

（2）洪水风险图评估。通过得到某个站点的实时洪峰或3日、7日洪量，经过基于洪水风险图评估模型进行洪水特性分析，查询获取与当前洪水特性相近的已有风险图计算方案，从而确定相应的受淹区域和淹没水深。

（3）实测洪水评估。基于实测洪水的淹没区确定是指依托河道控制断面的实测流量、水位信息，根据河道历史洪水水面线及各典型频率洪水水面线成果，拟合当前的河道水面线，并结合河道堤防信息（堤顶高程、保护面积、保护人口等），判断可能漫溢的堤防及受淹区域、受淹耕地和影响人口。

（4）遥感监测评估。遥感监测灾情评估模型基于无人机、专用机等的航空遥感图像进行珠江流域实时洪水淹没范围监测，并对淹没范围内的洪水影响及损失进行灾中评估。

（5）灾后评估。以《水旱灾害统计报表制度》为依据，直接对已经上报的灾情信息进行综合查询和对比统计分析，对综合洪涝灾害发生后珠江流域内各行政区划范围内的灾情基本情况、农牧林渔业灾情、工业交通运输业灾情、水利设施灾情等各类灾情指标进行对比分析，按照场次洪灾计算公式计算得出洪涝灾情评估值，然后根据洪涝灾情评估值与场次洪涝灾害等级划分标准确定洪涝灾后等级、生成评估报告并输出。此外，按照年度洪灾计算公式计算得出洪涝灾情评估值，然后根据洪涝灾情评估值与年度洪涝灾害等级划分标准确定洪涝灾后等级、生成评估报告并输出。

珠江洪灾评估系统主要功能模块典型界面见图7.3-2～图7.3-5。

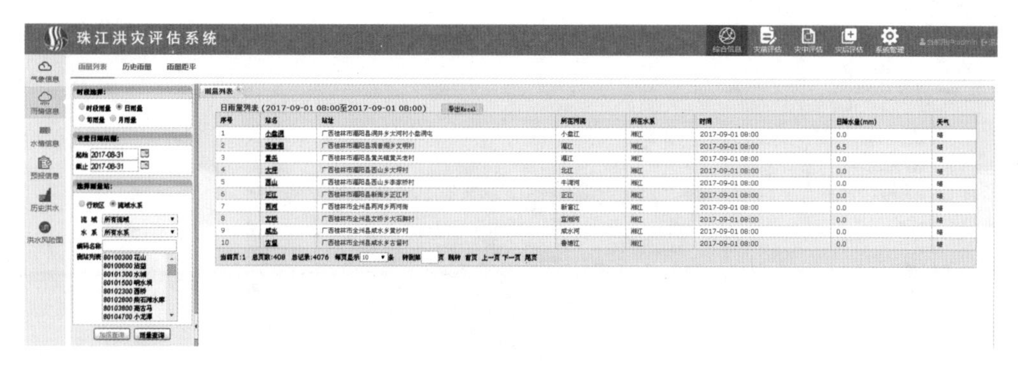

（a）雨情信息

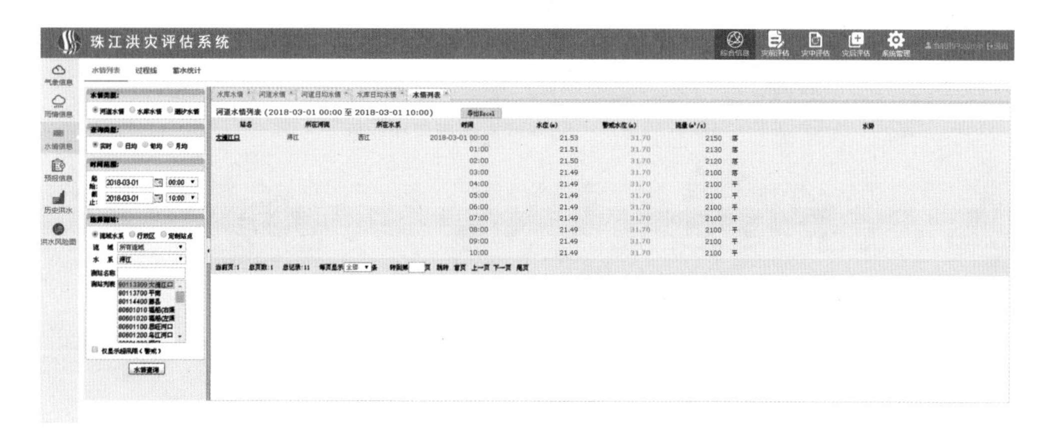

（b）水情信息

（c）历史洪水信息

图 7.3-2（一） 综合信息模块界面

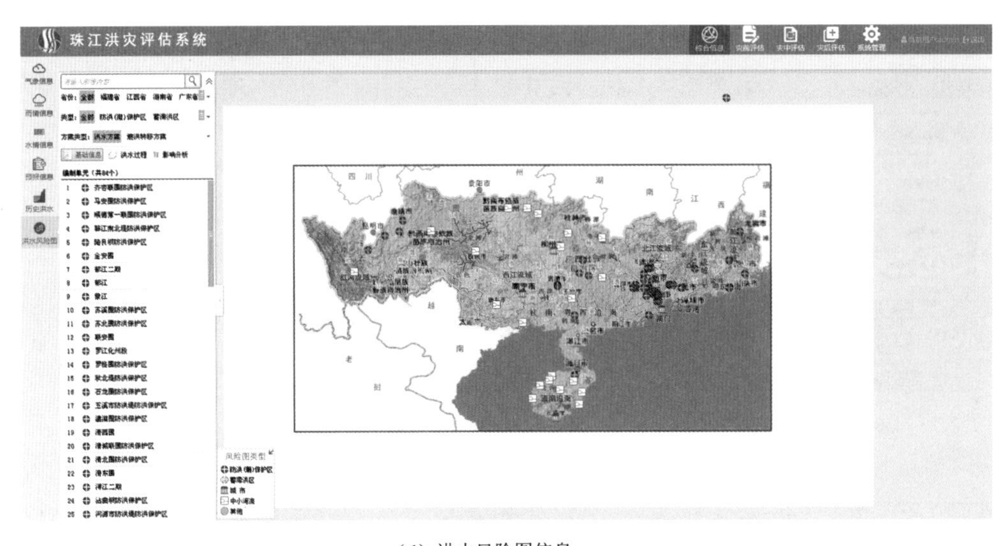

（d）洪水风险图信息

图7.3-2（二） 综合信息模块界面

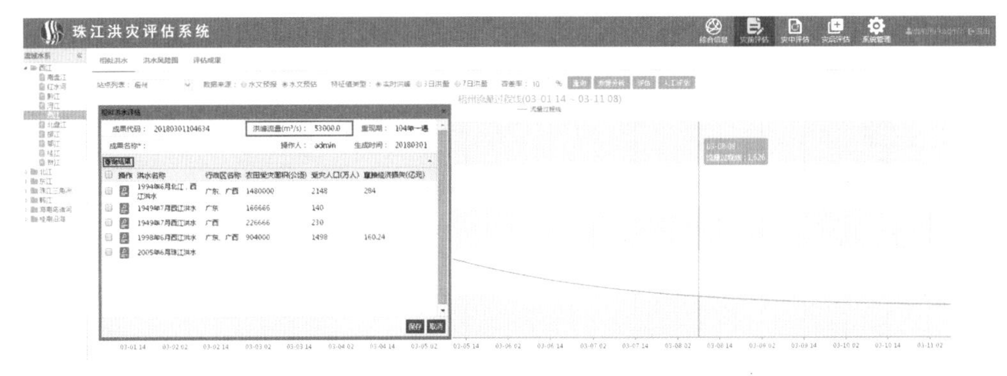

（a）相似洪水评估

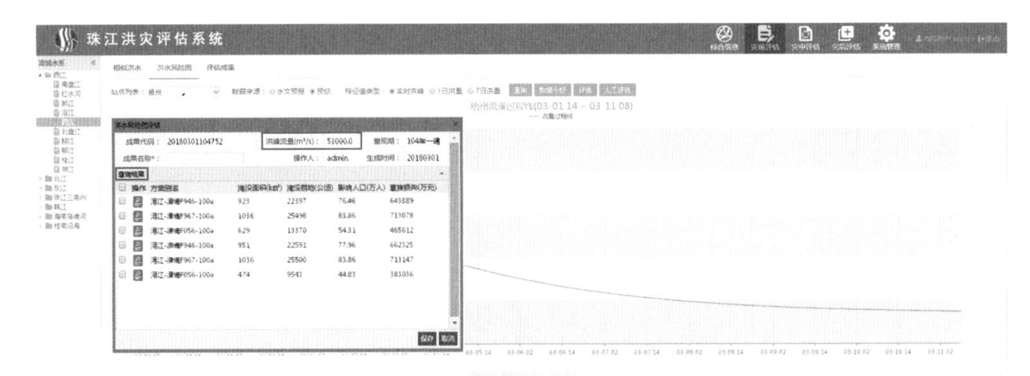

（b）洪水风险图评估

图7.3-3 灾前评估模块界面

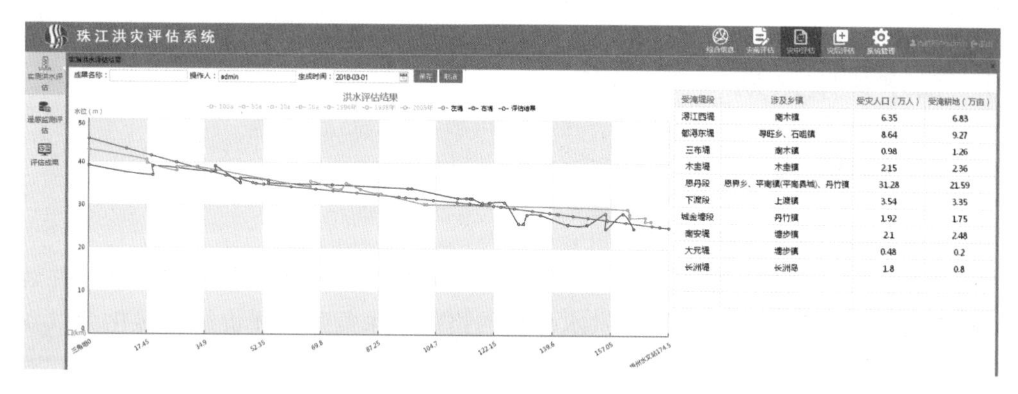

（a）实测洪水评估

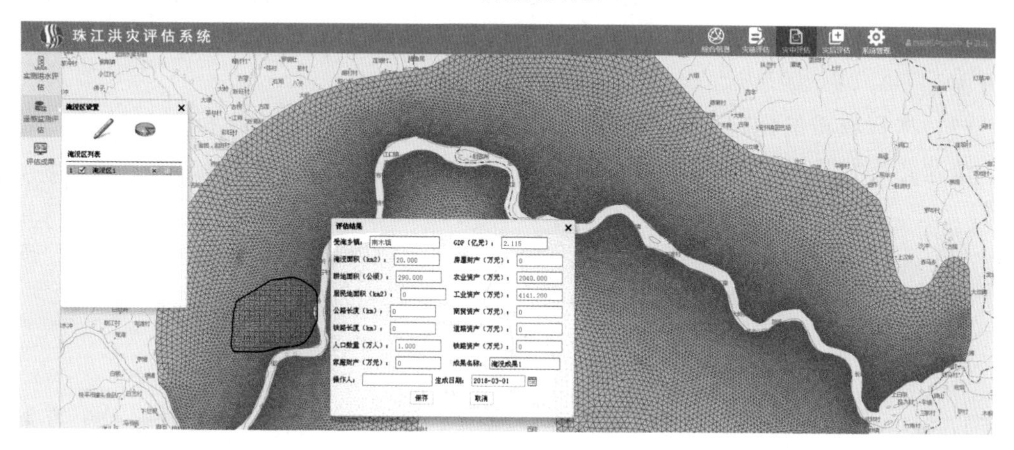

（b）遥感监测评估

图 7.3-4　灾中评估模块界面

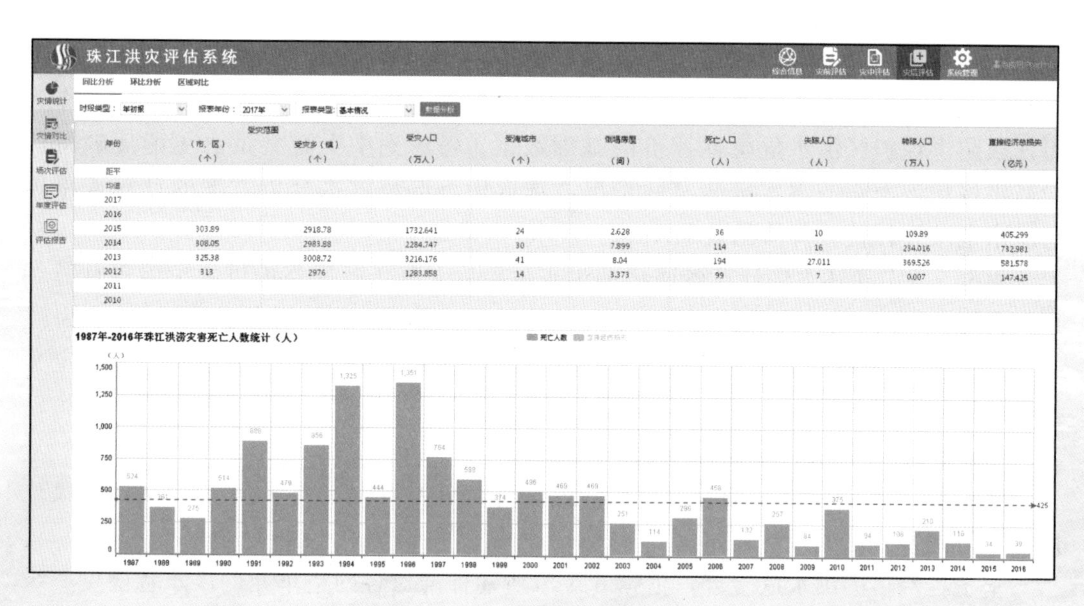

图 7.3-5　灾后评估模块界面

7.4 洪水风险区划

7.4.1 洪水危险性评价

按以下步骤开展洪水危险性评价：

(1) 评价单元选择。选取洪水分析网格作为洪水危险性评价的基本单元，并运用GIS的空间叠加分析功能，将基于洪水分析网格的洪水危险性评价结果转化为以乡镇为基本单元的洪水危险性评价结果。

(2) 评价指标选择。选取流速（u_1）、淹没水深（u_2）作为洪水危险性评价指标。这些指标是不同设计频率下多方案洪水分析成果的综合，能体现洪水频度和强度两个方面。

(3) 指标权重的确定。采用层次分析法（AHP）进行评价指标权重计算。经计算，流速指标权重 ω_1、淹没水深指标权重 ω_2 为

$$\omega_1=0.25 \qquad \omega_2=0.75$$

(4) 不同洪水方案计算结果的综合分析。不同洪水分析方案见表7.3-1。按下式进行不同洪水方案计算结果的综合：

$$(u_1)_i=\sum_{k=1}^{N} f_k(v_k^{\max})_i \qquad (u_2)_i=\sum_{k=1}^{N} f_k(h_k^{\max})_i$$

式中：$(u_1)_i$、$(u_2)_i$ 为第 i 个网格的流速、淹没水深评价指标值；f_k 为第 k 个方案的洪水频率；$(v_k^{\max})_i$、$(h_k^{\max})_i$ 分别为第 k 个方案计算成果中第 i 个网格的最大流速、最大淹没水深；N 为方案数量。

由于堤防溃决属于工程失险事件，具有极强的不确定性，而已有洪水风险图项目确定的溃口难以全面反映整个浔江河段的堤防险工险段情况，因此，从整个防洪保护区洪水风险区划的角度考虑，选取无溃口条件下的漫堤洪水淹没分析成果作为浔江段防洪保护区洪水危险性评价的基础数据。考虑到中下游型洪水更能反映浔江段防洪保护区面临的洪水威胁实际情况，选取中下游型洪水分析方案的计算成果进行洪水危险性评价，具体见表7.4-1。

根据5.2节所述方法计算各网格的洪水危险度。基于各网格的洪水危险度计算结果，利用ArcMap的空间叠加分析功能，计算得到各乡镇的洪水危险度。具体步骤为：

Step1：将网格的洪水危险度计算结果（面状shp文件）转换为栅格文件，定义栅格的尺寸为100m。

Step2：将栅格文件转换为点状shp文件。

Step3：利用ArcMap的叠置分析功能（Spatial Join），基于点状shp文件的风险度计算得到各乡镇的风险度。

基于各网格的洪水危险度，依据5.2节所述标准对各网格单元的洪水危险度等级进行评价。基于各乡镇的洪水危险度，依据5.2节所述标准对各乡镇的洪水危险度等

级进行评价。利用 ArcMap 的叠置分析功能，计算得到各乡镇的洪水危险度，见表 7.4-2。

表 7.4-1 洪水分析方案选择

序号	方案名称	方案说明
1	10 年一遇洪水 (2005.6 年型漫堤)	珠江流域浔江防洪保护区发生 10 年一遇洪水 (2005.6 年型漫堤)
2	20 年一遇洪水 (2005.6 年型漫堤)	珠江流域浔江防洪保护区发生 20 年一遇洪水 (2005.6 年型漫堤)
3	50 年一遇洪水 (2005.6 年型漫堤)	珠江流域浔江防洪保护区发生 50 年一遇洪水 (2005.6 年型漫堤)
4	100 年一遇洪水 (2005.6 年型漫堤)	珠江流域浔江防洪保护区发生 100 年一遇洪水 (2005.6 年型漫堤)

表 7.4-2 区划范围内各乡镇的洪水危险度计算结果

区域名称	洪水危险度	区域名称	洪水危险度
西山镇	0.0384	思旺镇	0.0016
江口镇	0.0001	武林镇	0.0001
金田镇	0.0001	大新镇	0.0001
马皮乡	0.0238	大洲镇	0.0001
木圭镇	0.0206	镇隆镇	0.0001
南木镇	0.0001	藤州镇	0.0073
社坡镇	0.0001	和平镇	0.0001
石咀镇	0.0406	蒙江镇	0.0587
寻旺乡	0.0730	塘步镇	0.0170
垌心乡	0.0001	天平镇	0.0065
木乐镇	0.0001	金鸡镇	0.0001
平南镇	0.0217	埌南镇	0.0001
安怀镇	0.0081	太平镇	0.0001
大安镇	0.0001	岭脚镇	0.0594
丹竹镇	0.0090	龙圩镇	0.0116
东华乡	0.0057	大坡镇	0.0001
官城镇	0.0103	新地镇	0.0001
上渡镇	0.0028	长洲镇	0.1402
思界乡	0.0011	龙湖镇	0.0028
城东镇	0.0176	倒水镇	0.0514

结合各乡镇的洪水危险度分布情况，按下列标准对区划范围内各乡镇的洪水危险度进行等级评价，评价结果见表7.4-3和图7.4-1。

1）极低等：$W \leqslant 0.002$。

2）低等：$0.002 < W \leqslant 0.01$。

3）中等：$0.01 < W \leqslant 0.02$。

4）高等：$0.02 < W \leqslant 0.05$。

5）极高等：$W > 0.05$。

表7.4-3　　区划范围内各乡镇的洪水危险等级评价结果

区域名称	洪水危险等级	区域名称	洪水危险等级
西山镇	高等	思旺镇	极低等
江口镇	极低等	武林镇	极低等
金田镇	极低等	大新镇	极低等
马皮乡	高等	大洲镇	极低等
木圭镇	高等	镇隆镇	极低等
南木镇	极低等	藤州镇	低等
社坡镇	极低等	和平镇	极低等
石咀镇	高等	蒙江镇	极高等
寻旺乡	极高等	塘步镇	中等
垌心乡	极低等	天平镇	低等
木乐镇	极低等	金鸡镇	极低等
平南镇	高等	埌南镇	极低等
安怀镇	低等	太平镇	极低等
大安镇	极低等	岭脚镇	极高等
丹竹镇	低等	龙圩镇	中等
东华乡	低等	大坡镇	极低等
官城镇	中等	新地镇	极低等
上渡镇	低等	长洲镇	极高等
思界乡	极低等	龙湖镇	低等
城东镇	中等	倒水镇	极高等

7.4.2 洪灾易损性评价

1. 评价步骤

按以下步骤开展洪灾易损性评价：

(1) 评价单元选择。选取乡镇作为洪灾易损性评价的基本单元。

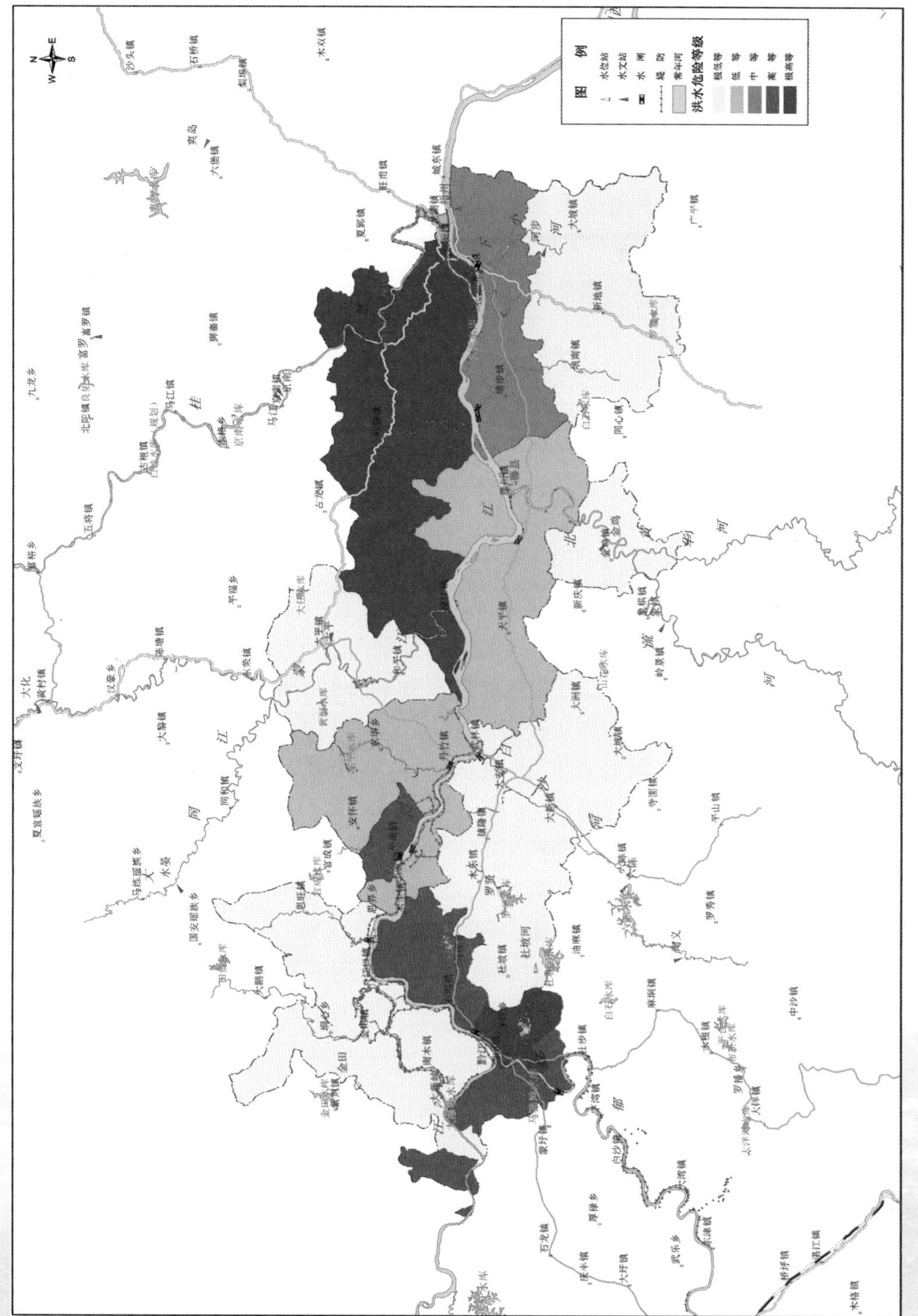

图 7.4-1 区划范围内各乡镇的洪水危险等级评价结果

（2）评价指标选择。采用经济、人口、居民地、农用地作为洪灾易损性评价指标。其中：选择GDP密度来描述经济易损性，GDP密度即单位土地面积上的GDP产值（亿元/km^2）；采用人口密度指标描述人口易损性，其计算方式是年末常住人口总数除以行政区域的土地面积，单位为人/km^2；采用单位土地面积上的年末居民居住户数（户/km^2），即居住户数密度来表示居民居住情况；采用耕地面积密度（hm^2/km^2）来反映农业密集程度。

（3）指标权重的确定。采用层次分析法（AHP）进行评价指标权重计算。经计算，各指标的评价权重为：$\omega_{经济}=0.20$，$\omega_{人口}=0.36$，$\omega_{居民地}=0.15$，$\omega_{农用地}=0.29$。

（4）评价指标的标准化。区划范围内各乡镇的社会经济资料、洪灾易损性评价指标值及其标准化值分别见表7.4－4～表7.4－6。

（5）洪灾易损度计算。按下式计算洪灾易损度：

$$Y=\omega_{经济}u_{经济}+\omega_{人口}u_{人口}+\omega_{居民地}u_{居民地}+\omega_{农用地}u_{农用地}$$

各乡镇的洪灾易损度计算结果见表7.4－7。

（6）洪灾易损度等级标准确定。由各乡镇的洪灾易损度计算结果可得所有乡镇易损度的最小值$\alpha_{min}=0.013$，最大值$\alpha_{max}=0.733$，平均值$\alpha=0.268$，标准差$\sigma=0.170$。

基于正态分布假设，按以下原则确定易损度分布累积概率阈值：①极低与低等的累积概率阈值$F=20\%$；②低等与中等的累积概率阈值$F=40\%$；③中等与高等的累积概率阈值$F=60\%$；④高等与极高等的累积概率阈值$F=80\%$。其中，F为基于正态分布假设的累积概率。

根据F的值可以推求得到相应的洪灾易损度阈值：①极低与低等的阈值norminv(0.2，α，σ)＝0.125；②低等与中等的阈值：norminv（0.4，α，σ）＝0.225；③中等与高等的阈值：norminv（0.6，α，σ）＝0.311；④高等与极高等的阈值：norminv（0.8，α，σ）＝0.411。其中，norminv为正态分布函数的反函数。

由上述阈值可得洪灾易损度等级评价标准：

（1）极低等：$Y\leqslant 0.125$。

（2）低等：$0.125<Y\leqslant 0.225$。

（3）中等：$0.225<Y\leqslant 0.311$。

（4）高等：$0.311<Y\leqslant 0.411$。

（5）极高等：$Y>0.411$。

2. 评价结果

根据上述标准对洪灾易损性等级进行评价，结果见表7.4－5。由表7.4－5可知：

（1）属于极低等易损性的乡镇有10个，分别为垌心乡、安怀镇、大洲镇、蒙江镇、天平镇、金鸡镇、埌南镇、岭脚镇、大坡镇、龙湖镇。

（2）属于低等易损性的乡镇有6个，分别为南木镇、官城镇、藤州镇、塘步镇、太平镇、新地镇。

(3) 属于中等易损性的乡镇有7个，分别为金田镇、丹竹镇、东华乡、思旺镇、镇隆镇、和平镇、龙圩镇。

(4) 属于高等易损性的乡镇有9个，分别为西山镇、江口镇、马皮乡、木圭镇、社坡镇、石咀镇、思界乡、武林镇、大新镇。

(5) 属于极高等易损性的乡镇有6个，分别为寻旺乡、木乐镇、平南镇、大安镇、上渡镇、长洲镇。

表 7.4-4　　区划范围内各乡镇的社会经济资料（2014年）

区域名称	区域面积 /km^2	GDP /万元	常住人口 /人	户数	耕地面积 /hm^2
西山镇	301	1000930	230000	63825	3170
江口镇	153	150576	73618	20596	4254
金田镇	153	138119	68751	19234	3298
马皮乡	63	70362	37798	10634	1723
木圭镇	111	118320	60576	16793	3092
南木镇	221	189898	90514	25662	2608
社坡镇	103	71920	53000	14811	2851
石咀镇	72	98729	44218	12371	2217
寻旺乡	108	104226	60932	17162	4287
垌心乡	112	46486	18120	5069	776
木乐镇	87	385115	61135	17259	2357
平南镇	112	452900	160660	44655	3142
安怀镇	209	140539	55456	15903	2458
大安镇	124	102587	89188	25577	3807
丹竹镇	158	149362	78358	22471	3809
东华乡	82	60721	29225	8381	1734
官城镇	203	143990	77344	22180	3517
上渡镇	94	83087	66386	19038	3090
思界乡	45	41985	24990	7167	1185
思旺镇	167	118147	76301	21881	4090
武林镇	43	56417	22728	6545	1034
大新镇	125	105552	90480	25947	3138
大洲镇	113	96973	31736	9047	1000

续表

区域名称	区域面积/km^2	GDP/万元	常住人口/人	户数	耕地面积/hm^2
镇隆镇	157	106184	69540	19683	3608
藤州镇	368	444257	159655	41909	3326
和平镇	173	224636	80285	22080	3011
蒙江镇	297	234960	86999	23927	3177
塘步镇	238	160773	65567	18032	2863
天平镇	349	187241	82472	22681	2789
金鸡镇	250	111787	71583	19687	2259
埌南镇	201	146894	48880	13625	1942
太平镇	279	250820	104615	28771	3035
岭脚镇	323	313277	59596	15892	3833
龙圩镇	158	402053	84044	21835	2332
大坡镇	332	250168	58303	15806	4264
新地镇	301	239643	70563	18366	4468
长洲镇	36	1239638	47953	12561	406
龙湖镇	67	153468	11326	3071	117

表 7.4-5　区划范围内各乡镇的洪灾易损性评价指标值（2014年）

区域名称	GDP密度/(亿元/km^2)	人口密度/(人/km^2)	居住户数密度/(户/km^2)	耕地面积密度/(hm^2/km^2)
西山镇	0.333	764.120	212.044	10.532
江口镇	0.098	481.163	134.615	27.804
金田镇	0.090	449.353	125.714	21.556
马皮乡	0.112	599.968	168.796	27.349
木圭镇	0.107	545.730	151.284	27.856
南木镇	0.086	409.566	116.117	11.801
社坡镇	0.070	514.563	143.800	27.680
石咀镇	0.137	614.139	171.817	30.792
寻旺乡	0.097	564.185	158.909	39.694
垌心乡	0.042	161.786	45.263	6.929

续表

区域名称	GDP密度/(亿元/km²)	人口密度/(人/km²)	居住户数密度/(户/km²)	耕地面积密度/(hm²/km²)
木乐镇	0.443	702.701	198.376	27.092
平南镇	0.404	1434.464	398.706	28.054
安怀镇	0.067	265.340	76.092	11.761
大安镇	0.083	719.258	206.266	30.702
丹竹镇	0.095	495.937	142.219	24.108
东华乡	0.074	356.402	102.205	21.146
官城镇	0.071	381.005	109.262	17.325
上渡镇	0.088	706.234	202.530	32.872
思界乡	0.093	555.333	159.257	26.333
思旺镇	0.071	456.892	131.024	24.491
武林镇	0.131	528.558	152.206	24.047
大新镇	0.084	723.840	207.575	25.104
大洲镇	0.086	280.850	80.066	8.850
镇隆镇	0.068	442.930	125.368	22.981
藤州镇	0.121	433.845	113.882	9.038
和平镇	0.130	464.075	127.631	17.405
蒙江镇	0.079	292.926	80.562	10.697
塘步镇	0.068	275.492	75.765	12.029
天平镇	0.054	236.309	64.989	7.991
金鸡镇	0.045	286.332	78.746	9.036
埌南镇	0.073	243.184	67.785	9.662
太平镇	0.090	374.964	103.123	10.878
岭脚镇	0.097	184.508	49.202	11.867
龙圩镇	0.254	531.924	138.195	14.759
大坡镇	0.075	175.611	47.608	12.843
新地镇	0.080	234.429	61.017	14.844
长洲镇	3.443	1332.028	348.911	11.278
龙湖镇	0.229	169.045	45.838	1.746

表7.4-6 区划范围内各乡镇的洪灾易损性评价指标标准化值（2014年）

区域名称	GDP密度	人口密度	居住户数密度	耕地面积密度
西山镇	0.086	0.473	0.472	0.232
江口镇	0.017	0.251	0.253	0.687
金田镇	0.014	0.226	0.228	0.522
马皮乡	0.021	0.344	0.350	0.675
木圭镇	0.019	0.302	0.300	0.688
南木镇	0.013	0.195	0.200	0.265
社坡镇	0.008	0.277	0.279	0.683
石咀镇	0.028	0.355	0.358	0.765
寻旺乡	0.016	0.316	0.322	1.000
垌心乡	0.000	0.000	0.000	0.137
木乐镇	0.118	0.425	0.433	0.668
平南镇	0.107	1.000	1.000	0.693
安怀镇	0.008	0.081	0.087	0.264
大安镇	0.012	0.438	0.456	0.763
丹竹镇	0.016	0.263	0.274	0.589
东华乡	0.010	0.153	0.161	0.511
官城镇	0.009	0.172	0.181	0.411
上渡镇	0.014	0.428	0.445	0.820
思界乡	0.015	0.309	0.323	0.648
思旺镇	0.009	0.232	0.243	0.599
武林镇	0.026	0.288	0.303	0.588
大新镇	0.013	0.442	0.459	0.616
大洲镇	0.013	0.094	0.098	0.187
镇隆镇	0.008	0.221	0.227	0.560
藤州镇	0.023	0.214	0.194	0.192
和平镇	0.026	0.238	0.233	0.413
蒙江镇	0.011	0.103	0.100	0.236
塘步镇	0.008	0.089	0.086	0.271
天平镇	0.004	0.059	0.056	0.165
金鸡镇	0.001	0.098	0.095	0.192
埌南镇	0.009	0.064	0.064	0.209

续表

区域名称	GDP 密度	人口密度	居住户数密度	耕地面积密度
太平镇	0.014	0.168	0.164	0.241
岭脚镇	0.016	0.018	0.011	0.267
龙圩镇	0.063	0.291	0.263	0.343
大坡镇	0.010	0.011	0.007	0.292
新地镇	0.011	0.057	0.045	0.345
长洲镇	1.000	0.920	0.859	0.251
龙湖镇	0.055	0.006	0.002	0.000

表 7.4-7　　区划范围内各乡镇的洪灾易损度计算结果

区域名称	洪灾易损度	洪灾易损性等级	区域名称	洪灾易损度	洪灾易损性等级
西山镇	0.325	高等	思旺镇	0.295	中等
江口镇	0.331	高等	武林镇	0.325	高等
金田镇	0.270	中等	大新镇	0.409	高等
马皮乡	0.376	高等	大洲镇	0.105	极低等
木圭镇	0.357	高等	镇隆镇	0.277	中等
南木镇	0.180	低等	藤州镇	0.166	低等
社坡镇	0.341	高等	和平镇	0.245	中等
石咀镇	0.409	高等	蒙江镇	0.123	极低等
寻旺乡	0.455	极高等	塘步镇	0.125	低等
垌心乡	0.040	极低等	天平镇	0.078	极低等
木乐镇	0.435	极高等	金鸡镇	0.105	极低等
平南镇	0.732	极高等	埌南镇	0.095	极低等
安怀镇	0.120	极低等	太平镇	0.157	低等
大安镇	0.450	极高等	岭脚镇	0.089	极低等
丹竹镇	0.310	中等	龙圩镇	0.256	中等
东华乡	0.229	中等	大坡镇	0.092	极低等
官城镇	0.210	低等	新地镇	0.130	低等
上渡镇	0.461	极高等	长洲镇	0.733	极高等
思界乡	0.351	高等	龙湖镇	0.013	极低等

区划范围内各乡镇的社会经济分布情况见图 7.4-2，洪灾易损性评价指标标准化值分布情况见图 7.4-3，洪灾易损性评价指标标准化值分布情况见图 7.4-4，洪灾易损度分布情况见图 7.4-5。洪灾易损性等级分布情况见图 7.4-6。

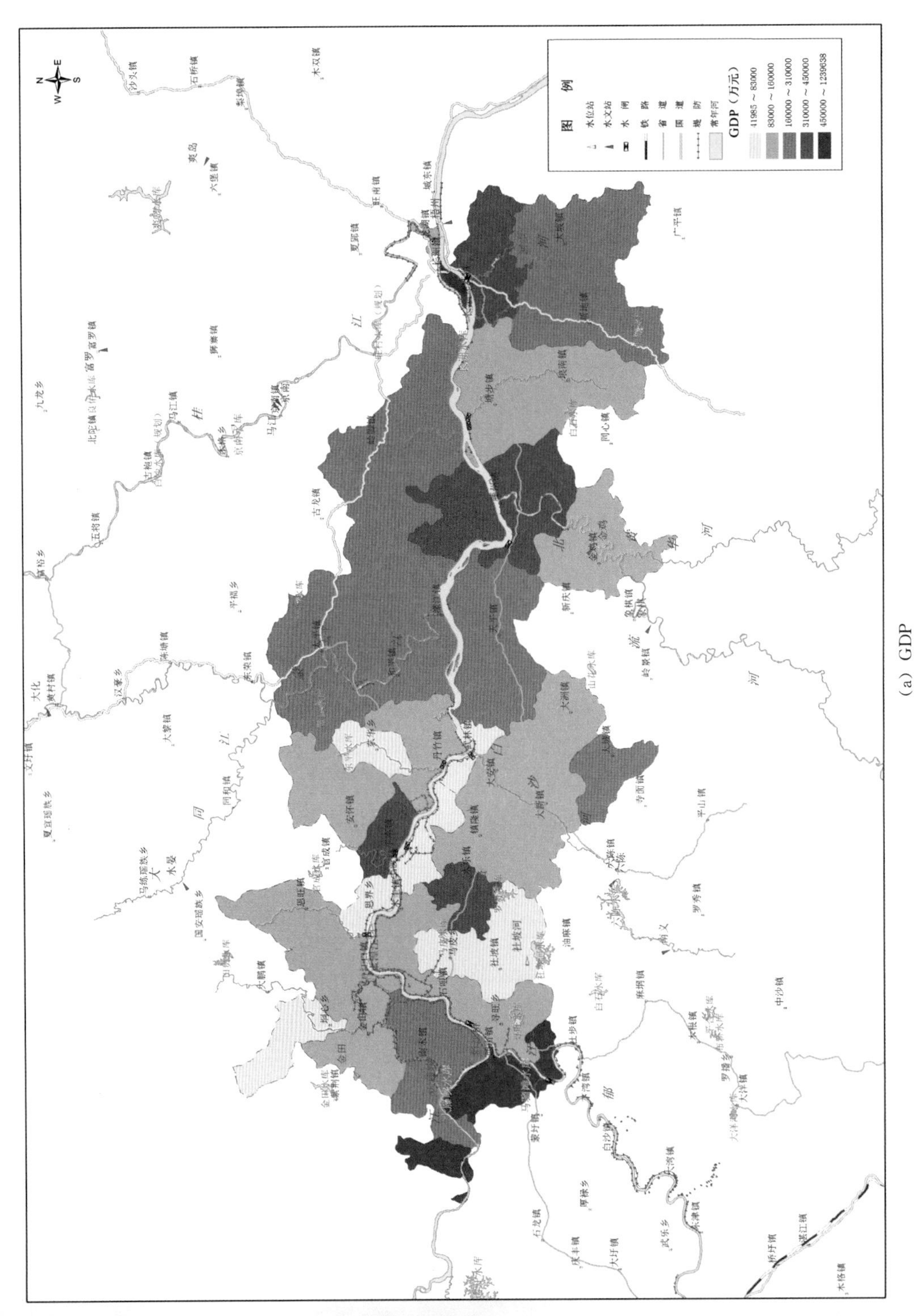

（a）GDP

图 7.4－2（一） 区划范围内各乡镇的社会经济分布情况（2014 年）

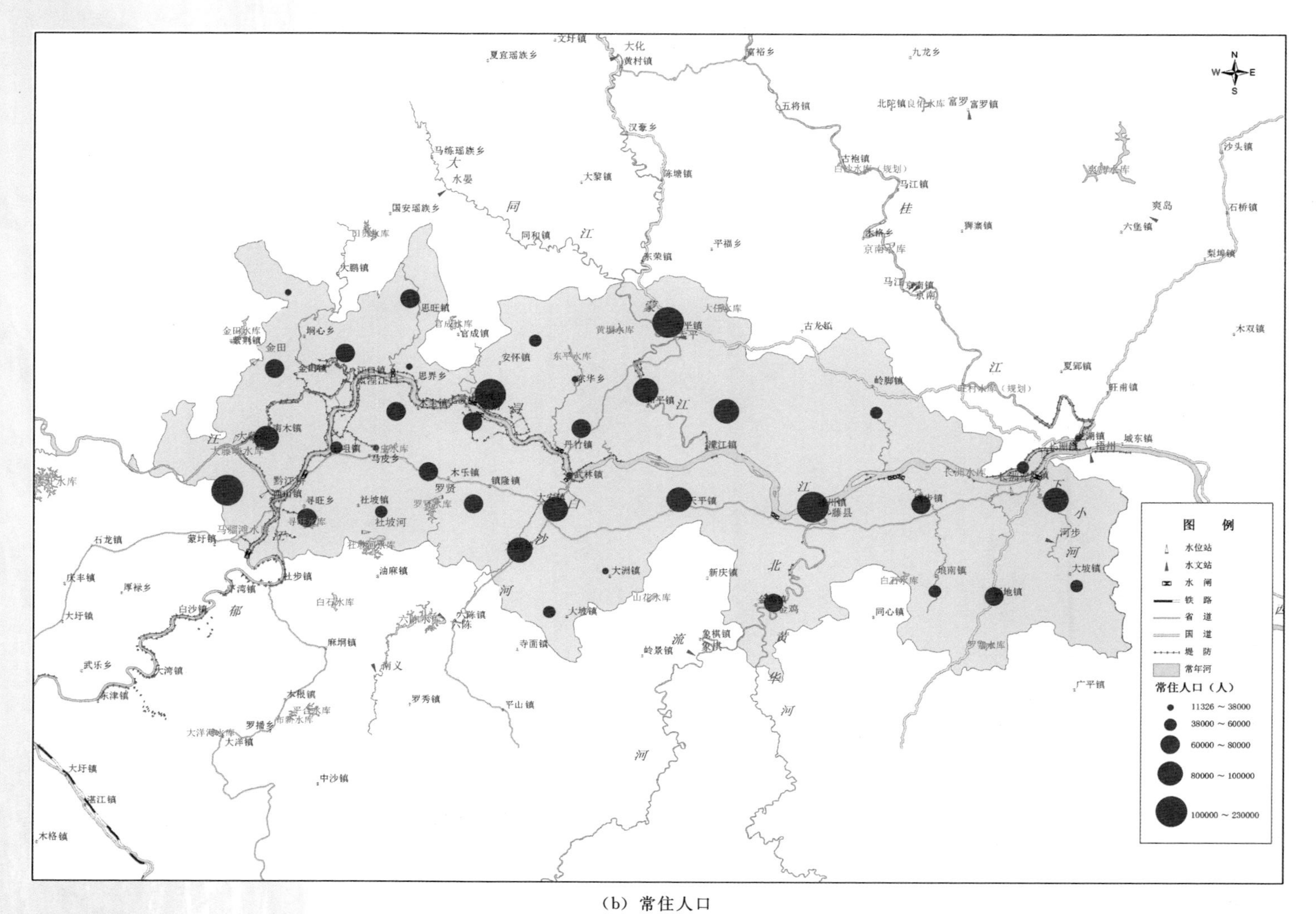

（b）常住人口

图 7.4-2（二） 区划范围内各乡镇的社会经济分布情况（2014 年）

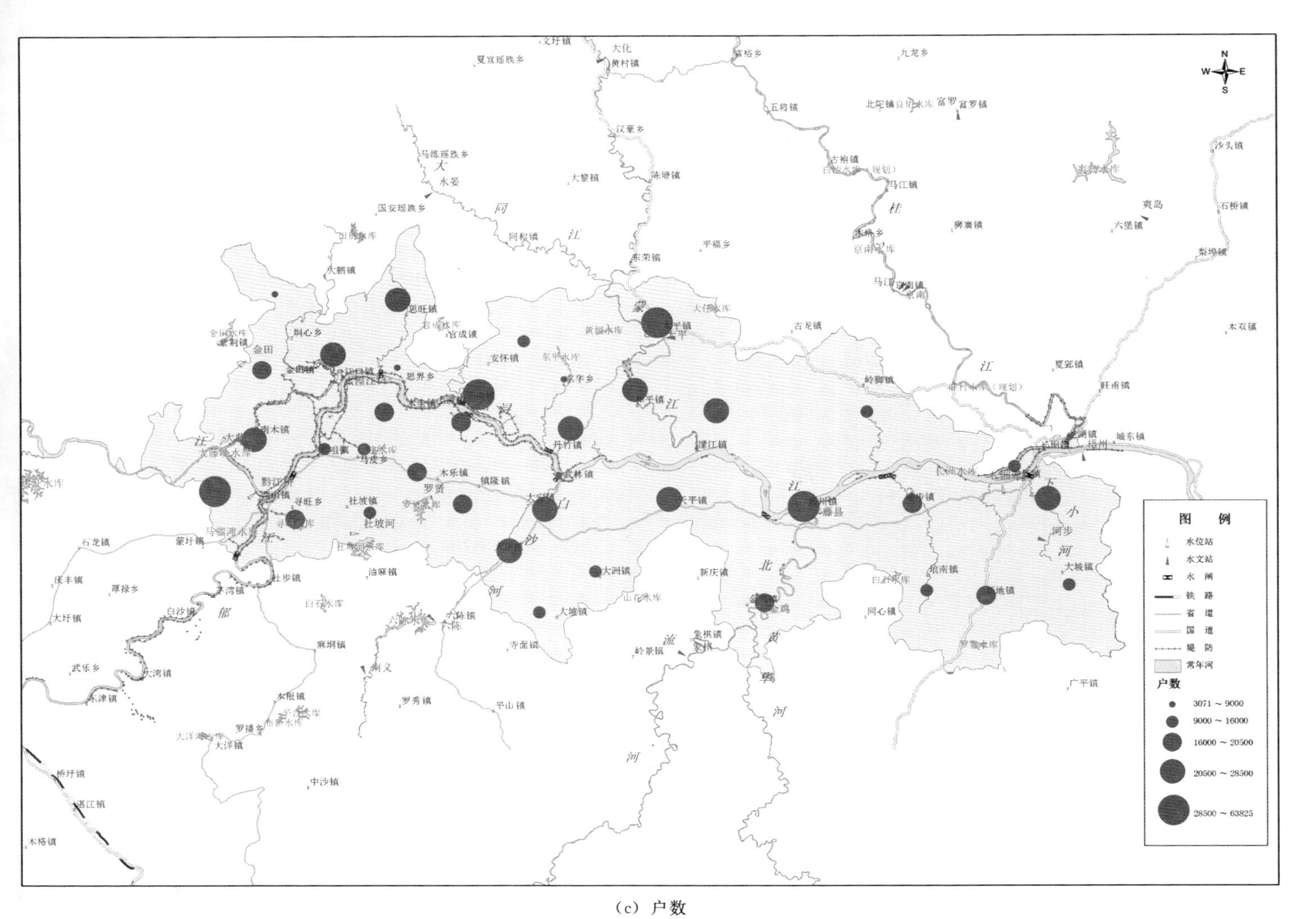

(c) 户数

图7.4-2(三) 区划范围内各乡镇的社会经济分布情况（2014年）

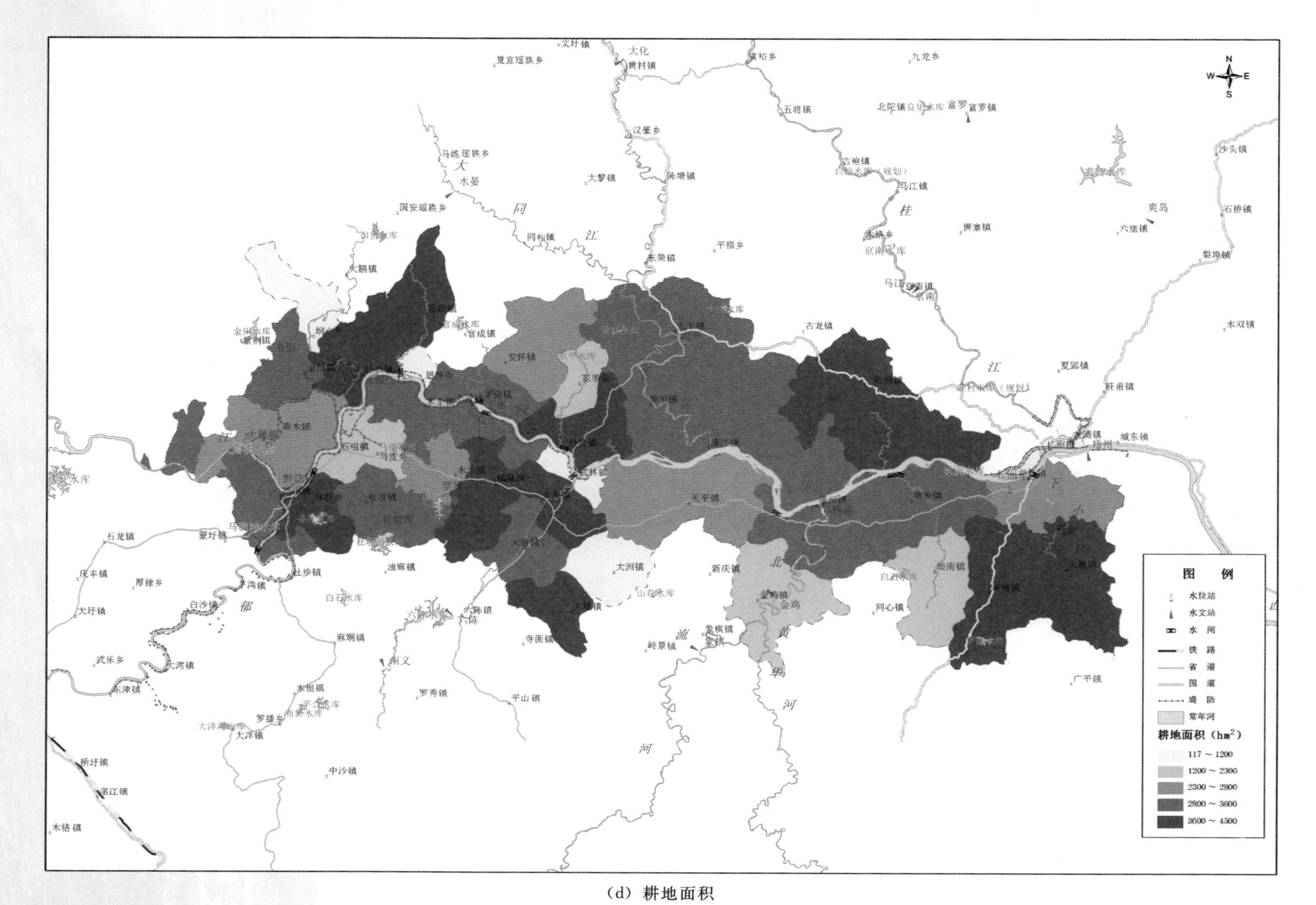

（d）耕地面积

图7.4-2（四） 区划范围内各乡镇的社会经济分布情况（2014年）

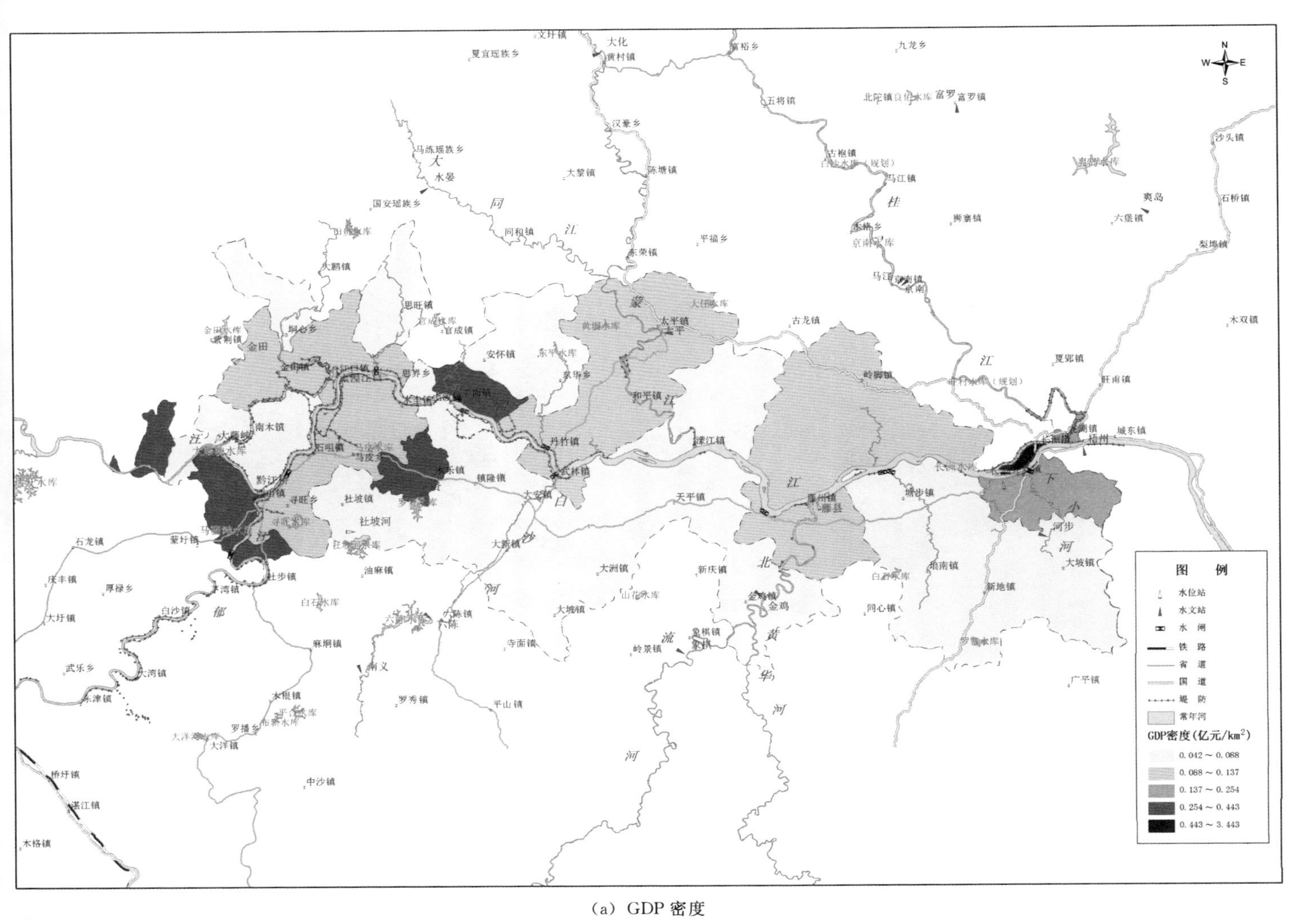

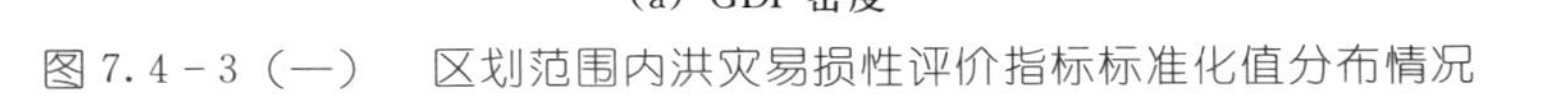
（a）GDP密度

图7.4-3（一） 区划范围内洪灾易损性评价指标标准化值分布情况

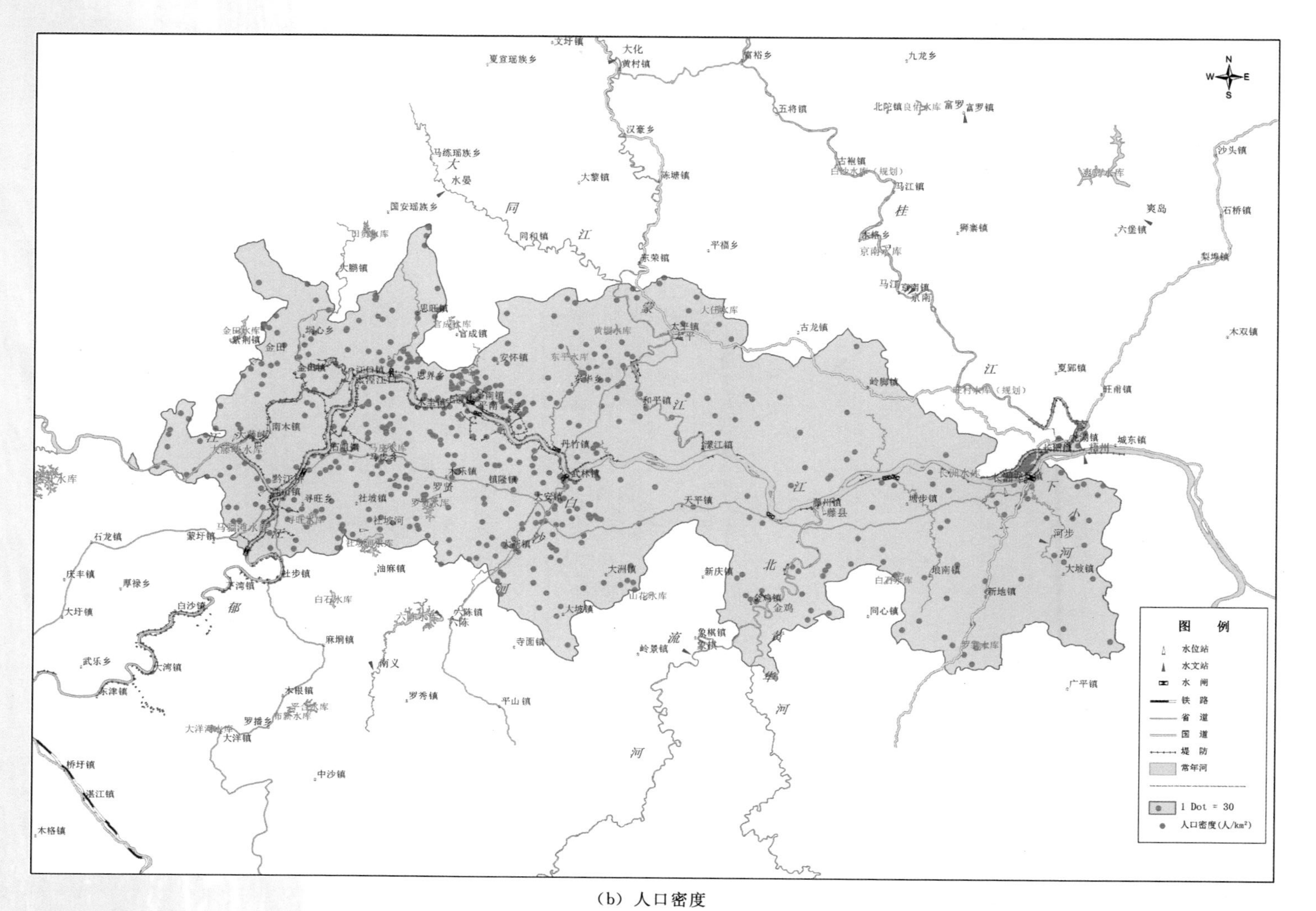

(b) 人口密度

图 7.4-3（二） 区划范围内洪灾易损性评价指标标准化值分布情况

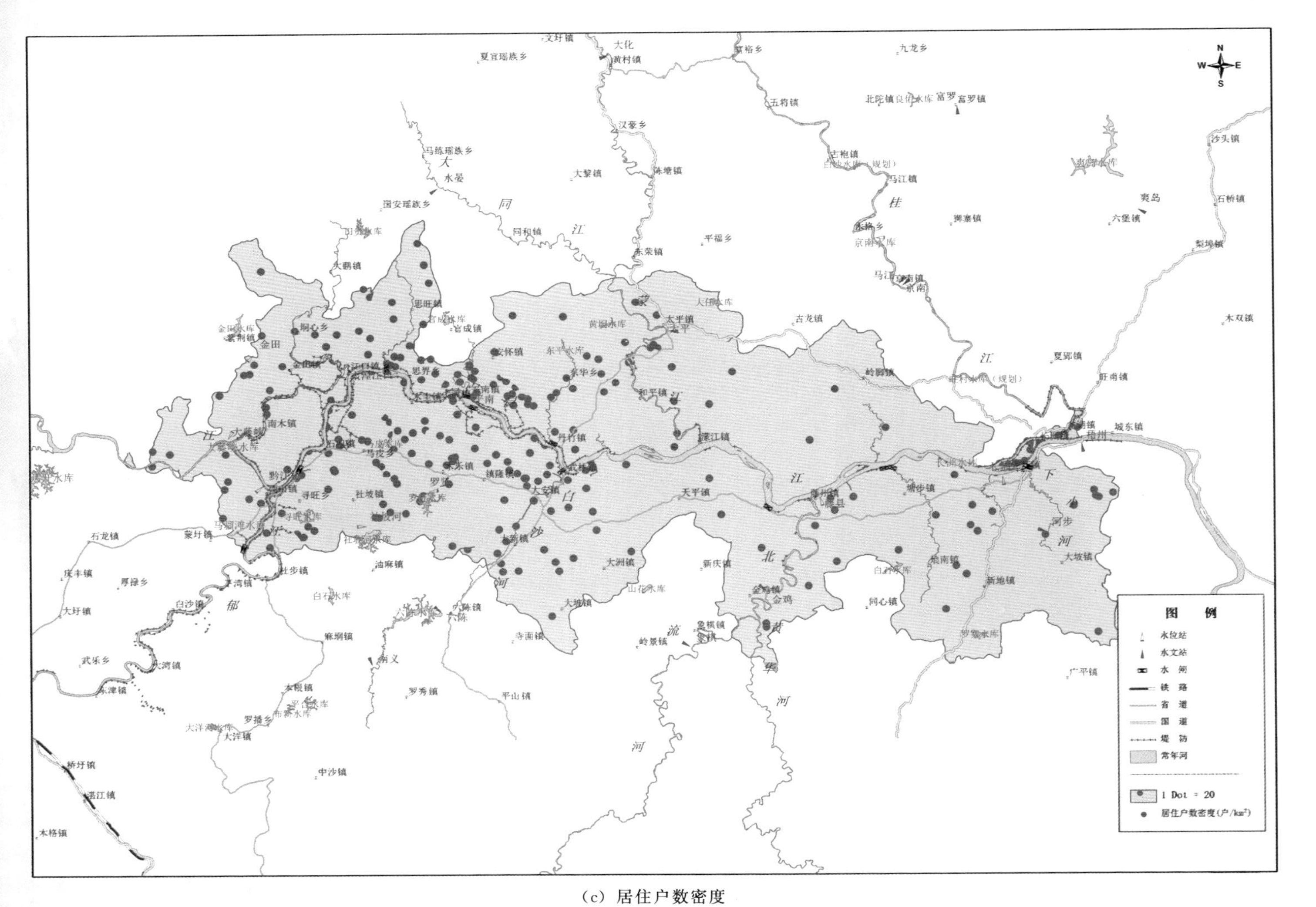

（c）居住户数密度

图 7.4-3（三）　区划范围内洪灾易损性评价指标标准化值分布情况

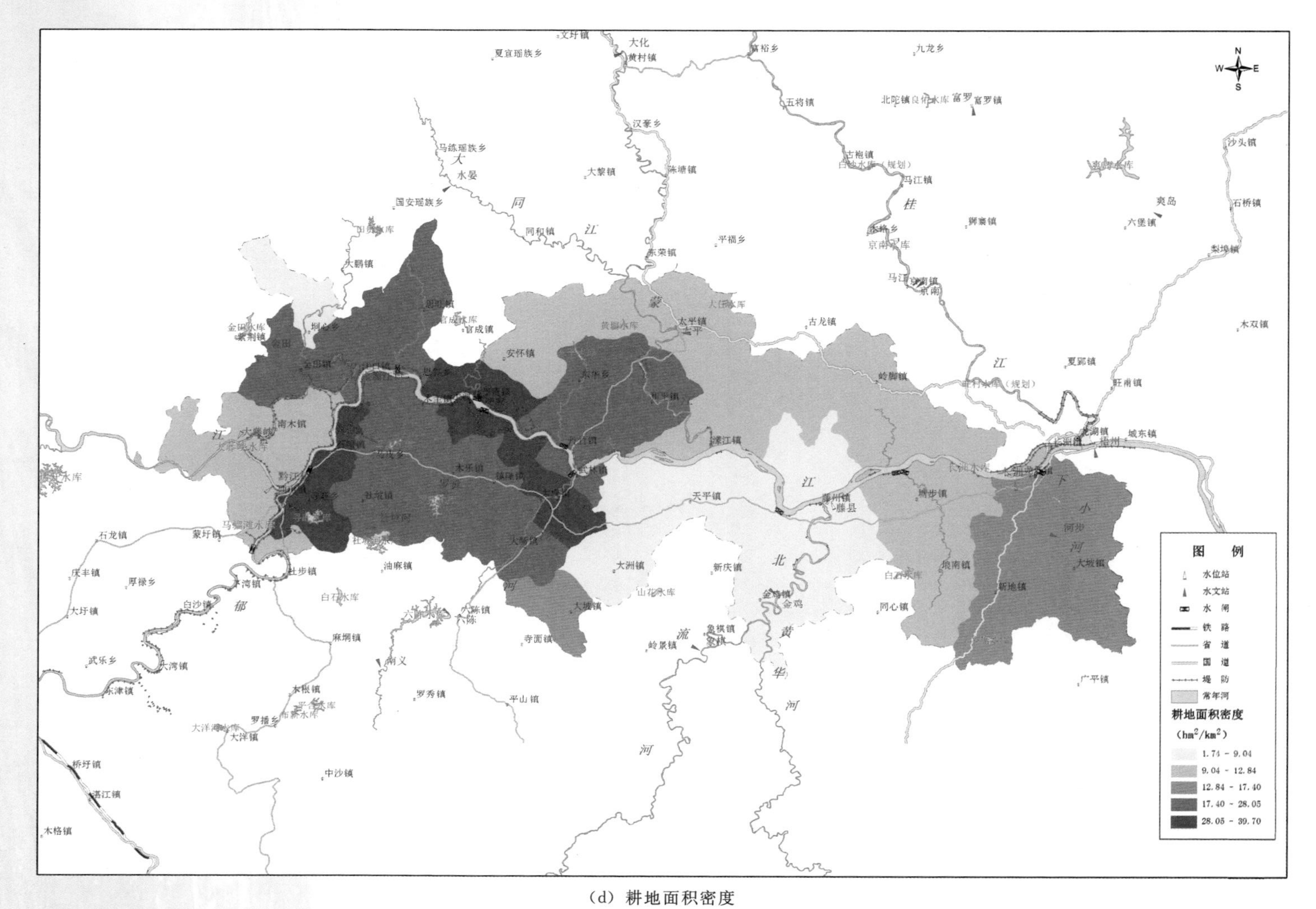

（d）耕地面积密度

图 7.4－3（四） 区划范围内洪灾易损性评价指标标准化值分布情况

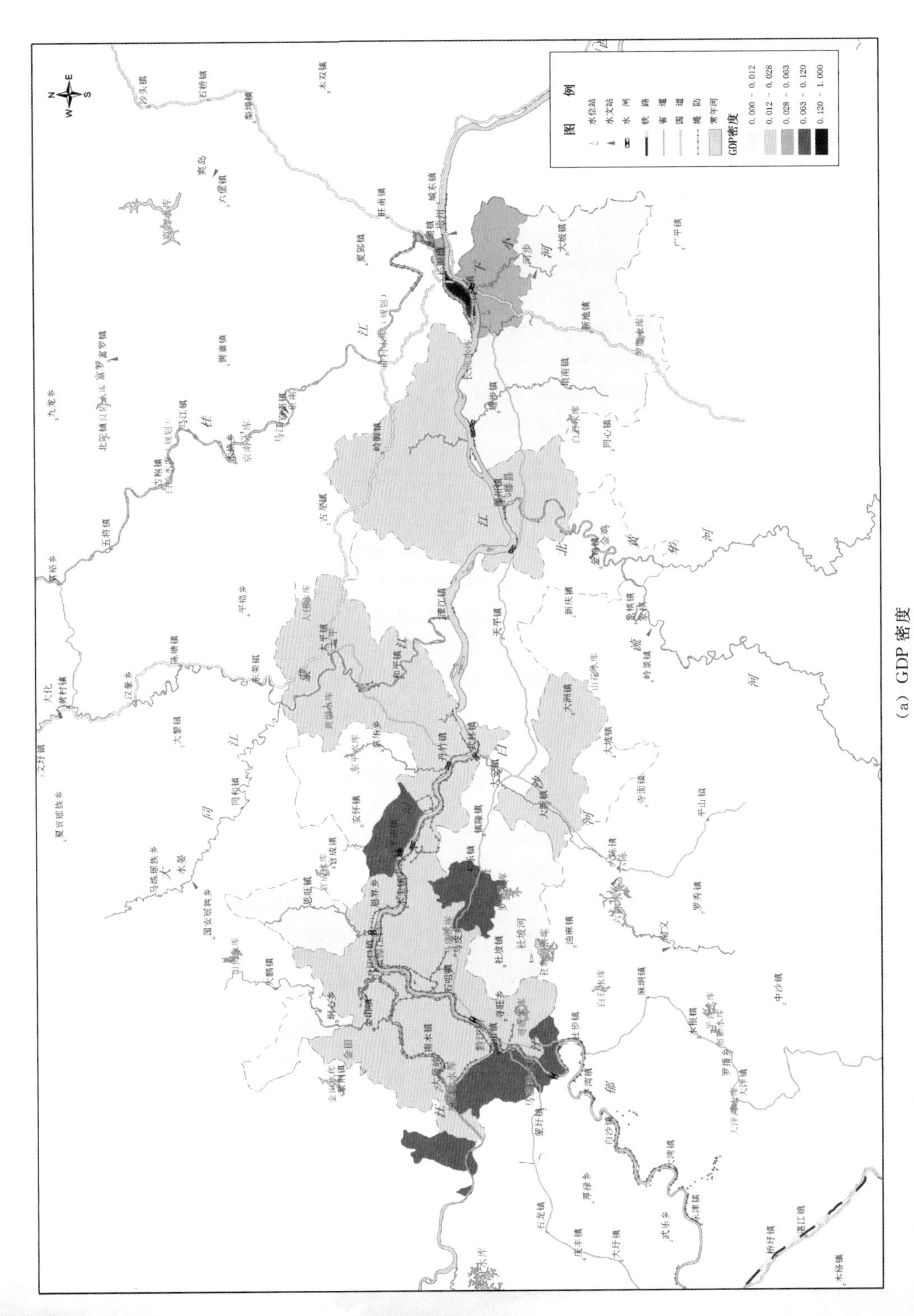

（a）GDP密度

图7.4-4（一） 区划范围内各乡镇的洪灾易损性评价指标标准化值分布情况（2014年）

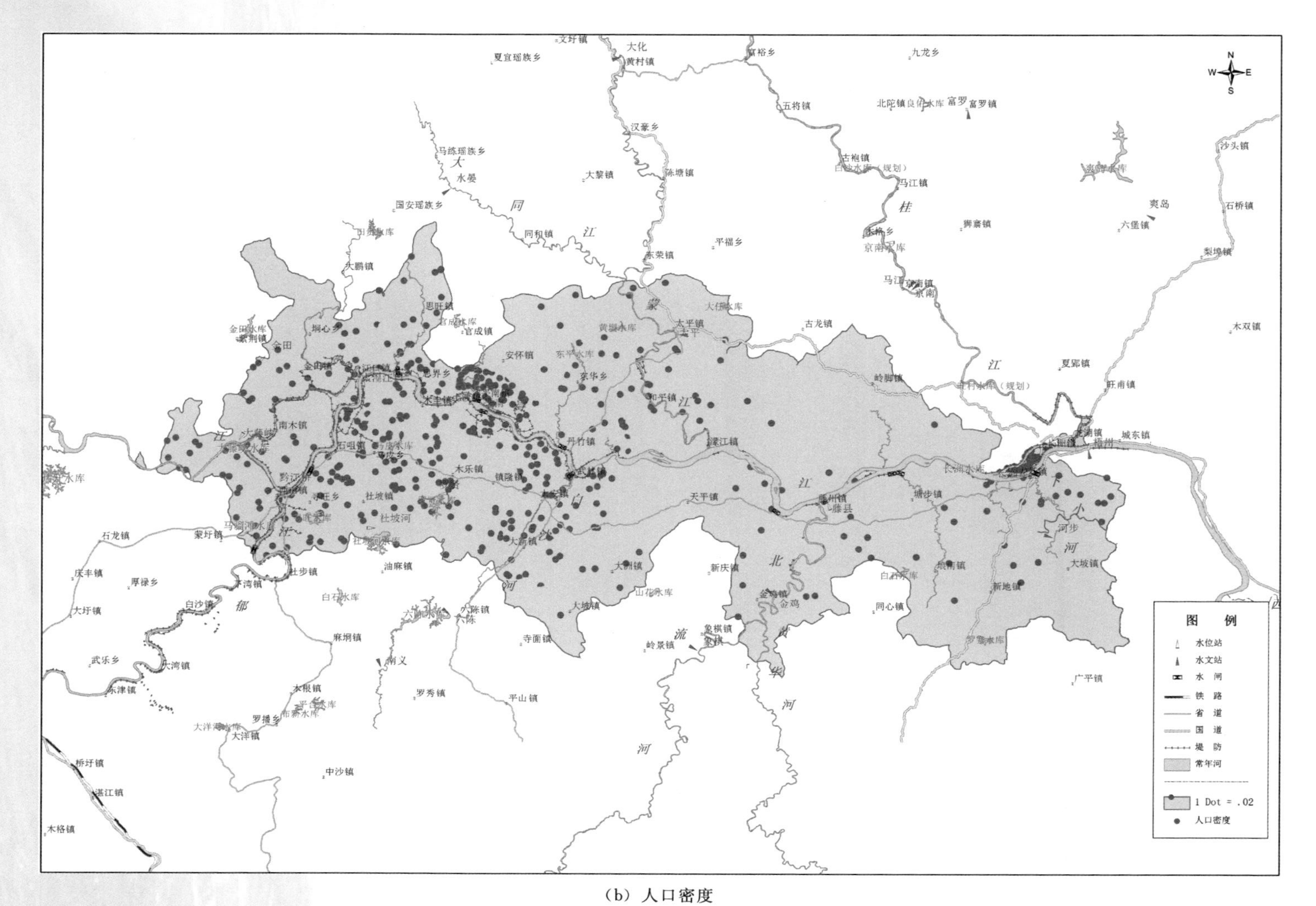

（b）人口密度

图 7.4-4（二） 区划范围内各乡镇的洪灾易损性评价指标标准化值分布情况（2014年）

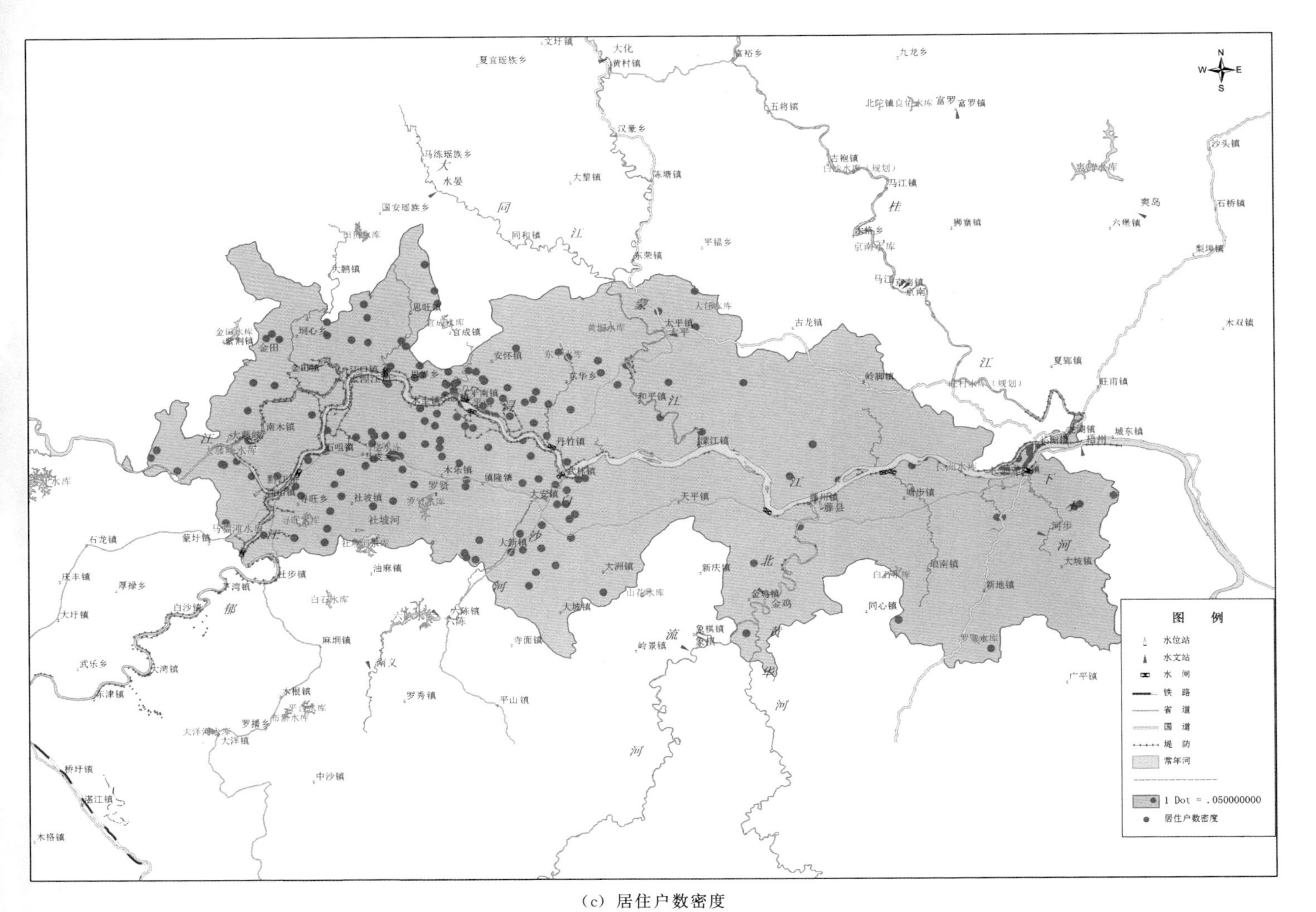

（c）居住户数密度

图 7.4-4（三） 区划范围内各乡镇的洪灾易损性评价指标标准化值分布情况（2014 年）

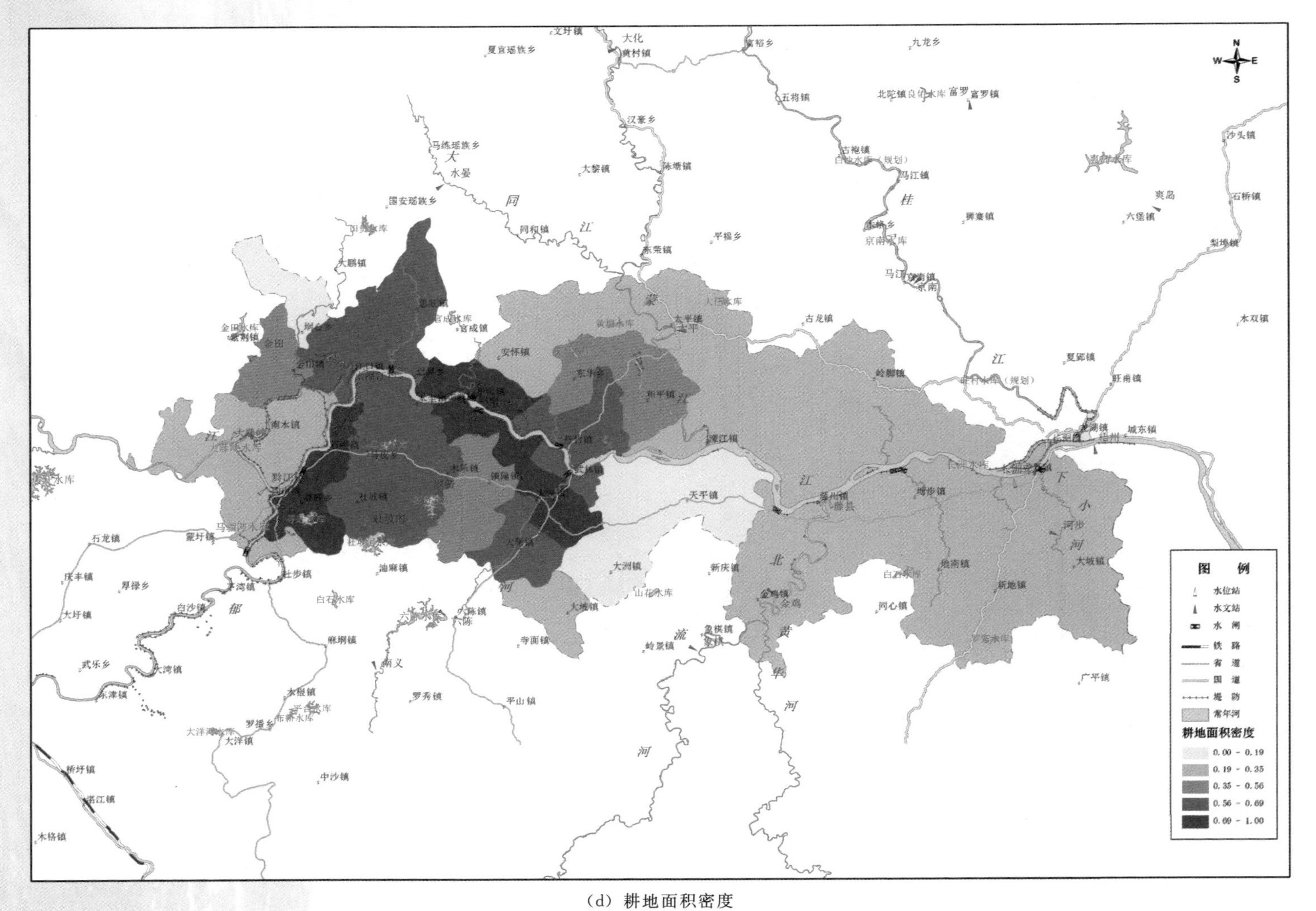

（d）耕地面积密度

图 7.4-4（四） 区划范围内各乡镇的洪灾易损性评价指标标准化值分布情况（2014 年）

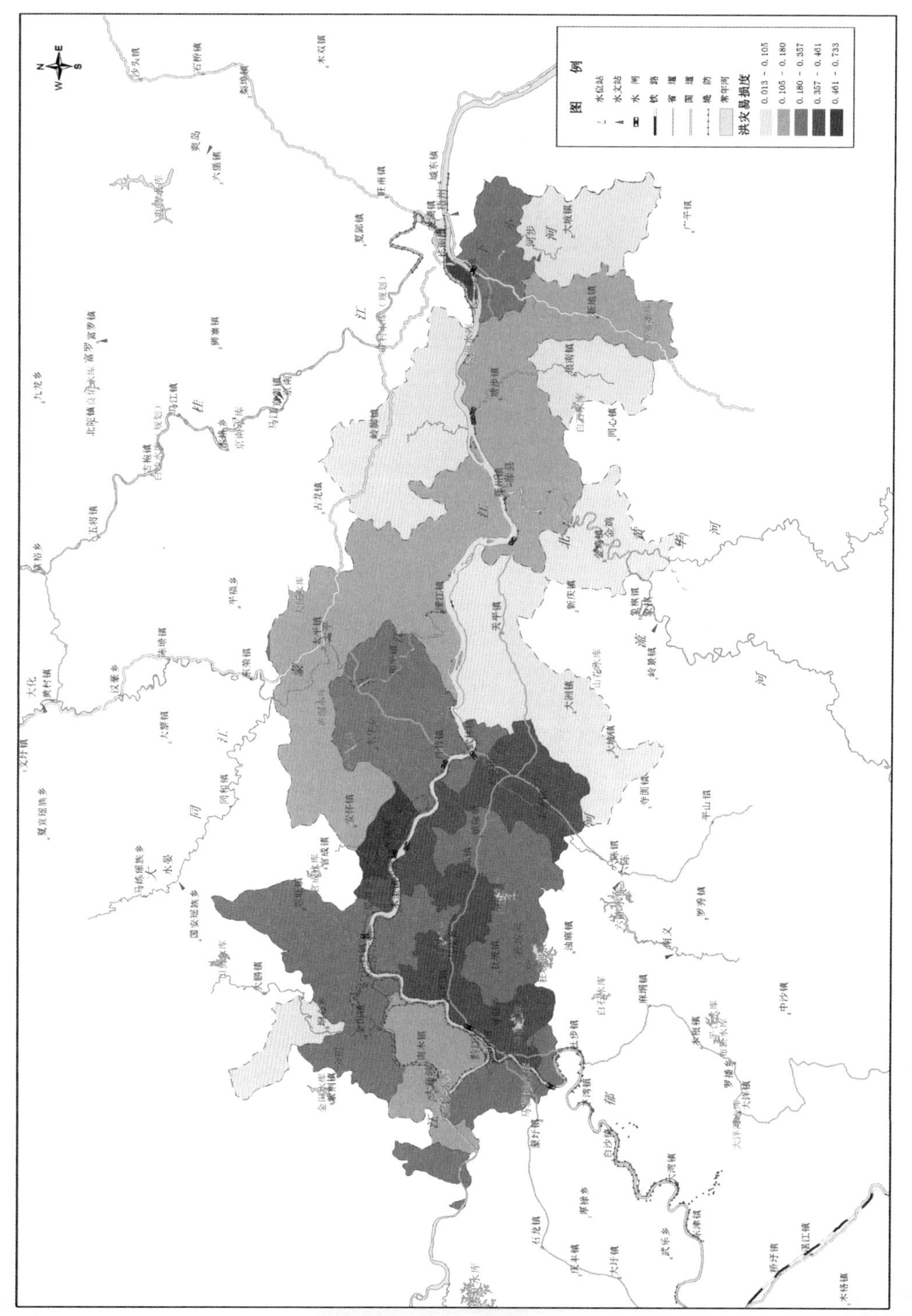

图 7.4－5　区划范围内各乡镇的洪灾易损度分布情况

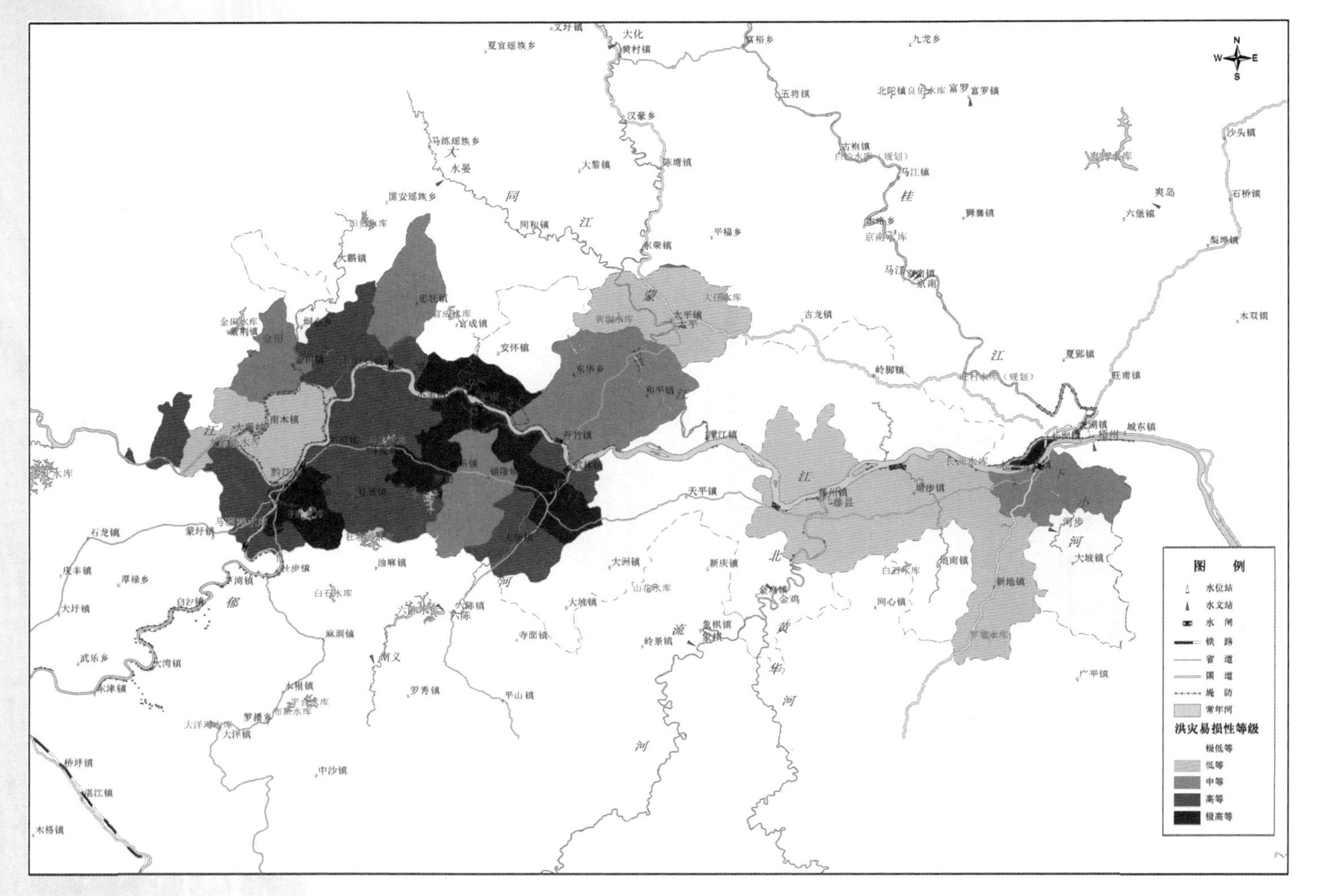

图 7.4-6 区划范围内各乡镇的洪灾易损性等级分布情况

7.4.3 洪灾风险综合评价

根据风险等级分区矩阵，基于西江浔江段防洪保护区洪水危险度和洪灾易损度评价结果，对西江浔江段防洪保护区洪灾风险进行综合评价，评价结果见表 7.4-8。

表 7.4-8 西江浔江段防洪保护区洪灾风险综合评价结果

区域名称	洪水危险等级	洪灾易损性等级	洪灾风险等级	区域名称	洪水危险等级	洪灾易损性等级	洪灾风险等级
西山镇	高等	高等	高风险	思旺镇	极低等	中等	低风险
江口镇	极低等	高等	低风险	武林镇	极低等	高等	低风险
金田镇	极低等	中等	低风险	大新镇	极低等	高等	低风险
马皮乡	高等	高等	高风险	大洲镇	极低等	极低等	极低风险
木圭镇	高等	高等	高风险	镇隆镇	极低等	中等	低风险
南木镇	极低等	低等	低风险	藤州镇	低等	低等	低风险
社坡镇	极低等	高等	低风险	和平镇	极低等	中等	低风险
石咀镇	高等	高等	高风险	蒙江镇	极高等	极低等	中等风险
寻旺乡	极高等	极高等	极高风险	塘步镇	中等	低等	中等风险
垌心乡	极低等	极低等	极低风险	天平镇	低等	极低等	低风险
木乐镇	极低等	极高等	中等风险	金鸡镇	极低等	极低等	极低风险
平南镇	高等	极高等	极高风险	埌南镇	极低等	极低等	极低风险
安怀镇	低等	极低等	低风险	太平镇	极低等	低等	低风险
大安镇	极低等	极高等	中等风险	岭脚镇	极高等	极低等	中等风险
丹竹镇	低等	中等	中等风险	龙圩镇	中等	中等	中等风险
东华乡	低等	中等	中等风险	大坡镇	极低等	极低等	极低风险
官城镇	中等	低等	中等风险	新地镇	极低等	低等	低风险
上渡镇	低等	极高等	高风险	长洲镇	极高等	极高等	极高风险
思界乡	极低等	高等	低风险	龙湖镇	低等	极低等	低风险
城东镇	中等	极高等	高风险	倒水镇	极高等	中等	高风险

西江浔江段防洪保护区洪灾风险等级区划图见图 7.4-7。

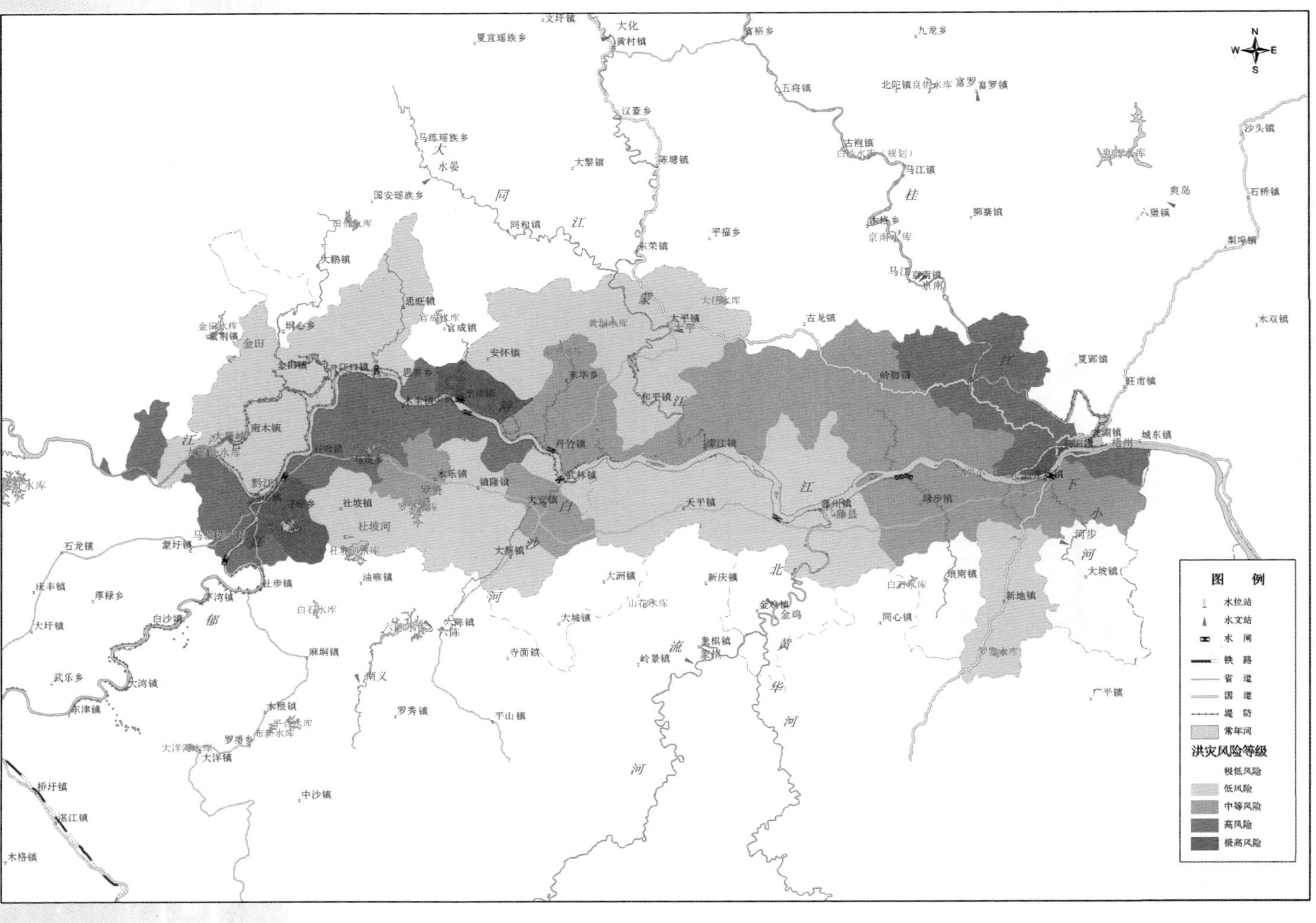

图 7.4-7 西江浔江段防洪保护区洪灾风险等级区划图

第8章

结　语

本书介绍了洪灾预警研究意义及洪水风险模拟与评估技术研究进展，详细介绍了复杂河网洪水实时模拟技术、高精度建模下洪水高速模拟方法、多尺度耦合洪水演进数学模型、洪灾评估与风险区划方法、洪水实时模拟与洪灾动态评估平台，并选取珠江流域西江浔江段防洪保护区开展了实例研究。

本书内容是作者多年从事洪水实时模拟与风险评估技术研究及实践的总结。在极端气候条件下洪灾实时预报预警工作中，气象预报的准确性将直接影响洪水实时预报与模拟的精度。近年来，随着数值气象预报技术的不断发展，短期降雨预报精度逐步提高，为洪水预报预警提供了可靠数据支撑。然而，目前国内外对台风暴雨等极端气候的预报精度不高，在很大程度上制约了洪灾预报预警的可靠性和时效性。如何提高极端气候的降雨预报精度，对洪水实时模拟的实际应用效果极为关键，是今后亟须解决的技术难题之一。此外，当前物联网、大数据、云计算等新兴技术正处于快速发展期，为未来洪水实时模拟与洪灾动态评估提供了更先进的技术手段和支撑平台。本书在全要素监测体系及水利大数据智能化应用等方面存在一定的局限性，而地形等基础数据的保密要求也在较大程度上制约了洪水实时模拟技术在互联网云平台上的应用。围绕水利智慧化的行业需求，在洪水实时模拟与风险评估技术基础上，结合物联网、大数据、云计算、人工智能等技术，提高防洪减灾决策智慧化水平，是今后的主要发展趋势之一。

由于洪水灾害系统是一个复杂的巨系统，洪水风险区划涉及的因素较多，目前虽然提出了多种洪水风险区划方法，但尚未有较为成熟、普适性较好的方法，也没有统一的评价指标体系、权重、等级划分标准等。本书针对浔江河段防洪保护区提出了洪水风险区划方法，得到了一些研究成果，但该方法在其他区域的适用性仍需进一步研究。建议今后选取城市或其他没有洪水风险图编制工作基础的区域开展研究。此外，洪水风险区划成果的应用模式及效果分析也是一个值得继续探讨的方面。

参考文献

艾丛芳，金生，2009. 基于非结构网格求解二维浅水方程的高精度有限体积方法 [J]. 计算力学学报，26 (6)：900-905.

陈华丽，陈刚，丁国平，2003. 基于GIS的区域洪水灾害风险评价 [J]. 人民长江，34 (6)：49-51.

陈进，黄薇，程卫帅，2006. 风险分析在水利工程中的应用 [M]. 武汉：长江出版社.

陈炼钢，施勇，钱新，等，2014. 闸控河网水文-水动力-水质耦合数学模型——Ⅰ. 理论 [J]. 水科学进展，25 (4)：534-541.

陈卫宾，郭晓明，罗求实，等，2017. 黄河下游防洪保护区洪水风险分析 [J]. 中国水利 (5)：57-58.

陈文龙，宋利祥，邢领航，等，2014. 一维-二维耦合的防洪保护区洪水演进数学模型 [J]. 水科学进展，25 (6)：848-855.

陈玥，2010. 基于灰色系统理论和云模型的反精确洪水灾害分析 [D]. 武汉：华中科技大学.

陈志芬，黄崇福，张俊香，2006. 基于扩散函数的内集-外集模型 [J]. 模糊系统与数学，20 (1)：42-48.

仇蕾，王慧敏，马树建，2009. 极端洪水灾害损失评估方法及应用 [J]. 水科学进展，20 (6)：869-875.

戴阳豪，张华庆，张征，2012. 三角形网格的自动生成及其局部加密技术研究 [J]. 水道港口，33 (1)：77-81.

董前进，王先甲，艾学山，等，2007. 基于投影寻踪和粒子群优化算法的洪水分类研究 [J]. 水文，27 (4)：10-14.

方神光，张文明，徐峰俊，等，2015. 西江中游河网及梯级水库水动力整体数学模型研究 [J]. 人民珠江 (4)：107-111.

冯平，崔广涛，钟昀，2001. 城市洪涝灾害直接经济损失的评估与预测 [J]. 水利学报 (8)：64-68.

付湘，纪昌明，2000. 洪灾损失评估指标的研究 [J]. 水科学进展，11 (4)：432-435.

付湘，谈广鸣，纪昌明，2008. 洪灾直接损失评估的不确定性研究 [J]. 水电能源科学，26 (3)：35-38.

付湘，王丽萍，边玮，2008. 洪水风险管理与保险 [M]. 北京：科学出版社.

葛鹏，岳贤平，2013. 洪涝灾害承灾体易损性的时空变异——以南京市为例 [J]. 灾害学，28 (1)：107-111.

郭小东，李宁，苏经宇，2011. 基于集对分析理论的洪水灾情综合评估方法 [J]. 中国安全生产科学技术，7 (10)：51-55.

郭晓明，康玲，2012. 一种非静压的平面二维水动力学模型 [J]. 华中科技大学学报（自然科学版），40 (10)：39-43.

郭晓明，田治宗，李书霞，等，2015. 基于Keller-Box格式的三维非静压水动力学模型 [J]. 华中科技大学学报（自然科学版），43 (7)：29-33.

何报寅，张海林，张穗，等，2002. 基于GIS的湖北省洪水灾害危险性评价 [J]. 自然灾害学报，11 (4)：84-89.

何沧平，2017. OpenACC 并行编程实战［M］. 北京：机械工业出版社.

何耀耀，周建中，罗志猛，等，2010. 基于混沌 DE 算法和 PP 多项式函数的洪灾评估［J］. 人民长江，41（3）：92-95.

胡晓张，宋利祥，杨芳，等，2017. 基于低阶精度有限体积格式的浅水方程高效求解算法研究［C］//中国水利学会 2017 学术年会会议论文集. 南京：河海大学出版社.

胡晓张，张小峰，2011. 溃坝洪水的数学模型应用［J］. 武汉大学学报（工学版），44（2）：178-181.

胡晓张，张炜，宋利祥，2018. 面向服务的分布式水资源模型集成与应用［C］//中国水利学会 2018 学术年会论文集. 北京：中国水利水电出版社：422-426.

黄崇福，张俊香，陈志芬，等，2004. 自然灾害风险区划图的一个潜在发展方向［J］. 自然灾害学报，13（2）：9-15.

黄崇福，2012. 自然灾害风险分析与管理［M］. 北京：科学出版社.

焦俊超，马安青，李福建，2010. 基于 GIS 的崂山区洪水危险等级模糊评判研究［J］. 水土保持通报，30（5）：161-164.

李宁，翟亚欣，王威，等，2011. 基于贝叶斯随机评价方法的洪水灾情等级评价［J］. 北京联合大学学报（自然科学版），25（3）：70-73.

李琼，2007. 洪水灾害风险分析与评价方法的研究及改进［D］. 武汉：华中科技大学.

李绍飞，冯平，孙书洪，2010. 突变理论在蓄滞洪区洪灾风险评价中的应用［J］. 自然灾害学报，19（3）：132-138.

李绍飞，余萍，孙书洪，2008. 基于神经网络的蓄滞洪区洪灾风险模糊综合评价［J］. 中国农村水利水电（6）：60-64.

李绍飞，余萍，孙书洪，等，2010. 区域洪灾易损性评价与区划的熵权模糊物元模型［J］. 自然灾害学报，19（6）：124-131.

李帅杰，李昌志，程晓陶，2012. 区域洪灾风险评价方法初探——以浙江省为例［J］. 水利水电技术，43（3）：82-87.

李晓，唐洪武，王玲玲，等，2016. 平原河网地区闸泵群联合调度水环境模拟［J］. 河海大学学报（自然科学版），44（5）：393-399.

李谢辉，王磊，2013. 河南省洪灾风险危险性区划研究［J］. 人民黄河，35（1）：10-13.

李跃伦，谢志刚，等，2017. 黄河流域洪水风险图编制主要经验与认识［J］. 中国水利（5）：21-23.

梁汝豪，兰甜，林凯荣，等，2018. 基于 SWMM 的城市雨洪径流模拟研究［J］. 人民珠江，39（6）：1-5.

刘国庆，徐刚，刘颖，2009. 基于 GIS 的区域洪水灾害风险评价方法研究［J］. 安徽农业科学，37（22）：10562-10564.

刘家福，李京，刘荆，等，2008. 基于 GIS/AHP 集成的洪水灾害综合风险评价——以淮河流域为例［J］. 自然灾害学报，17（6）：110-114.

刘力，周建中，杨莉，等，2010. 基于熵权的灰色聚类在洪灾评估中的应用［J］. 自然灾害学报，19（8）：213-218.

刘强，秦毅，李国栋，等，2017. 洪水淹没动态分析系统设计与开发［J］. 灾害学，32（2）：72-76，116.

刘荣华，魏加华，朱德军，等，2015. 基于 JPWSPC 的河网一维水动力学模拟并行计算研究［J］. 应用基础与工程科学学报，23（2）：213-224.

卢有麟，周建中，宋利祥，等，2010. 基于 CCPSO 及投影寻踪模型的洪灾评估方法及其仿真应用［J］，系统仿真学报，22（2）：383-387，39.

毛德华，何梓霖，贺新光，等，2009. 洪灾风险分析的国内外研究现状与展望（Ⅰ）——洪水为害风险分析研究现状［J］. 自然灾害学报（1）：141-151.

毛德华，王立辉，2002. 湖南城市洪涝易损性诊断与评估［J］. 长江流域资源与环境，（11）1：89-93.

闵赛，1996. 洪险度及其灾害学意义［J］. 灾害学，11（2）：80－85.

潘存鸿，2007. 三角形网格下求解二维浅水方程的和谐 Godunov 格式［J］. 水科学进展，18（2）：204－209.

宋利祥，范光伟，张文明，等，2017. 洪水演进高速模拟系统设计与实现［J］. 水电能源科学，35（12）：33－36.

宋利祥，胡晓张，杨芳，2018. 基于 GPU 并行计算的山区中小河流洪水预报模型研究［C］//中国水利学会 2018 学术年会论文集. 北京：中国水利水电出版社：364－369.

宋利祥，胡晓张，杨莉玲，2013. 面向数字流域的洪水演进数学模型研究［C］//中国水利学会 2013 学术年会论文集. 北京：中国水利水电出版社：1200－1205.

宋利祥，胡晓张，张文明，等，2017. 基于 GPU 并行计算的流域洪水演进高速模拟方法研究［C］//中国水利学会 2017 学术年会论文集. 南京：河海大学出版社.

宋利祥，李清清，胡晓张，等，2019. 基于有限体积法的河网水动力并行计算模型研究［J］. 长江科学院院报，36（5）：7－12.

宋利祥，杨芳，胡晓张，等，2014. 感潮河网二维水流-输运耦合数学模型［J］. 水科学进展，25（4）：550－559.

宋利祥，周建中，郭俊，等，2012. 复杂地形上坝堤溃决洪水演进的非结构有限体积模型［J］. 应用基础与工程科学学报，20（1）：149－158.

宋利祥，周建中，王光谦，等，2011. 溃坝水流数值计算的非结构有限体积模型［J］. 水科学进展，22（3）：373－381.

孙倩，段春青，邱林，等，2007. 基于熵权的模糊聚类模型在洪水分类中的应用［J］. 华北水利水电学院学报，28（5）：4－6.

田以堂，杨卫忠，许静，2015. 我国洪水风险图编制概况及推进洪水风险图应用的思考［J］. 中国防汛抗旱，25（5）：17－20.

王船海，曾贤敏，2008. Windows 环境下河网水流多线程并行计算［J］. 河海大学学报（自然科学版），36（1）：30－34.

王栋，潘少明，吴吉春，等，2006. 洪水风险分析的研究进展与展望［J］. 自然灾害学报，15（1）：103－109.

王汉岗，胡晓张，宋利祥，等，2017. 闸泵联合多级调度下感潮河网区暴雨内涝模型的研究与应用［C］//中国水利学会 2017 学术年会论文集. 南京：河海大学出版社.

王建华，肖伟华，王浩，等，2013. 变化环境下河流水量水质联合模拟与评价［J］. 科学通报，58（12）：1101－1108.

王顺久，张欣莉，侯玉，等，2002. 洪水灾情投影寻踪评估模型［J］. 水文，22（4）：1－4.

王鑫，曹志先，岳志远，2009. 强不规则地形上浅水二维流动的数值计算研究［J］. 水动力学研究与进展：A 辑，24（1）：56－62.

王艳艳，陆吉康，陈浩，2002. 洪灾损失评估技术的应用［J］. 水利水电技术，33（10）：30－33.

王志力，耿艳芬，金生，2005. 具有复杂计算域和地形的二维浅水流动数值模拟［J］. 水利学报，36（4）：439－444.

王卓，倪长健，2008. 投影寻踪动态聚类模型研究及其在洪灾评定中的应用［J］. 四川师范大学学报（自然科学版），31（5）：635－638.

王宗志，程亮，王银堂，等，2015. 高强度人类活动作用下考虑河道下渗的河网洪水模拟［J］. 水利学报，46（4）：414－424.

魏一鸣，范英，金菊良，2001. 洪水灾害风险分析的系统理论［J］. 管理科学学报，4（2）：7－11，44.

魏一鸣，金菊良，杨存建，等，2002. 洪水灾害风险管理理论［M］. 北京：科学出版社.

吴寿红，1985. 河网非恒定流四级解法［J］. 水利学报（8）：42－50.

吴晓玲，向小华，牛帅，等，2017. 急缓流态交替的陡坡河道水动力模型［J］. 水科学进展，28（4）：564－570.

夏军强，王光谦，LIN B L，等，2010. 复杂边界及实际地形上溃坝洪水流动过程模拟［J］. 水科学进展，21（3）：289－298.

向小华，吴晓玲，牛帅，等，2013. 通量差分裂方法在一维河网模型中的应用［J］. 水科学进展，24（6）：894－900.

谢志刚，王明，等，2017. 黄河下游滩区洪水风险图编制与应用［J］. 中国水利（5）：39－41.

徐冬梅，陈守煜，邱林，2010. 洪水灾害损失的可变模糊评价方法［J］. 自然灾害学报，19（4）：158－162.

许栋，PAYET D，及春宁，等，2016. 浅水方程大规模并行计算模拟城市洪水演进［J］. 天津大学学报（自然科学与工程技术版），49（4）：341－348.

岳志远，曹志先，李有为，等，2011. 基于非结构网格的非恒定浅水二维有限体积数学模型研究［J］. 水动力学研究与进展：A辑，26（3）：359－367.

翟宜峰，殷峻暹，2003. 基于GIS/RS的洪水灾害评估模型［J］. 人民黄河，25（4）：6－7，14.

张大伟，2008. 堤坝溃决水流数学模型及其应用研究［D］. 北京：清华大学.

张大伟，程晓陶，黄金池，等，2010. 复杂明渠水流运动的高适用性数学模型［J］. 水利学报，41（5）：531－536.

张大伟，权锦，马建明，等，2015. 应用Godunov格式模拟复杂河网明渠水流运动［J］. 应用基础与工程科学学报，23（6）：1088－1096.

张大伟，王兴奎，李丹勋，2008. 建筑物影响下的堤坝溃决水流数值模拟方法［J］. 水动力学研究与进展：A辑，23（1）：48－54.

张二俊，张东生，李挺，1982. 河网非恒定流三级联合算法［J］. 华东水利学院学报（1）：1－13.

张国义，房明惠，黄刘生，等，2004. 树状河网非恒定流的一则并行直接数值解法［J］. 系统仿真学报，16（12）：2673－2676，2679.

张行南，罗健，陈雷，等，2000. 中国洪水灾害危险程度区划［J］. 水利学报，31（3）：1－7.

张俊香，黄崇福，2005. 自然灾害软风险区划图模式研究［J］. 自然灾害学报，14（6）：20－25.

张炜，胡晓张，宋利祥，2018. 多模型协同驱动下的溃堤洪水避险转移分析与模拟［C］//中国水利学会2018学术年会论文集. 北京：中国水利水电出版社：415－421.

周成虎，万庆，黄诗峰，等，2000. 基于GIS的洪水灾害风险区划研究［J］. 地理学报，55（1）：15－24.

周洪建，王静爱，岳耀杰，等，2006. 基于河网水系变化的水灾危险性评价——以永定河流域京津段为例［J］. 自然灾害学报，15（5）：45－49.

周惠成，张丹，2009. 可变模糊集理论在旱涝灾害评价中的应用研究［J］. 农业工程学报，25（9）：56－61.

朱德军，陈永灿，王智勇，等，2011. 复杂河网水动力数值模型［J］. 水科学进展，22（2）：203－207.

朱秋菊，李杰，等，2012. 一二维联解潮流数学模型在防洪评价中的应用［J］. 人民长江，43（15）：4－6.

邹强，周建中，等，2011. 属性区间识别模型在溃坝后果综合评价中的应用［J］. 四川大学学报：工程科学版，43（2）：45－50.

邹强，周建中，等，2012. 基于可变模糊集理论的洪水灾害风险分析［J］. 农业工程学报，28（5）：126－132.

邹强，周建中，等，2012. 基于最大熵原理和属性区间识别理论的洪水灾害风险分析［J］. 水科学进展，23（3）：323－334.

BABARUTSI S，CHU V H，1991. A two－length－scale model for quasi－two－dimensional turbulent shear flows [C] //Proceedings of the 24th congress of the IAHR, vol. C, Madrid, Spain. International Association for Hydraulic Research: 51 - 60.

BEGNUDELLI L, SANDERS B F, 2006. Unstructured grid finite - volume algorithm for shallow - water flow and scalar transport with wetting and drying [J]. ASCE Journal of Hydraulic Engineering, 132 (4): 371 - 384.

BEGNUDELLI L, SANDERS B F, 2007. Conservative wetting and drying methodology for quadrilateral grid finite - volume models [J]. ASCE Journal of Hydraulic Engineering, 133 (3): 312 - 322.

BEGNUDELLI L, SANDERS B F, BRADFORD S F, 2008. Adaptive Godunov - based model for flood simulation [J]. ASCE Journal of Hydraulic Engineering, 134 (6): 714 - 725.

BEGNUDELLI L, VALIANI A, SANDERS B F, 2010. A balanced treatment of secondary currents, turbulence and dispersion in a depth - integrated hydrodynamic and bed deformation model for channel bends [J]. Advances in Water Resources, 33 (1): 17 - 33.

BERMUDEZ A, VAZQUEZ M E, 1994. Upwind methods for hyperbolic conservation laws with source terms [J]. Computer & Fluids, 23 (8): 1049 - 1071.

VOSE D, 2008. Risk analysis: a quantitative guide [M]. New York: Wiley.

ELMOUSTAFA A M. 2012. Weighted normalized risk factor for floods risk assessment [J]. Ain Shams Engineering Journal, 3 (4): 327 - 332.

GEORGE D L, 2008. Augmented Riemann solvers for the shallow water equations over variable topography with steady states and inundation [J]. Journal of Computational Physics, 227 (6): 3089 - 3113.

GUO X M, KANG L , JIANG T B, 2013. A new depth - integrated non - hydrostatic model for free surface flows [J]. Science China: Technological Sciences, 56 (4): 824 - 830.

HE Y H, 2015. Classification-Based Spatiotemporal Variations of Pan Evaporation Across the Guangdong Province, South China [J]. Water Resources Management, 29 (3): 901 - 912.

HE Y Y, ZHOU J Z, KOU P G, et al, 2011. A fuzzy clustering iterative model using chaotic differential evolution algorithm for evaluating flood disaster [J]. Expert Systems with Applications, 38 (8): 10060 - 10065.

HU X Z, YANG F, SONG L X, et al, 2018. An Unstructured - Grid Based Morphodynamic Model for Sandbar Simulation in the Modaomen Estuary, China [J]. Water, 10 (5), 611.

HU X Z, CHEN L, SONG L X, et al, 2018. A Tidal Currents, Waves, and Sediment Coupled Mathematical Model for Sandbar Simulation in Modaomen Estuary using GPU Computing [C] //Sixth International Conference on Estuaries and Coasts (ICEC - 2018).

HU X Z, SONG L X, 2018. Hydrodynamic modeling of flash flood in mountain watersheds based on high - performance GPU computing [J]. Natural Hazards, 91 (2): 567 - 586.

HUANG C F, 2004. A demonstration of reliability of the interior - outer - set model [J]. International Journal of General Systems, 33 (2), 205 - 222.

HUANG Z W, ZHOU J Z, SONG L X, et al, 2010. Flood disaster loss comprehensive evaluation model based on optimization support vector machine [J]. Expert Systems with Applications, 37: 3810 - 3814.

IMAN KARIMI, EYKE HÜLLERMEIER, 2007. Risk assessment system of natural hazards: A new approach based on fuzzy probability [J]. Fuzzy Sets and Systems, 158 (9): 987 - 999.

ISLAM A, RAGHUWANSHI N S, SINGH R, et al, 2005. Comparison of Gradually Varied Flow Computation Algorithms for Open - channel Network [J]. ASCE Journal of Irrigation and Drainage Engineering, 131 (5): 457 - 465.

JOY S, LU X X, 2005. Remote sensing and GIS - based flood vulnerability assessment of human settlements: a case study of Gangetic West Bengal, India [J]. Hydrological Processes, 19 (18): 3699 - 3716.

KANG L, GUO X, 2013. Depth - integrated, non - hydrostatic model using a new alternating direction implicit scheme [J]. Journal of Hydraulic Research, 51 (4): 368 - 379.

KIM Y O, SEO S B, JANG O J, 2012. Flood risk assessment using regional regression analysis [J]. Natural Hazards, 63 (2): 1203 - 1217.

LEVEQUE R J, 1998. Balancing source terms and flux gradients in high - resolution Godunov methods: the quasi - steady wave - propagation algorithm [J]. Journal of Computational Physics, 146 (1): 346 - 365.

LEVEQUE R J, 2002. Finite volume methods for hyperbolic problems [M]. Cambridge: Cambridge University Press.

LIANG Q, BORTHWICK A G L. STELLING G, 2004. Simulation of dam - and dyke - break hydrodynamics on dynamically adaptive quadtree grids [J]. International Journal for Numerical Methods in Fluids, 46 (2): 127 - 162.

LIANG Q, BORTHWICK A G L, 2009a. Adaptive quadtree simulation of shallow flows with wet - dry fronts over complex topography [J]. Computers & Fluids, 38 (2): 221 - 234.

LIANG Q, MARCHE F, 2009b. Numerical resolution of well - balanced shallow water equations with complex source terms [J]. Advances in Water Resources, 32 (6): 873 - 884.

LIAO L, ZHOU J, ZOU Q, 2013. Weighted fuzzy kernel - clustering algorithm with adaptive differential evolution and its application on flood classification [J]. Natural Hazards, 69 (1): 279 - 293.

LIN K , LIAN X Q, CHEN X H, et al, 2014. Changes in runoff and eco - flow in the Dongjiang River of the Pearl River Basin, China [J]. Frontiers of Earth Science, 8 (4): 547 - 557.

LIN K R, LV F, CHEN L, et al, 2014. Xin'anjiang model combined with Curve Number to simulate the effect of land use change on environmental flow [J], Journal of Hydrology, 519: 3142 - 3152.

LIN K R, CHEN X H, ZHANG Q, et al, 2009. A modified generalized likelihood uncertainty estimation method by using Copula function [J], IAHS Publ. , 335: 51 - 56.

LIN K, ZHAI W L, HUANG S X, et al, 2015. An evaluation of the effect of future climate on runoff in the Dongjiang River basin, South China [J]. IAHS Publ. 368: 257 - 262.

LIN K, LIN Y, LIU P, et al, 2016. Considering the Order and Symmetry to Improve the Traditional RVA for Evaluation of Hydrologic Alteration of River Systems [J]. Water Resources Management, 30: 5501 - 5516.

LING KANG, GUO X M, 2013. Vertical two - dimensional non - hydrostatic pressure model with single layer [J]. Applied Mathematics and Mechanics, 34 (6): 721 - 730.

LIU Y, ZHOU J, SONG L, et al, 2014. Efficient GIS - based model - driven method for flood risk management and its application in central China [J]. Natural Hazards and Earth System Science, 14 (2): 331 - 346.

LIU Y, ZHOU J, SONG L, et al, 2013. Numerical modelling of free - surface shallow flows over irregular topography with complex geometry [J]. Applied Mathematical Modelling, 37 (23): 9482 - 9498.

PREISSMANN, A, 1961. Propagation des intumescences dans les canaux et les rivieres [C] // the 1961 First Congress of the French Association for Computation, AFCAL Grenoble, France: 433 - 442.

SANDERS B F, 2001. High - resolution and Non - oscillatory Solution of the St. Venant Equations in

Non - rectangular and Non - prismatic Channels [J]. IAHR Journal of Hydraulic Research, 39 (3): 321 - 330.

SANDERS B F, 2008. Integration of a shallow water model with a local time step [J]. IAHR Journal of Hydraulic Research, 46 (4): 466 - 475.

SONG L, ZHOU J, GUO J, et al, 2011. A robust well - balanced finite volume model for shallow water flows with wetting and drying over irregular terrain [J]. Advances in Water Resources, 34 (7): 915 - 932.

SONG L, ZHOU J, LI Q, et al, 2011. An unstructured finite volume model for dam - break floods with wet/dry fronts over complex topography [J]. International Journal for Numerical Methods in Fluids, 67 (8): 960 - 980.

TORO E F, 2001. Shock - capturing methods for free - surface shallow flows [M]. Chichester: John Wiley & Sons.

USACE, 2003. Economic Guidance Memorandum (EGM) 04～01, Generic Depth - Damage Relationships [J]. U. S. Army Corps of Engineers Memorandum, CECW - PG10, Washington DC.

VALIANI A, BEGNUDELLI L, 2006. Divergence form for bed slope source term in shallow water equations [J]. ASCE Journal of Hydraulic Engineering, 132 (7): 652 - 665.

XIA J, LIN B, FALCONER R A, et al, 2010. Modelling dam - break flows over mobile beds using a 2D coupled approach [J]. Advances in Water Resources, 33 (2): 171 - 183.

XIANG F, TAO T, HUI W, et al, 2012. Risk assessment of lake flooding considering propagation of uncertainty from rainfall: case study [J]. Journal of Hydrologic Engineering: 1943 - 5584.

YING X, WANG S, 2008. Improved implementation of the HLL approximate Riemann solver for one - dimensional open channel flows [J]. Journal of Hydraulic Research, 46 (1): 21 - 34.

YOON T H, KANG S K, 2004. Finite volume model for two - dimensional shallow water flows on unstructured grids [J]. ASCE Journal of Hydraulic Engineering, 130 (7): 678 - 688.

ZHANG J Q, ZHOU C H, XU K Q, et al, 2002. Flood disaster monitoring and evaluation in China [J]. Environ Hazards, 4: 33 - 43

ZHANG S, KANG L, et al, 2016. A new modified nonlinear Muskingum model and its parameter estimation using the adaptive genetic algorithm [J]. Hydrology Research, 185.

ZHANG W, ZHOU J, LIU Y, et al, 2016. Emergency evacuation planning against dike - break flood: a GIS - based DSS for flood detention basin of Jingjiang in central China [J]. Natural Hazards, 81 (2): 1283 - 1301.

ZHANG W M, ZHENG S, PAN W J, et al, 2014. A GIS and web - based decision support system for regional water resource management and planning [J]. Applied Mechanics and Materials, 599 - 601: 1301 - 1304.

ZHAO D H, SHEN H W, TABIOS Ⅲ G Q, et al, 1994. Finite - volume two - dimensional unsteady - flow model for river basins [J]. ASCE Journal of Hydraulic Engineering, 120 (7): 863 - 883.

ZHAO D H, SHEN H W, LAI J S, et al, 1996. Approximate Riemann solvers in FVM for 2D hydraulic shock wave modeling [J]. ASCE Journal of Hydraulic Engineering, 122 (12): 692 - 702.

ZHOU J G, CAUSON D M, MINGHAM C G, et al, 2001. The surface gradient method for the treatment of source terms in the shallow - water equations [J]. Journal of Computational Physics, 168 (1): 1 - 25.

ZHOU J Z, SONG L X, KURSAN S, et al, 2015. A two - dimensional coupled flow - mass transport model based on an improved unstructured finite volume algorithm [J]. Environmental Research, 139: 65 - 74.

ZHOU J, ZHANG W, XIE M, et al, 2017. Distributed software framework and continuous integration in hydroinformatics systems [C] //IOP Conference Series: Earth and Environmental Science.

ZOU Q, ZHOU J, ZHOU C, et al, 2012. The practical research on flood risk analysis based on IIOSM and fuzzy α - cut technique [J]. Applied Mathematical Modelling, 36 (7): 3271 - 3282.

ZOU Q, ZHOU J, ZHOU C, et al, 2013. Comprehensive flood risk assessment based on set pair analysis - variable fuzzy sets model and fuzzy AHP [J]. Stochastic Environmental Research and Risk Assessment, 27 (2): 525 - 546.

ZOU Q, ZHOU J Z, et al, 2012. Fuzzy risk analysis of flood disasters based on diffused - interior - outer - set model [J]. Expert Systems with Applications, 39 (6): 6213 - 6220.